Aydın Büyüksaraç

Kapadokya Volkanik Karmaşığının Jeofizik Özellikleri

Aydın Büyüksaraç

Kapadokya Volkanik Karmaşığının Jeofizik Özellikleri

Manyetik-Gravite-Paleomanyetizma

Türkiye Alim Kitapları

Impressum / Künye
Bibliografische Information der Deutschen Nationalbibliothek: Die Deutsche Nationalbibliothek verzeichnet diese Publikation in der Deutschen Nationalbibliografie; detaillierte bibliografische Daten sind im Internet über http://dnb.d-nb.de abrufbar.

Deutsche Nationalbibliothek tarafından yayınlanan bibliyografik bilgiler: Deutsche Nationalbibliothek, bu yayını Deutsche Nationalbibliografie'de listeler; detaylı bibliyografik bilgi İnternet'te http://dnb.d-nb.de sitesinde mevcuttur.

Coverbild / Kitap kapağı resmi: www.ingimage.com

Verlag / Yayıncı:
Türkiye Alim Kitapları
ist ein Imprint der / yayınevinin bir ticari markasıdır
OmniScriptum GmbH & Co. KG
Bahnhofstraße 28, 66111 Saarbrücken, Deutschland / Almanya
Email / E-posta: info@turkiye-alim-kitaplary.com

Herstellung: siehe letzte Seite /
Basım yeri: son sayfaya bakın
ISBN: 978-3-639-81294-7

İÇİNDEKİLER

TEŞEKKÜR

Çalışmanın her evresinde yakın ilgi ve önerileri ile beni yönlendiren danışman hocam, **Doç. Dr. Abdullah Ateş'e** (Ankara Üniversitesi, Jeofizik Mühendisliği Böl.),

Hazırlamış olduğu bilgisayar programlarını çalışma kapsamında kullanılmasına olanak tanıyan ve özellikle manyetik anomalilerin değerlendirilmesi aşamasında yardımlarını esirgemeyen **Arş. Gör. Funda Bilim'e** (Ankara Üniversitesi, Jeofizik Mühendisliği Böl.),

Çalışma alanında yıllardır edindiği deneyimleri aktarıp, yönlendiren, özellikle paleomanyetik numunelerin toplanmasında çok önemli yardımlarda bulunan **Jeomorfolog Talat Yıldırım'a** (Maden Tetkik Arama Genel Md),

Yıllardır önemli çalışmaların yapıldığı ve zor şartlar altında oluşturulmuş paleomanyetizma laboratuvarından ücretsiz olarak yararlanmama olanak veren **Bulgar Bilimler Akademisi, Jeofizik Enstitüsü'ne** ve paleomanyetizma laboratuvarı'nda deneylerin yapılabilmesi için gerekli onayı sağlayan **Prof. Dr. Mary Kovacheva'ya** (Bulgar Bilimler Akademisi),

Gerek paleomanyetizma laboratuvarında çalışmayı başlatıp, gerekse çalışma sırasında deneyleri yönlendirerek daha sonra verilerin değerlendirme aşamasında da bilgisayar programları ve bilgilerini benimle paylaşan **Dr. Diana Jordanova'ya (**Bulgar Bilimler Akademisi) ve laboratuvar deneylerinin yapılması sırasında yardımlarını esirgemeyen **Dr. Neli Jordanova'ya** (Bulgar Bilimler Akademisi),

Paleomanyetik numunelerin araziden toplanması amacıyla, İngiltere'den çalışmaya katılmak üzere Türkiye'ye gelme fedakârlığını gösteren, ayrıca İngiltere Lancaster Üniversitesi laboratuvarları olanaklarını kullanarak bir numune için manyetik histerizis deneyini gerçekleştiren **Dr. Vassil Karloukovski'ye** (Lancaster Üniversitesi),

Çalışma alanına ait havadan manyetik ve gravite verilerini sağlayan **Maden Tetkik ve Arama Genel Müdürlüğü, Jeofizik Etütler Dairesi'ne,**

Çalışma alanına ilişkin jeofizik bulguların yorumlanmasına önerileriyle destek olan **Prof. Dr. Bülent Coşkun'a** (Ankara Üniversitesi, Jeoloji Mühendisliği Böl.),

Çalışmanın ilk bulgularını elde etmek ve yönlendirme aşamalarında yapılan araştırma projesi çerçevesinde maddi destek sağlayan **TÜBİTAK'na (Proje No: YDABÇAG-567),**

Çalışmanın bir bölümüne maddi destek sağlayan **Ankara Üniversitesi, Araştırma Fonu Müdürlüğü'ne (Proje No: 20010705050),**

Ayrıca çalışma boyunca desteğini sürekli hissettiğim sevgili eşim Dr. Şenay BÜYÜKSARAÇ'a,

Sonsuz şükranlarımı sunarım.

Aydın BÜYÜKSARAÇ

SİMGELER DİZİNİ

FT	Fissuion Track yöntemi ile kayaç yaşlarının belirlenmesi
K/Ar	Potasyum-Argon yöntemi ile kayaç yaşlarının belirlenmesi
$F(\Psi r)$	Manyetik anomalilerin kutba indirgeme işleci
K	Hacim manyetik duyarlılık
Jr	Kalıntı mıknatıslanma şiddeti
Ji	İndüklem mıknatıslanma şiddeti
Q	Königsberger oranı
H	Yermanyetik alanı
X	Kütle manyetik duyarlılık
ρ	Yoğunluk
V	Manyetik enerji
Js	Doygun mıknatıslanma şiddeti
e_m	Manyetostatik enerji
DKM	Doğal kalıcı mıknatıslanma
Jrs	Doygun kalıntı mıknatıslanma şiddeti
IKM	Isıl kalıcı mıknatıslanma
VKM	Viskoz kalıntı mıknatıslanma
KKM	Kimyasal yolla kazanılan kalıntı mıknatıslanma
ÇKM	Çökel yolla kazanılan kalıntı mıknatıslanma
ChRM	Karakteristik kalıntı mıknatıslanma
AF	Alternatif manyetik alan
β	Manyetik kutup ile alan arasındaki boylam farkı
λ_p	Manyetik kutup enlemi
Im	Ortalama eğim açısı
Dm	Ortalama sapma açısı
ϕ_p	Manyetik kutup boylamı
dp	Güvenlik elipsinin enine yarı uzunluğu
dm	Güvenlik elipsinin boyuna yarı uzunluğu
α_{95}	Güvenlik katsayısı
p	Manyetik kolatitüt
L	Manyetik çizgisellik
F	Manyetik saçılım
P'	Manyetik duyarlılığın anizotropi derecesi
T	Manyetik duyarlılığın anizotropisinin şekil parametresi
AMS	Manyetik duyarlılığın anizotropisi
Hc	Koherzif kuvvet
Hcr	Kalıntı koherzif kuvvet
VGP	Görünür yer manyetik kutup

ŞEKİLLER DİZİNİ

ÇİZELGELER DİZİNİ

ÖZET

Kapadokya Bölgesi son 13 milyon yıldan yakın zamana kadar volkanik etkinliğin egemen olduğu bir bölgedir. Yüzey jeolojisi incelendiği zaman, bir karmaşa hemen göze çarpmaktadır. Bu karmaşık durum bölgeye ait havadan manyetik anomali haritasında da gözlemlenebilmektedir. Manyetik anomalilerde görülen bu karmaşanın çözümü için değişik jeofizik veri işlem yöntemleri uygulanmıştır. Öncelikle güç spektrumu uygulaması yardımı ile manyetik anomaliler süzgeçlenmiştir. Güç spektrumu uygulamasından 5.17 km derinlikteki mıknatıslanması olan bir yapının varlığı hesaplanmış ve yüzeyde gözlenen yaygın volkanik etkinlikten kaynaklanan manyetik anomalilerin oluşumuna bu yapının sebep olduğu önerilmiştir. Yukarı uzanım uygulaması yapılarak yeryüzüne yakın yerlerden kaynaklanan etkiler giderilmeye çalışılmıştır. Yapma gravite dönüşümü uygulaması ile derindeki, manyetik anomaliye neden olan yapı hakkında daha fazla bilgi elde edilmeye çalışılmıştır.

Havadan manyetik anomali haritası incelendiğinde anomalilerde kayma olduğu görülmektedir. Bu durumun giderilmesi için kutba indirgeme ve analitik sinyal uygulamaları yapılmıştır. Ancak anomalilerin pek çoğunda düzelme görülmemiştir. Bu durum, Kapadokya bölgesi ve çevresinde yoğun kalıntı mıknatıslanmanın etkili olduğunu göstermiştir. Kalıntı mıknatıslanma varlığının Kapadokya'nın geçmişteki tektonik evrimine ve günümüzdeki manyetik anomalilere etkisini araştırmak amacıyla paleomanyetik çalışma gerçekleştirilmiştir. Bu amaçla, Kapadokya bölgesi'nde bulunan bazalt, andezit, granit gibi volkanik kayaçlarla, ignimbiritlerden alınan numuneler, Bulgaristan Bilimler Akademisi, paleomanyetizma laboratuvarında deneye tabi tutulmuştur. Buradan karakteristik kalıntı mıknatıslanma (ChRM) hesaplamaları Zijdervelt diyagramları üzerinde yapılarak geçmiş enlemler bulunmuştur. Ayrıca Kapadokya Bölgesi'ndeki ters dönmeler hesaplanmıştır. Buna göre 25-30° lik Miyosen serilerinde dönmeler ve yaklaşık 12° lik ignimbiritler üzerinde dönmeler elde edilmiştir. Paleokutuplar

Görünür Jeomanyetik Kutup (GJK) diyagramında gösterilmektedir. Bu çalışmalara ek olarak yapılan manyetik duyarlılık çalışması ile numuneler arasındaki mıknatıslanma farklılıkları incelenmiştir. Königsberger oranları hesaplanarak kalıntı mıknatıslanma ile indüklem mıknatıslanma arasındaki ilişki araştırılmıştır. Manyetik duyarlılığın anizotropisi ölçmeleri (AMS) yapılarak Kapadokya Bölgesi'ndeki volkanik etkinliğin yayılımı ve saçılımı incelenmiştir. Ancak yalnızca Acıgöl Bölgesi'nde manyetik duyarlılığın anizotropi derecesi 18 olarak elde edilmiştir. Diğer bölgelerdeki AMS değerleri Acıgöl bölgesinden daha küçük kalmıştır.

1.GİRİŞ

Çalışma alanının bulunduğu Orta Anadolu, üç litosferik çarpışma bölgesi ile çevrilidir. Bu bölgeler; Kuzey Anadolu Kırığı (KAK), sağ yanal atımlı, Doğu Anadolu Kırığı (DAK), sol yanal atımlı, Bitlis Zagros doğrultu atımlı kuşağıdır. Oligosen sırasında Kızıl Deniz ve Süveyş Körfezi'nin açılması nedeniyle Arap plakası, Afrika plakasından ayrılmaya başlamıştır (McKenzie 1972). Bu hareket Miyosen sırasında Lavant transform kırığının etkinleşmesiyle devam etmiştir. Arap plakasının Afrika plakasının kuzeyine doğru bu yaklaşım hareketi, Orta Üst Miyosen'de Bitlis Okyanusu'nun bir bölümünün kapanmasına neden olmuştur (Şengör ve Yılmaz 1981). Bu hareketi Arap plakası ile Avrupa-Asya plakasının çarpışması izlemiştir. Avrupa-Asya plakalarının birbirlerine yaklaşımı, Doğu Anadolu'da kıtasal kabuğun kalınlaşması ve kısalmasına neden olmuş ve böylece Anadolu bloğu batıya doğru kaymıştır (Şengör vd 1985). Bu hareket hala devam etmekte ve Anadolu bloğundaki deformasyonların da ilk gerekçesi olarak ele alınmaktadır.

Türkiye, Ege yayının doğusundaki çarpışma sınırında yerleşmiştir. Afro-Arabian ve Avrupa-Asya plakaları arasındaki çarpışma volkanizması, Orta Anadolu'da Neojen'den Kuvaterner'e KD-GB yönü boyunca oluşur (Pasquare vd 1988). Orta Anadolu'da volkanik aktivitenin değişik tipleri gözlenmektedir (Şekil 1.1).

Orta Anadolu Volkanik Alanı (OAVA), KD-GB yönlü olarak uzun ekseni yaklaşık 300 km'yi bulan bir alanda uzanmaktadır. OAVA, iki ana kırık sistemiyle ayrılmıştır. Bu sistemler, Tuzgölü-Ecemiş kırık sistemi ve OAVA açılmalı kırık sistemidir. Tuzgölü-Ecemiş Kırık Sistemi, temel olarak birbirini kesecek şekilde iki kırıktan oluşur. Tuzgölü kırığı, alanın batısında hemen hemen kuzeybatı-güneydoğu yönlü, Ecemiş kırığı ise alanın doğusunda, kuzey güney yönlü olarak yerleşmiştir. Buna göre bu sistemin ana kırıkları şunlardır: Hasandağı kırık grubu, Keçiboyduran-Melendiz Kırığı, Göllüdağ gömülü kırığı, Derinkuyu kırığı,Yeşilhisar kırığı.

Diğer ana kırık sistemi ise, OAVA açılma çatlakları sistemidir. Bu sistem OAVA uzanımına paraleldir. Kırıkların çoğu volkanik ürünlerin altında gömülü olarak yer almaktadır (Toprak ve Göncüoğlu 1993) (Şekil 1.2).

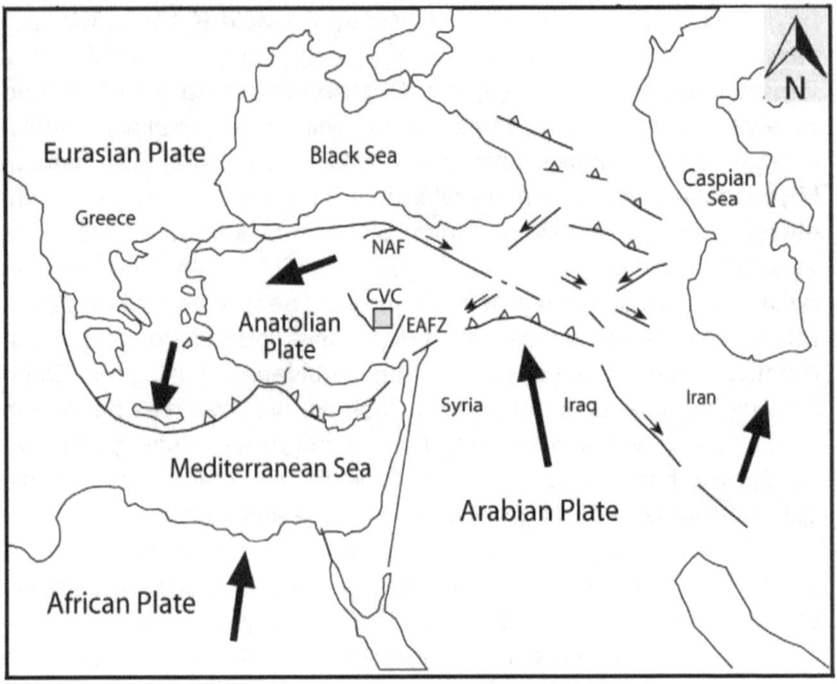

Şekil 1.1. Türkiye ve yakın çevresinin bölgesel tektonizması (Platzman vd 1998). CVC: Kapadokya volkanik karmaşığı, Caspian Sea: Hazar Denizi, Eurasian Plate: Avrasya Plakası, EAFZ: Doğu Anadolu Fay Zonu, NAF: Kuzey Anadolu Fay Zonu. İçi dolu oklar, Türkiye ve çevresini etkileyen ana tektonik yönlenmeleri göstermektedir.

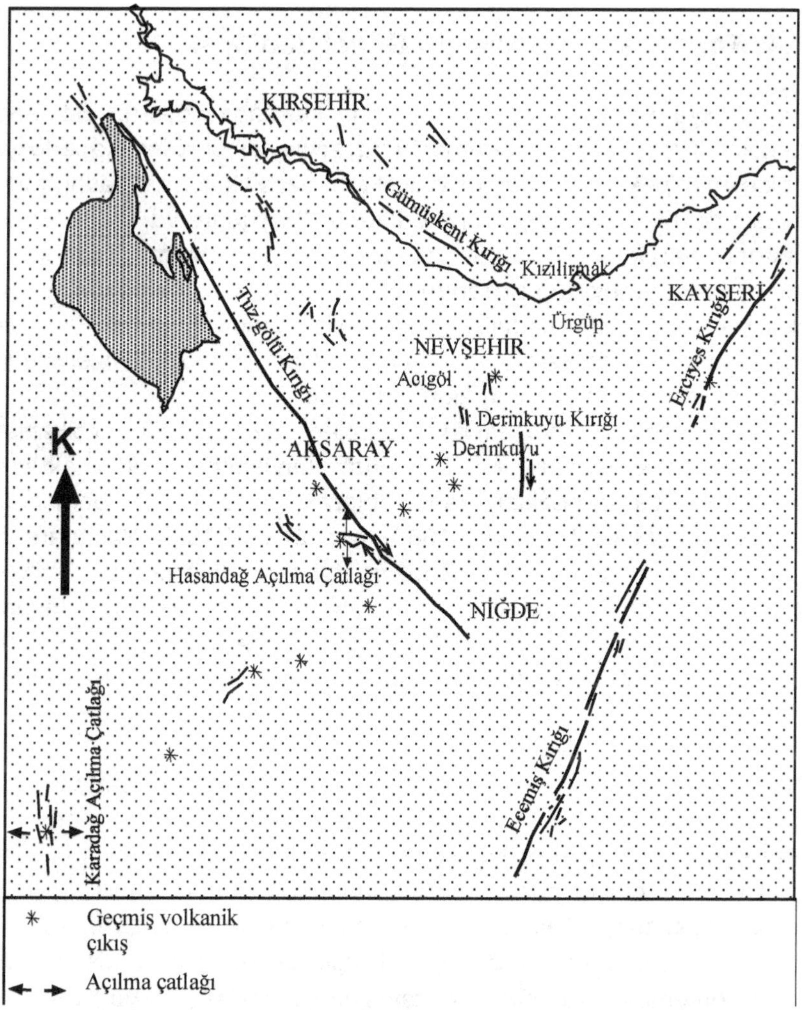

Şekil 1.2. Çalışma alanının genelleştirilmiş tektonik haritası (Şaroğlu vd 1992).

1.1. Kapadokya Bölgesinin Genel Jeolojisi

Kapadokya bölgesinin yüzey jeolojisi, karmaşa gösterir. Bölgenin temelini Kırşehir Bloğu metamorfik kayaçları temsil eder. Kapadokya bölgesinin pek çok bölümü, dasitikten bazaltik forma kadar farklı bileşimdeki volkanik kayaçlarla örtülüdür (Pasquare vd 1988). Bölge tektonik olarak, batıda kuzey-batı, güney-doğu uzanımlı, Tuzgölü ve kuzey-batı, güney-doğu uzanımlı, Ecemiş Kırıkları ile çevrilidir. Bu şekliyle aktif bir tektonik sırt görünümündedir. Pasquare vd (1988)'den değiştirilerek hazırlanmış bölgenin jeolojik özelliklerini yansıtan harita, Şekil 1.3'de görülmektedir.

Kapadokya bölgesinin birimleri; Polijenetik volkanlar, volkanoklastik depozitler ve cüruf konilerinden oluşmaktadır. Volkanoklastik depozitler, temel olarak yaklaşık 10 ignimbiritik tabakadan oluşur (Pasquare 1968, Innocenti vd 1975, Pasquare vd 1988, Le Pennec vd 1994). Radyometrik veri 13.7 ve 0.019 milyon yıllık bir zaman aralığını göstermektedir (Innocenti vd 1975, Besang vd 1977, Bigazzi vd 1993) (Çizelge 1.1). Kapadokya bölgesinde volkanik etkinlik ele alınacak olursa önemli volkanik merkezlere rastlanır:

Keçikalesi Volkanitleri: İnceleme alanındaki ilk volkanizma olup, bugün eski bir kaldera görünümünde, Hasandağ'ın batısında Keçikalesi ve Akçakent köyleri civarlarında görülen koyu gri ve gri renkli lavlar oluşturmuştur. Hasandağ volkanizmasının ilk etkinliği olarak düşünülür. Keçikalesi volkanitleri, bazalt ve bazaltik andezit türünde lavlardan oluşmuşlardır. Bazaltik andezit üzerinde yapılan K/Ar yöntemli radyometrik yaş tayinine göre 13.7±0.3 ve 12.4 ±0.6 milyon yıllık sonuçlar elde edilmiştir (Besang vd 1977).

Hasandağ külleri: Hasandağı ana konisini çevreleyen ve Büyük Hasandağı, Küçük Hasandağı ve Kurt Tepe'den patlamalarla çıkarak havadan geniş alanlara yayılan volkanik ürünlerdir. Hasandağı külleri olarak adlandırılan bu volkanik ürünler, genellikle beyaz renkli kül, pomza taşı ve küçük obsidiyen parçaları şeklindedir. Yer yer de lav parçaları vardır. Pomza çakıllarının boyutları Hasandağ'dan uzaklaştıkça küçülür ve en sonunda camsı küller kalır. Hasandağı külleri yer yer tüfler şeklindedir. Bunlar üzerinde yine aynı bacalardan çıkan andezitik lavlar bulunur. Kalınlıkları 10-20 m arasında değişir. Genellikle beyaz yer yer pembe renkli olan Hasandağı külleri, gevşek ve homojen yapılıdır.

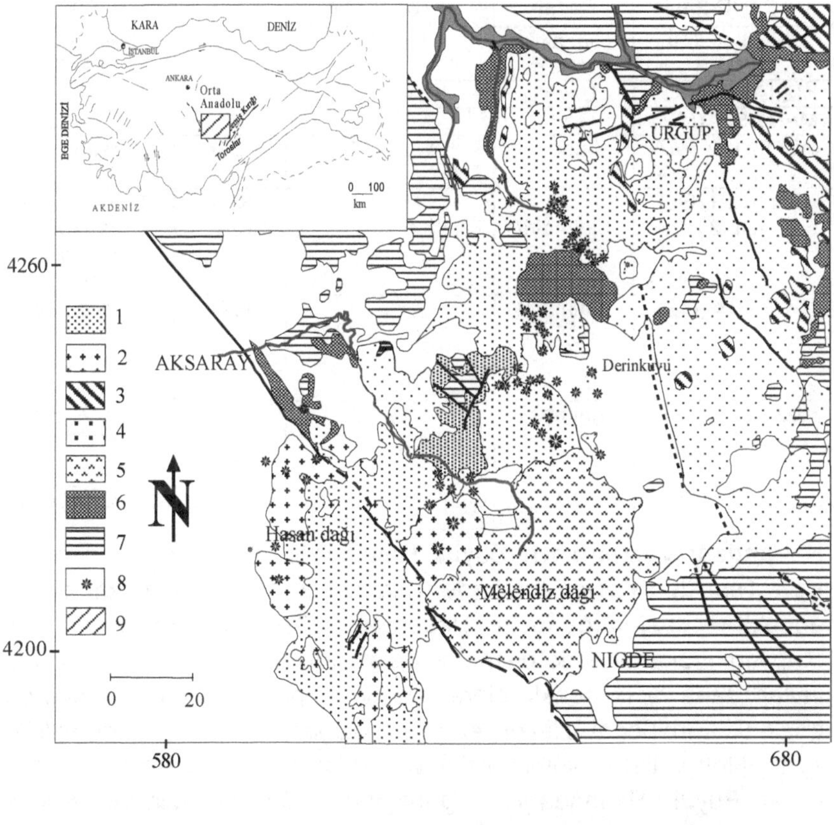

Şekil 1.3. Kapadokya Bölgesinin genelleştirilmiş jeoloji haritası (Pasquare vd. 1988'den değiştirilerek alınmıştır). (**1**:Stratavolkanlar ve piroklastik ürünler, **2**:Kırıklı stratovolkanlar, **3**:Lav akıntıları, **4**: Ignimbiritler, **5**: Melendiz Dağı volkanik karmaşığı, **6**:Lav akıntıları ve domlar, **7**: Anatolid birimleri, **8**: Kuvaterner monojenik merkezler, **9**:Çalışma alanı)

Çizelge 1.1. Kapadokya bölgesinde kayaç ve ignimbiritler üzerinde yapılan radyometrik yaş belirleme çalışmalarının sonuçları

Numunenin Alındığı Yer	Kayaç Tipi	Radyometrik yaş (Milyon yıl)	Yöntem	Referans
ACIGÖL (AG)	Riyolitik ignimbirit	0.4 - 0.019	FT	Bigazzi vd (1993)
ERDAŞ (ER)	Bazaltik Andezit	13.7 - 6.5	K/Ar	Bigazzi vd (1993)
HASANDAĞI (H) HASAND-2 (H)	Andezitik Bazalt	1.151 0.78 - 0.277	K/Ar	Ercan vd (1992)
KEÇİKALESİ (KK)	Bazaltik Andezit	13.7 - 12.4	K/Ar	Besang vd (1977)
KIZILTEPE (KT)	Bazalt	Kuvaterner	-	-
MAMASIN (MM)	Granit	-	-	-
MELENDİZ (MZ)	Andezit	6.5 - 5.1	K/Ar	Besang vd (1977)
GELVERİ (GL) GL-2	İgnimbirit	5- 8 5 – 8	K/Ar K/Ar	Innocenti vd (1975) Besang vd (1977)
GÖSTÜK (GS)	İgnimbirit	~8	K/Ar K/Ar	Innocenti vd (1975) Besang vd (1977)
KIZILKAYA (KZ) KZ-2	İgnimbirit	5.5± 0.2 4.4±0.1	K/Ar K/Ar	Innocenti vd (1975) Besang vd (1977)

Hasandağı volkanitleri: Büyük Hasandağı, Küçük Hasandağı ve Kurt Tepe'den çeşitli evrelerde çıkarak uzun mesafeler kat eden, andezit ve dasit türde lavlar, Hasandağ külleri üzerinde yer almakta olup kimi dokanaklarda pişme bölgeleri gözlenir. Zirveye yaklaştıkça lavlar daha açık renkli olarak kahverengi ve pembe renklerde gözlenir. Birbirlerini izleyen evrelerle oluşan lav akıntıları genellikle aynı akıntı yollarını kullanmışlar ve üst üste yığılmışlardır. En genç lavlar Büyük Hasandağı'nın güneyine doğru akmışlardır. Küçük Hasandağı'nın güneybatı ve batısına akan lavlar nedeniyle, kalın bir örtü vardır. Birbirlerini üstleyen 5 lav akıntısı vardır. Andezitik ve dasitik türde olan Hasandağı volkanitlerinin, andezitik lavları siyahımsı, gri ve koyu gri renkli oldukça sert, bozuşma yüzeyleri kahvemsi kiremit renklidir. Zirveye yakın yerlerde bulunan ve ender olarak yer alan dasitik lavlar ise daha açık renkli olup, andezitik lavlardan farklı olarak az miktarda da kuvars fenokristalleri içermektedir. Kayaçlarda yer yer bozuşma vardır. Hasandağı volkanitleri Üst Kuvaterner yaşlıdır.

Erdaş (Kızılcin) volkanitleri: Çalışma alanında Topaç, Ağıllı, Kurugöl köyleri arasında yüzeylenen bu birim, tabanda andezitik aglomera ile başlar ve bununda üzerine andezitik lavlar gelir. Besang vd (1977) tarafından K/Ar yöntemiyle çeşitli örnekler üzerinde yapılan çalışmalarda 13.7±0.3 milyon yıl, 12.4±0.6 milyon yıl ve 6.5±0.2 milyon yıl gibi yaşlar bulmuşlardır. Aglomera, Ağıllı, Topaç Köyü'nde dere yarmalarında yüzeylenir. Çakıldan iritaş boyutuna kadar değişen andezit parçaları ve bunları çimentolayan gri renkli andezitik tüf şeklindedir. Andezitik lavlar, gri, koyu gri renkli, porfirik dokuludur.

Selime tüfleri: Aksaray'ın doğu ve güneydoğusunda yaygın bir birimdir. Karışık yapılı ve belirgin bir kaynaklama göstermezler. Genel görünümde grimsi, pembe-bej renkli olan tüfler, aşınmaya uğradıklarında koniler oluştururlar. Birimin en iyi görüldüğü yer Selime Köyü yakınlarıdır. Selime'den doğuya doğru Kızılkaya ignimbiritleri altında bir şerit şeklinde Narköy'e kadar kesintisiz olarak izlenir. Birimin kalınlığı Selime'de 80 m, Narköy ve Şahinkalesi yakınlarında 20 m civarındadır. Karakaya ve Keltepe üzerinde yer alan bu tüfleri, Gelveri ignimbiritleri, Kızılkaya ignimbiritleri, Kulaklıdağ volkanitleri ve Göllüdağ riyolitleri örter.

Göstük tüfiti ve ignimbiriti: Hasandağı ve Melendiz dağları volkanoklastik serisinin tabanını oluşturur. Tabandan tavana doğru volkanik ve yeşil kaya kırıntılı, mikalı ve kuvarslı kumtaşı ile başlar. Gevşek ufalanan orta kalın tabakalı bu kumtaşı seviyesinin kalınlığı 4 m kadardır. Bunun üzerine ise yaklaşık olarak 10 m kalınlıktaki kırmızı renkli kaynaklı tüf seviyesi gelir. Üste doğru renk pembeleşir ve pomza çakıllarınca zenginleşir. Bu birimin üstünde göstük ignimbiriti vardır. Göstük ignimbiriti, gri renkli olup, Aksaray'ın güneyinde ve güney doğusunda yaygındır. En iyi gözlendiği yer

Uçakkaya sırtı güneydoğusu ile Taşpınar kasabası civarıdır. Kaynama farklılığı sonucu aşınma ile peribacalarını oluştururlar. Kalınlığı 5-25 m arasında değişir (Şekil 1.4).

Gelveri ignimbiritleri: İnceleme alanının Güney batısında Sivrihisar'dan Gelveri'ye kadar uzanan vadi içinde erozyon sonucu yüzeylenmiş olarak yaklaşık 10-15 m kalınlıklı ufak bir lav akıntısı Selime Tüfleri ile üstteki Kızılkaya ignimbiriti arasında yer alır. Andezitik olan Gelveri lavının göze çarpan en bariz özelliği, yöredeki tüm volkanitlere kıyasla hayli ileri bir bozunmaya uğramış olması ve yer yer küresel ayrışma göstermesidir. Genellikle gri-yeşilimsi ve toprağımsı kahverenkli olan bu lav akıntısının üst yüzeyine yakın kesimlerinde oldukça bol miktarda gaz boşlukları bulunur (Şekil 1.4).

Gelveri volkanitleri: Kapadokya bölgesinde Aksaray-Niğde-Nevşehir üçgeni arasında kalan bölümde kırıklar KD-GB yönlüdür. Bu da bölgenin uzun eksenine paralellik gösterir. Bu sistemin iki ana kırığı Orta Kızılırmak ve Niğde kırıklarıdır. Bu iki kırık, volkanik depresyonun kuzey ve güney sınırlarını belirler (Toprak 1998).

Kızılkaya ignimbiriti: Bölgenin yatay ve yataya yakın konumdaki geniş düzlüklerini oluşturan Kızılkaya ignimbiriti, birçok yerde genç volkanitlerle örtülmüş durumdadır. Bu birimin kalınlığı, 4-15 m arasında değişir. Bozunmamış kesimleri pembe veya beyazımsı gri renkte olup, bozunan kesimleri, pembe-kırmızımsı bir renktedir. En tipik olarak görüldüğü yer, Kızılkaya köyü'dür. Genellikle sütunsu yapılı olup, çoğu yerde tek akma ve soğuma ünitesi şeklinde görülür (Şekil 1.4).

Melendiz volkanitleri: Hasandağı'nın doğusunda GB-KD yönde uzanan bu volkanitler, batıda Hasandağı, KD'da Göllüdağ ürünleri tarafından üzerlenir. Üstten alta doğru andezit ve andezitik bazalt birleşimindeki lavlar ve bunların farklı boyuttaki piroklastiklerinden oluşur. Lavlar, daha çok koninin dış eteklerinde piroklastikler ise patlama merkezinin iç kısımlarında izlenir. Piroklastiklerde yoğun bozunma izleri görülür. Tüfler, limonitize olmuş yersel olarak silisleşme ve opalleşme görülür. Mineralli sıcak sular, çatlaklarda manganez ve hematit çökelmesine neden olmuştur. Melendiz volkanitleri haritalama alanının güney sınırını oluşturur. Çalışma alanındaki Göllüdağ riyolitik volkanitleri ile Kulaklı dağ volkanitlerinin altında görülen birimin alt dokanağı görülmez. Melendiz volkanitlerinin yaşı, Besang vd (1977), radyometrik yaş tayinine göre 6.5±0.2 ve 5.1±0.15 milyon yıl olarak bulunmuştur.

Acıgöl volkanik karmaşığı: Nevşehir ve Acıgöl arasında uzanır. Karmaşık, sığ bir kaldera, kalın bir piroklastik örtü, yedi dom parçası ve saçılmış konilerden oluşur. Erdaş dağı'nın Neojen volkanik masifi ile güneyde ve genç bazaltik-andezitik lavlarının uzantısı ile batıda çevrilidir. Acıgöl kalderasına Kocadağ kalderası da denilmektedir. 150 m'ye kadar çöküntüler yer alır. Acıgöl karmaşığında bulunan riyolitik domlar, üç gruptan oluşur. Buna göre 1. Grupta, kaldera çöküntüsü kuzeye ve doğuya doğru iki bölüme ayrılır. Acıgöl alanı içinde görülen en eski Kuvaterner lavdır. Bu grubun yaşı Fission-Track yöntemine göre, 182±20 bin yıl, 179±24 bin yıl, 150±21 bin yıl olarak bulunmuştur (Bigazzi vd 1993). İkinci grupta, Karmaşığın en büyük riyolitik domu Kocadağ (1689 m)'dır. Üç bölümden oluşur ve yaş tayini 70 bin yıl olarak sonuç vermiştir (Bigazzi vd 1993). Üçüncü grupta, Karnıyarık tepe, kuzey, kaleci, Güneydağ ve Korudağı ile Acıgöl maarı denilen üç krater bulunur. Bütün domlar oldukça gençtir. Yaş tayini 19±7 bin yıl olarak sonuçlanmıştır (Bigazzi vd 1993).

Kapadokya Bölgesi'nin genelleştirilmiş stratigrafik kesiti basitleştirilerek çizilmiştir (Şekil 1.5) (Anonim 1987). Kesit Hasandağı, Göllüdağ, Acıgöl ve Sofular yörelerini kapsayan geniş bir alana aittir. Bu kesit üzerinde çalışma kapsamında yapılmış olan paleomanyetik çalışmalarda kullanılan numunelerin yerleri de işaretlenmiştir.

Şekil 1.4. Göstük, Gelveri ve Kızılkaya ignimbirit serilerinin yerinde görünüşü.

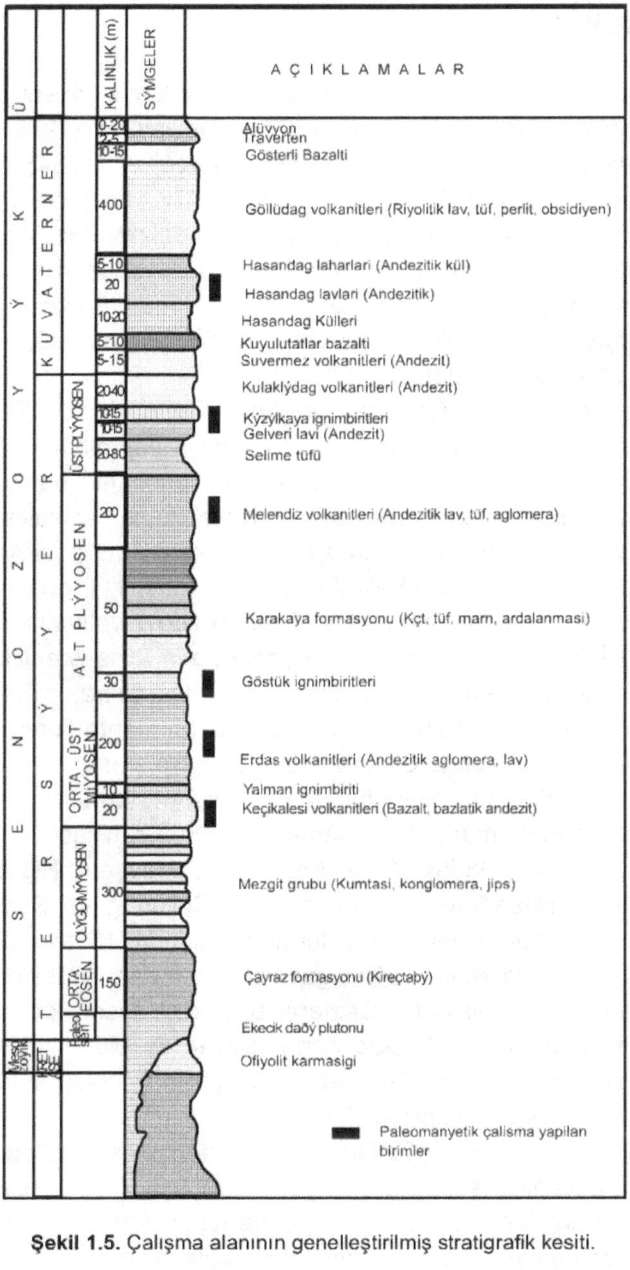

Şekil 1.5. Çalışma alanının genelleştirilmiş stratigrafik kesiti.

2. ÖNCEKİ ÇALIŞMALAR

Orta Anadolu'nun ve çevresinin tektonik ve volkanik kökenli evrimine ilişkin incelemeler yapan, Smith (1971), Dewey vd (1973), Batum (1978a ve b), Şengör ve Yılmaz (1981), Şengör vd (1984), Görür vd (1984), Baş vd (1986) gibi araştırıcılar, bu bölgede Paleosen öncesinde bir eski okyanus ve kuzeye dalımlı bir yitim zonu bulunduğunu ve bu devrin sonlarına doğru okyanusun kapanmaya başlayarak Arap-Afrika levhası ile Anadolu levhası arasında bir kıta-kıta çarpışmasının oluştuğunu ve daha sonra volkanizmanın yeniden oluştuğunu belirtmişlerdir.

Batum (1978b), Göllüdağ ve Acıgöl çevresindeki Senozoyik volkanitlerinde jeokimyasal incelemeler yapmıştır. Buradan Kuvaterner yaşlı bazaltik lavların bir kısmının hafif alkalen karakterde olmaları bir yana, bütün volkanitlerin, kalkalkalen seri içinde olduklarını belirtmiş ancak bu volkanitlerin pasifik çevresi kalkalkalen kayaçlarından belirgin kimyasal farklılıklar gösterdiklerini öne sürmüştür. Araştırıcıya göre Orta Anadolu volkanitleri pasifik çevresi kalkalkalen volkanitlerine kıyasla daha fazla granitiktir. Orta Anadolu volkanitlerinin Anadolu levhası altına, Arap-Afrika levhasının dalması, dalan okyanus kabuğunun manto derinliğine inip erimesi ve daha sonra oluşan kıta-kıta çarpışması ile tamamen kıtasal bir ortamda oluştuğunu öne süren araştırıcı bunların doğrudan doğruya mantodan türemediklerini belirtmiştir.

Ercan vd (1987a), Orta Anadolu'da Nevşehir-Niğde-Konya Bölgesindeki Hasandağ, melendiz dağı, Göllüdağ ve Erciyes gibi sönmüş volkanlar sisteminin bulunduğu alanda 15 ayrı noktadan çıkan volkanik kökenli doğal gaz çıkışlarından örnekler alarak bileşimlerini incelemişlerdir. Gazların büyük bir kısmı karbondioksit (CO_2) ve subuharı (H_2O) olup ender olarak da Metan (CH_4), Azot (N_2), Oksijen (O_2), Argon (Ar), etan (C_2H_6) ve hidrojen sülfür (H_2S) bileşiminde olduğunu saptamışlardır.

Ercan vd (1987b), Kızılcin-Nevşehir arasındaki volkanizmanın özelliklerini incelemişlerdir. Buna göre Orta Anadolu'da Nevşehir ve Niğde il merkezleri arasında yer alan ve Üst Miyosen'de başlayarak tarihsel zamanlara kadar etkin olan volkanizmanın evreleri ve özellikleri araştırılmış ve volkanik kayaçlarda petro-kimyasal çalışmalar yapılmıştır. Bölgede Senozoyik volkanizması, Üst Miyosen'de andezitik lavlarla başlar. Alt Pliyosen'de önce tüfler, sonra andezitik lavlar ve ignimbiritler oluşmuştur. Kuvaterner'de ise önce bazalt görünümlü siyah renkli andezitik, daha sonra bazaltik lavlar ve domsal yapıda riyolitik lavlar, perlitler ve obsidiyenler oluşmuştur. Volkanik kayaçların çoğunlukla kalkalkalin, sadece Kuvaterner yaşlı bazaltik lavların bir kısmının hafif alkalen özellikler taşıdıkları ve esas olarak kabuk, kısmen de manto kökenli oldukları sonucuna varılmıştır.

Pasquare vd (1988), Orta Anadolu'daki Neojen ve Kuvaterner volkanizma Afrika-Arap ve Avrupa plakaları arasındaki kıtasal çarpışmayla ilişkili Anadolu volkanik yayının merkezi bölümünü oluşturduğunu belirtmiştir. Geç Miyosen'de olduğu düşünülen ve transtansiyonel tip kırılgan deformasyonlara neden olan tektonik sıkışmalar bir karmaşık volkanizma sistemiyle yakından ilişkilidir.

Burada oluşan volkanizma, önemli deformasyon ve erozyon olaylarına göre üç ana etkinlik dönemine bölünmüştür. İlk periyod (8.5 Ma önce), çoğunlukla andezitik püskürmeyle ifade edilmektedir. İkinci periyod (8.5 - 2.7 Ma) kalın bir ignimbiritik sıralanma hareketini karakterize etmektedir ve 11.000 km^2 'ye kadar alansal bir dağılım gösterir. Üçüncü ana birim, ignimbiritlerin ince bir dili olarak kaynak alandan 100 km'den daha fazla bir alanda bulunmuştur. Jeolojik ve sedimantolojik veri Melendiz Dağı volkanik karmaşığını ve Çiftlik kalderasını olası ignimbirit bacası olarak tanıtır. Üçüncü periyod, sırasında büyük andezitik - bazaltik sıra volkanlar ve asidik monojenik merkezler gelişmiştir.

Volkanik etkinlikler arasındaki ilişki, Orta Anadolu'daki ana doğrultu atımlı kırık sistemlerinin bulunmasıyla açıkça ortaya çıkmıştır. Neojen-Kuvaterner volkanik etkinlik, DKD-BGB Karaman-Sivas çizgiselliği boyunca gelişmiştir. Büyük merkezi volkanların çoğu DKD - BKB yönelimleri ve Ecemiş -Tuz gölü doğrultu atımlı kırıkları arasındaki ilişki de gelişmiştir. Kuvaterner monojenik merkezlerin yapısal yorumu, daha zordur. Olasılıkla bu merkezler, Anatolid ve Toros bölgesini kesen K-G kırığı ile ilişkilidir. Orta

Anadolu'nun yapısal modeli beş ana kümeden oluşmaktadır: DKD-BGB, DGD-BKB, KB, GD, KKD-GGB ve K-G yönlü kırık sistemleri.

Ercan vd (1989), Anadolu'da Senozoyik yaşlı volkanik alanlarda yeralan obsidiyen yatakları, incelenmiş ve bu yatakların en önemlilerini oluşturan Orta Anadolu'daki Acıgöl ve Çiftlik obsidiyenlerinden çeşitli örnekler alınarak majör element kimyasal analizleri ve nötron aktivasyon yöntemi (NAA) ile nadir toprak element ve bazı iz element analizleri yapmıştır. Tamamen riyolitik bileşimde ve kalkalkalen özellikler taşıyan Orta Anadolu obsidiyenleri üst kıtasal kabuk kökenli olup, bölgede Alt Eosen 'den itibaren etkin olan Arap-Afrika ve Anadolu plakaları arasındaki kıta-kıta çarpışması sırasında kabuk kalınlaşması ile oluşmuştur. Anadolu obsidiyenlerinin, onbinlerce yıl önce çevrede yaşayan ilkel insanlar tarafından kesici alet olarak kullanılmalarının saptanması, bunların önemini arttırmakta ve yapılan kaynak belirleme çalışmaları ile zaman içinde insan toplulukları arasında kültürel iletişim hakkında çeşitli veriler de elde edilmektedir.

Ercan vd (1990), Orta Anadolu'da Hasandağı ve Karacadağ gibi büyük volkanik kütleleri oluşturan ve Orta Miyosen'den başlayarak Kuvaterner sonlarına, tarihsel zamanlara kadar çeşitli evrelerle etkili olan volkanizmanın özellikleri saptamış ve volkanik kayaçlarda petrografik, jeokimyasal ve jeokronolojik çalışmalar yapmıştır. İnceleme alanında 15 adet farklı volkanik kaya birimi haritalanmış olup, petrokimyasal özellikleri göz önüne alındığında, bunların genelde subalkalen (toleyitik+kalkalkalen) ve yer yer hafif alkalen nitelikte bulundukları ve kendilerine özgü bölgesel bazı jeokimyasal özellikler taşıdıkları saptanmıştır. Genel olarak tüketilmiş mantodan türemiş toleyitlere yakın benzerlikler gösteren toleyitik nitelikli lavlar ile daha az tüketilmiş kıta altı litosferinden türemiş hafif alkalen lavlar ve tüm bunlarla birlikte olasılıkla kıta altı mantonun bölümsel ergimesi ve halen kıta kabuğu içinde yeryüzüne yükselirken kabuktan özümleme ve kristallenmeyle ayrımlaşmasının oluşturduğu kalkalkalen lavlar bir arada bulunur. Volkanitlerin Arap-Afrika plakası ile Anadolu plakası arasında oluşan çarpışma bölgesinde kabuk kalınlaşması ve buna koşut olarak litosfer incelmesinin yarattığı genleşme kuvvetlerinin etkileriyle basınç boşalımı ve sığ mantoda bölümsel ergimeler nedeniyle oluştuğu düşünülmektedir. Senozoyik volkanizmasının çok sık nitelik değiştirdiği inceleme alanında saptanan sıcak su ve magmatik kökenli gaz çıkışları, bu bölgede volkanik etkinliğin henüz tam sona ermediğini ve jeotermal enerji açısından olumlu özellikler taşıdığını göstermektedir.

Ercan vd (1991), Acıgöl yöresindeki Senozoyik yaşlı volkanik kayaçların petrolojisini incelemişlerdir. Buna göre; Orta Anadolu'da Tersiyer ve Kuvaterner yaşlı volkanizmanın en etkin olduğu alanlardan biri de Acıgöl dolayları olup temel de olasılıkla Üst Kretase yaşlı granodiyoritik sokulumlar bulunmaktadır. Temel kayaçlar üzerinde yeralan Tersiyer volkanizmasının ilk ürünleri, üst Miyosen 'de şiddetli patlamalarla geniş bir alana yayılan ve "Gülşehir Tüfü" olarak adlandırılan dasitik türde tüflerdir. Karasal ortam koşullarında gelişen yersel küçük göllerde bu tüflerle ara katkılı olarak yer yer de "Aktepe Formasyonu" olarak adlandırılan kumtaşı, marn, kiltaşı ve kireçtaşı düzeyleri oluşmuşlardır. Daha sonra volkanizma yeniden şiddetlenmiş ve ignimbiritler oluşmuştur (Yalman ignimbiriti). Üst Miyosen sonlarına doğru bu asidik volkanizma, ortaç volkanizmaya dönüşerek andezitik lav ve aglomeraları meydana getirmiştir (Kevencetepe andeziti). Alt Pliyosen sonlarında ise bazikleşerek bazaltik lav akıntıları ve ignimbiritlerle tekrar etkin olmuş (Boğazköy obsidiyeni ve Basan sarnıç ignimbiriti) ve üst Pliyosen sonlarında ise bazikleşerek bazaltik lav akıntıları ve cüruf konileri oluşturmuştur (Kızıldağ bazaltı ve kızıltepe cüruf konileri). Alt Kuvaterner'de yeniden şiddetli asidik bir volkanizma egemen olmuş, tüfler ve volkanik küller oluşmuştur (Alacaşar tüfü ve Karapınar volkanik tüfleri). Daha sonra tekrar bazik volkanizma ürünleri olan bazaltik lavlar oluşarak geniş alanlarda yayılmışlardır (Karnıyarık bazaltı). Kuvaterner sonlarına doğru volkanizma yeniden asidik nitelik kazanarak domsal yapılar gelişmiş ve volkanik küller, obsidiyen akıntıları, perlitler ve riyolitik lavlar ile bazaltik cüruflar oluşarak volkanik evrim tamamlanmıştır (İcik volkanik külleri, Taşkesik tepe obsidiyeni, Tepeköy perlit ve riyolitleri, Obruktepe bazaltik cürufları).

Volkanik kayaçlarda petrografik ve jeokimyasal çalışmalar yapılarak, çoğunlukla kalkalkalin, sadece bazaltik lavların bir kısmının hafif alkalin nitelikte oldukları ve genel olarak kıtasal kabuk köken özellikleri taşıdıkları sonucuna varılmıştır. Ayrıca, bazaltik lavlarda ve obsidiyenlerde radyometrik yaş tayinleri yaptırılarak yaş sorunu aydınlığa kavuşturulmuştur. İnceleme alanında çok sayıda sıcak su, mineralli su ve volkanik kökenli gaz çıkışları da saptanmış olup bölgenin jeotermal enerji açısından olumlu özellikler taşıdığı ortaya çıkmıştır.

İlkışık vd (1997), Ihlara vadisi, Doğu Akdeniz plaka sistemiyle, Anadolu plakalarının çarpışmaları sonucu oluşmuş bir volkanik yay içinde yerleşmiştir. Çalışmada, Orta Anadolu'da Aksaray 22 km doğusunda bulunan Ihlara-Ziga jeotermal alanının bir rezervuar incelemesi sunulmuştur.

1988-1990 yıllarında yer elektromanyetik ölçümleri MTA tarafından yapılmıştır. Bu ölçümlere göre iletken tabaka ya da bölge derinlikleri sığ sayılabilir (0.5-1 km). CSAMT ve Schlumberger özdirenç verileri birbirleriyle iyi bir uyum göstermiştir ve iki boyutlu yer elektrik modelleri jeolojik veri ve gravite anomalileriyle uyum içindedir.

Özdirenç temel derinliği batıda 200-250 m (Paleozoyik kireçtaşı) ve doğuya doğru (~600-750 m) civarındadır. Bu durum alanda K-G yönlü normal kırılmayı göstermektedir. Üst tabakanın parametreleri, 25-95 ohm-m ve 100-250 m kalınlıktadır. İletken tüflerin üst ve temel arasındaki kalınlığı (4-5 ohm-m özdirençli) doğuya doğru artmakta olup 100-450 m arasındadır. Görünür özdirenç haritaları 32-2 Hz arasındaki frekanslar için Belisırma'nın doğusunda düşük özdirençli bir anomali olduğunu göstermiştir.

Temel vd (1998), Kapadokya ignimbiritlerinin petroloji ve jeokimyasını incelemişlerdir. Buna göre Kapadokya'da, yüksek kalkalkalen volkanik kayaçların en az 1000 km^3'lük bir hacimde olduğunu ve 40.000 km^2'lik bir alanı kapladığını öne sürmektedirler. Riyolitik, dasitik ignimbiritler ve iki andezitik lav akışı üst Miyosenden (11.2 Ma), kuvaternere kadar Arap ve Avrasya kıtalarının çarpışmasıyla ilişkili olarak püskürmüş olduklarını ortaya koymaktadırlar. Potasyumla zenginleşmiş riyolitik ve yerel olarak sodyumla zenginleşmiş dasitik ignimbiritler yaygın şekilde göl sedimanları ve nadiren andezitik lav akışlarıyla girişimli halde olduğunu ortaya koymuşlardır. Her ignimbirit, minerolojik ve iz elementli kimyasını (stratigrafik olarak ilişkilendirilebilen) gösterir. Jeokimyasal veri (ana iz elementleri ve Sr-Nd izotopları), bir manto kökenli magma, çalışılan volkanik birimlerin kaynağını, kırıklı kristallenmeyle ilişkilendirilebileceğini gösterir. Miyosenden (11.2 Ma), Kuvaternere ignimbiritik kayaçlar çarpışmalıdan genişlemeli tektoniğe bağlanabilen Sr ^{87}/ Sr^{86} oranının azalımını gösterdiğini ifade etmişlerdir.

Froger vd (1998), Kapadokya volkanik alanı, 10 farklı neojen ignimbirit türüyle karakterize edilir. Kalderalar yardımıyla kısmen sökülmüş ve gömülü halde bulunurlar. Bu yüzden arazide kolaylıkla tanınmazlar. Gravite, uzaktan algılama (SPOT ve ERSI görüntüleri) ve sayısal yükselti modelleri (DEM) ile iki ana kaldera belirlemişlerdir. Bunlardan biri Nevşehir-Acıgöl Kalderası (Acıgöl, Nevşehir ve Çardak arasında) -35 mgal seviyeli 15 km çaplı alandır. Daha genç olan Derinkuyu kalderası Erdaş sıra volkanı ve Çiftlik havzası arasındadır. 35 × 23 km^2 lik alan içinde (-30) mgal - (+20) mgal'lik gravite seviyesindedir.

Le Pennec vd (1998), Kızılkaya ignimbiritleri üzerinde yaptıkları çalışmada, Kızılkaya ignimbiritlerinin anizotropisini 46 bölgede inceleyerek kinematik yorum yapmak istemişlerdir. IRM histerizis döngüleri ve Curie sıcaklık analizi, ignimbiritteki manyetik sinyalin temel taşıyıcısı olan manyetiti gösterir. AMS elipsoidlerinin şekli alandan alana anizotropinin düşüklüğüne göre değişir. AMS elipsoidlerinin şekli ve petrofabrik elipsoidler arasında basit bir ilişki yoktur. Benzer şekilde manyetik ve kinematik elemanlar arasında da doğrudan ilişki yoktur. Elde edilen sonuçlar, ölçülen manyetik sinyalin kaynağının kayaçlarda karmaşık bir yapı ortaya koyduğunu göstermiştir. İgnimbiritin soğuması sırasında bütün yüzeylerde ve süreksizliklerde manyetik tanelerin kristalizasyonunun, hidrotermal ve meteorik suyla alterasyonu, serbest ve sabit manyetik kristallerin şekil anizotropisini kapsayan değişik yaklaşımların sonucu tam bir karmaşadır. AMS stereonet çizimleri, düzgün olmayan bir dağılım gösterir. Bunun sebebi, analitik ve meteorolojik terimlerdir (aletsel hatalar ksenoklastlarca kirlenme, duyarlılık eksenlerinin minerolojik ters dönüşümü, ikincil mimetik doku).

Platzman vd (1998), Orta Anadolu Neojen yaşlı volkanik kayaçlardan 50 bölgeden aldıkları numunelere paleomanyetik ve yaş belirleme çalışmaları yapmışlardır. Elde ettikleri sonuçlara göre, son 10-12 Milyon yılda bölgenin saatın tersi yönünde dönme gösterdiği sonucuna ulaşmışlardır. Bitlis süturu boyunca Arap ve Anadolu plakalarının çarpışması sonucunda ters dönmelerin oluştuğu yorumunu yapmışlardır. Dönme hızını sabit kabul ederek, yılda 2.4^{o} lik bir ortalama dönme değeri elde etmişlerdir. Bu değerin, GPS ölçümlerinden (1.3 ± 0.1^{o} / yıl) daha yüksek olduğunu ortaya koymuşlardır. Varılan bu sonucun diğer bir değerlendirmesi olarak, şimdiki dönme hızı, Bitlis süturu boyunca oluşan çarpışma öncesi, hızından daha düşük olduğunu gösterdiği yönünde olmuştur. Bölgede daha önce yapılan paleomanyetik çalışmaları da dikkate alarak, çalışma alanındaki hareketleri üç döneme ayırmışlardır:

(1) 0-5 milyon yıllık dönem, dönme çok yavaş (1.2^{o} / yıl),

(2) 5-12 milyon yıllık dönem, en hızlı dönme hızı (6.5^{o} / yıl),

(3) 12 milyon yıl ve daha eski dönem, yaklaşık sıfır (-0.041^{o} /yıl)

3. MATERYAL ve YÖNTEM

3.1. Kutba İndirgeme Yöntemi

Pozitif gravite anomalileri, yoğun kütleler üzerinde bulunurlar. Oysa aynı durum manyetik anomaliler için geçerli değildir. Manyetik anomalinin mıknatıslanma yönü ve yer manyetik alanının yönü düşey yönlü olmadığı zaman, manyetik anomalinin mıknatıslanması *m* ve yer manyetik alanının mıknatıslanması *f* düşey yönlü olmadıkça, θ_m ve θ_f, manyetik anomalinin şeklini yatay olarak, hatta yönünü bozacak şekilde bir faz ekleyecektir (Blakely 1995).

Genel olarak mıknatıslanma ve yer manyetik alanı düşey yönlü değilse, düzgün olarak mıknatıslanmış bir kürenin mıknatıslanmasının simetrik dağılımı, simetrik bir anomaliden çok eğrilmiş bir anomali üretecektir. Bu karmaşık durum manyetik ölçümlerden aşağıdaki formüller kullanılarak giderilebilir:

$$F(\Delta T_t) = F(\Delta T)F(\Psi t) \qquad (1)$$

Burada,

F(ΔT) : Toplam bileşen manyetik anomalisinin Fourier dönüşümü

F(ΔTt) : Dönüşmüş fonksiyon

F(Ψt) : Süzgeç fonksiyonu

dur.

$$F[\psi_t] = \frac{\theta'_m \theta'_f}{\theta_m \theta_f} \qquad (2)$$

Burada,

θ_m ve θ'_m: Mıknatıslanmaya neden olan yapının faz açıları

θ_f ve θ'_f: yermanyetik alanının faz açıları

$$F(\Delta T_r) = F(\Psi r)\ F(\Delta T) \qquad (3)$$

dır.

Burada,

F(ΔTr) : Kutba dönüşüm işlemi yapılmış fonksiyon

F(Ψr) : Kutba dönüştürme işleci

dir.

$$F(\Psi r) = \frac{1}{\theta_m \theta_f} \tag{4}$$

$$F(\Psi_r) = \frac{1}{\theta_m \theta_r} = \frac{|k|^2}{a_1 k_x^2 + a_2 k_x^2 + a_3 k_x k_y + i|k| \left(b_1 k_x + b_2 k_y\right)}, \quad k \neq 0 \tag{5}$$

$a_1 = m_z f_z - m_x f_x$,
$a_2 = m_z f_z - m_y f_y$,
$a_3 = -m_y f_x - m_x f_y$,
$b_1 = m_x f_z + m_z f_x$,
$b_2 = m_y f_z + m_z f_y$.

olur. Burada F(Ψr) uygulamasına kutba indirgeme denir. ΔTr, kuzey manyetik kutupta ölçülebilecek anomalidir. Kutba indirgeme işlemi, işlem sırasındaki karmaşıklığı ortadan kaldırır.

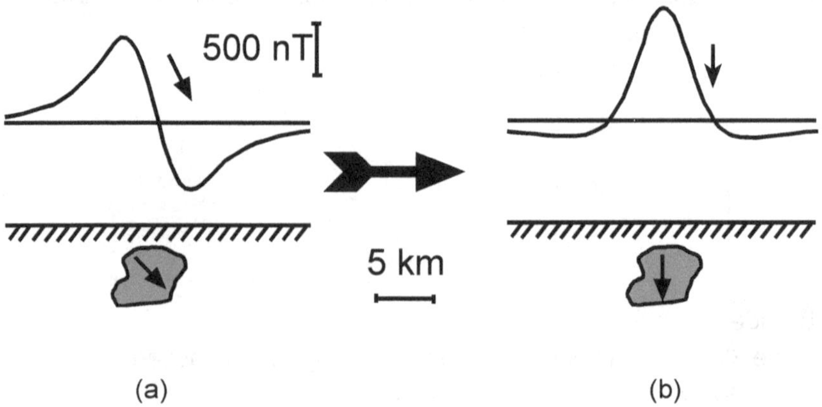

Şekil 3.1. Bir manyetik anomalinin kutba indirgenmeden önceki (a) ve sonraki (b) hali (Blakely 1995).

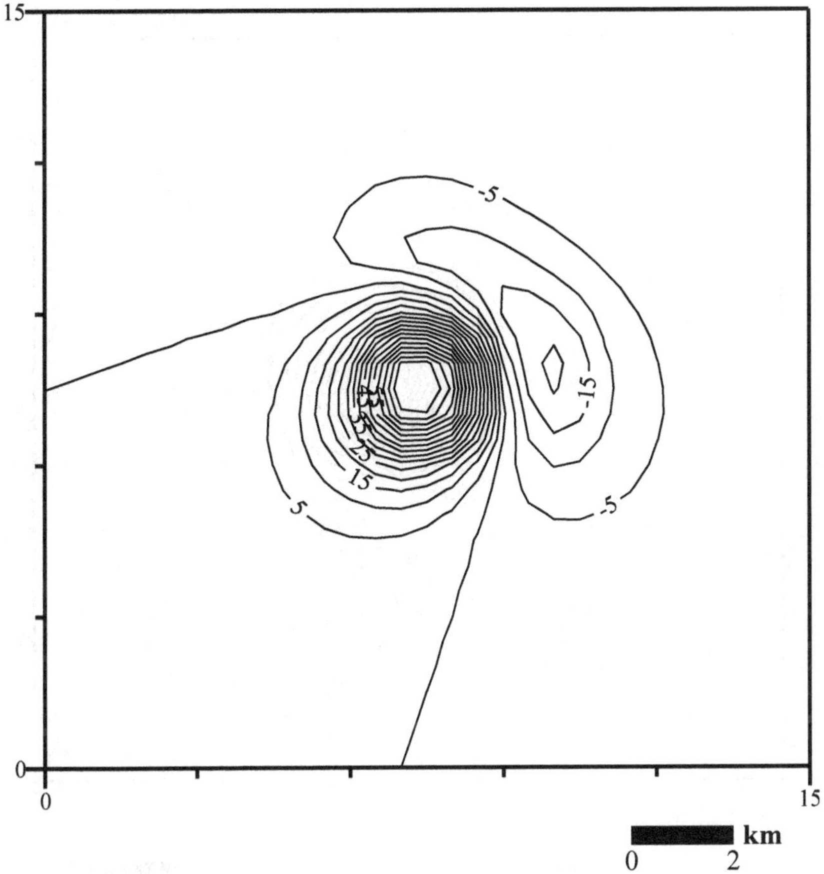

Şekil 3.2. Boyutları 2×2×1 km^3 olan prizmatik bir yapay manyetik model (prizmanın üst yüzey derinliği 1km, prizmanın taban derinliği 2 km) (nx=ny=16, dx=dy=1km, I_f = 55°, d_f = 4 °, Im=40 °, dm=80 °)

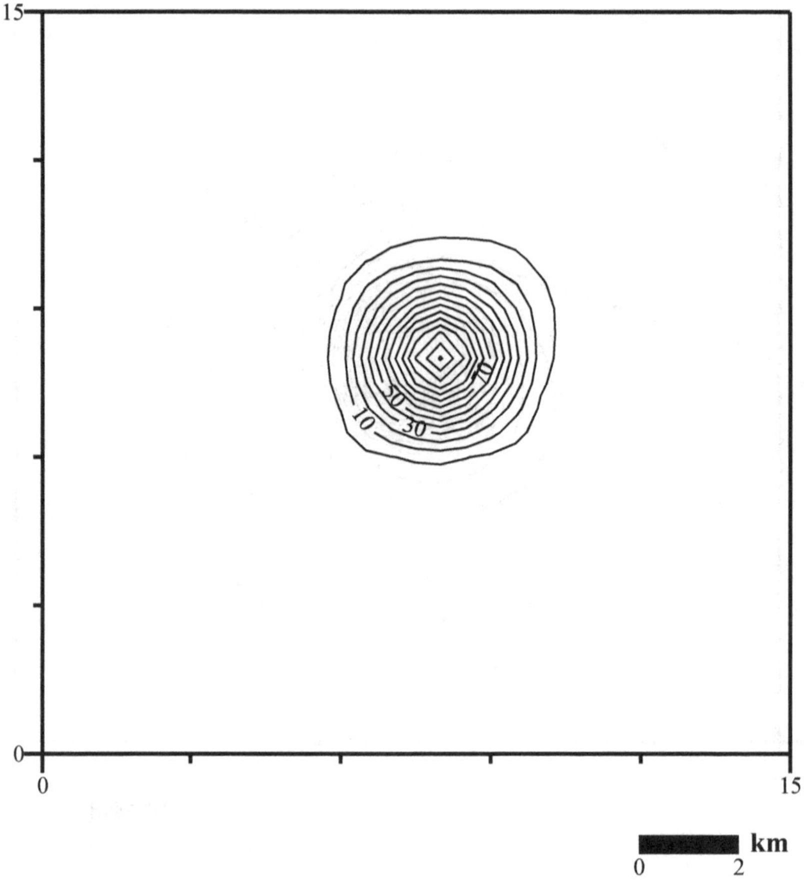

Şekil 3.3. Yapay prizma manyetik modeline kutba indirgeme işlemi uygulaması.

3.2. Analitik Sinyal Yöntemi

Manyetik yorum için yeni bir yöntem, analitik sinyal kavramının üç boyutlu olarak genelleştirilmesine bağlı geliştirilmiştir. Çoğu yöntem günümüzdeki manyetik alanın ve kaynak cismin mıknatıslanmasının yönünü bilgi olarak kabul eder. Günümüzdeki manyetik alanın eğim ve sapma açıları iyi bilinir. Nabighian (1972) tarafından profil ölçümleri için geliştirilen analitik sinyalin değerinin kullanımının üstünlüğü, doğrusal yapılarda yer manyetik alanının parametrelerinden ve kaynak malzemenin mıknatıslanma yününden bağımsız oluşudur. Bu yüzden analitik sinyalin değerinin kullanımı, kaynak cismin mıknatıslanmasının yönünde kabuller yapılmaksızın kaynak özelliklerinin saptanmasını sağlar. Bu çok önemlidir. Özellikle kalıntı mıknatıslanmanın olduğu yerlerde ölçülen anomaliler bilinmemektedir (Roest vd 1992).

3.2.1. Üç boyutlu analitik sinyalin teorisi

Analitik sinyal frekans ortamında kolaylıkla elde edilebilir. İki boyutlu ters ve düz Fourier dönüşümü:

$$G(k_x, k_y) = F[f(x,y)] \tag{6}$$

$$= \int_{-\infty}^{\infty} \int_{-\infty}^{\infty} f(x,y) e^{-i(k_x x + k_y y)} \partial x \partial y \tag{7}$$

$$f(x,y) = F^{-1}[g(k_x, k_y)] \tag{8}$$

$$= \frac{1}{4\pi^2} \int_{-\infty}^{\infty} g(k_x, k_y) e^{i(k_x x + k_y y)} \partial k_x \partial k_y \tag{9}$$

ile verilir. Burada,

k_x, k_y: x ve y yönündeki dalga sayılarını göstermektedir.

Yukarıdaki eşitlik kullanılarak frekans ortamı ilişkileri, bir potansiyel alan anomalisinin farklı türevleri arasındaki ilişkiler kadar, yatay ve düşey türevlerinin ve bir manyetik anomali M'nin Fourier dönüşümü arasındaki ilişkiden de türetilebilir.

x, y ve z yönlerindeki birim vektörler $\hat{x}$, $\hat{y}$, $\hat{z}$ saptanması, bir potansiyel alan anomalisi M'nin üç boyutlu analitik sinyalinin aşağıdaki gibi yazılmasına olanak verir:

$$A(x,y) = \left(\frac{\partial M}{\partial x}\hat{x} + \frac{\partial M}{\partial y}\hat{y} + i\frac{\partial M}{\partial z}\hat{z} \right) \tag{10}$$

10 no'lu bağıntı analitik sinyalin temel şartını sağlar. Bu formülün gerçek ve sanal bölümleri Hilbert dönüşümünün dönüşüm çiftlerinden oluşur. Bu 10 no'lu eşitliğin frekans ortamına dönüşümü ve manyetik alanın Fourier dönüşüm gradiyentinin terimleri içinde ifade edilir.

$$\hat{t} \cdot F[A(x,y)] = h \cdot \nabla F[M] + i\hat{z} \cdot \nabla F[M] \tag{11}$$

∇, frekans ortamı gradiyent işlecini ifade eder. Eşitliğin gerçel kısmı anomalinin yatay türeviyle ve sanal kısmı düşey türevi ile oluşturulmuştur. Manyetik anomalinin yatay ve düşey türevleri frekans ortamı 3-boyutlu Hilbert dönüşümü ile ilişkilendirilmiştir. 10 no'lu eşitlikten genlik fonksiyonu aşağıdaki gibi verilmektedir:

$$|A(x,y)| = \sqrt{\left(\frac{\partial M}{\partial x}\right)^2 + \left(\frac{\partial M}{\partial y}\right)^2 + \left(\frac{\partial M}{\partial z}\right)^2} \tag{12}$$

Analitik sinyalin elde edilişi Şekil 3.4'de açıklanmaktadır:

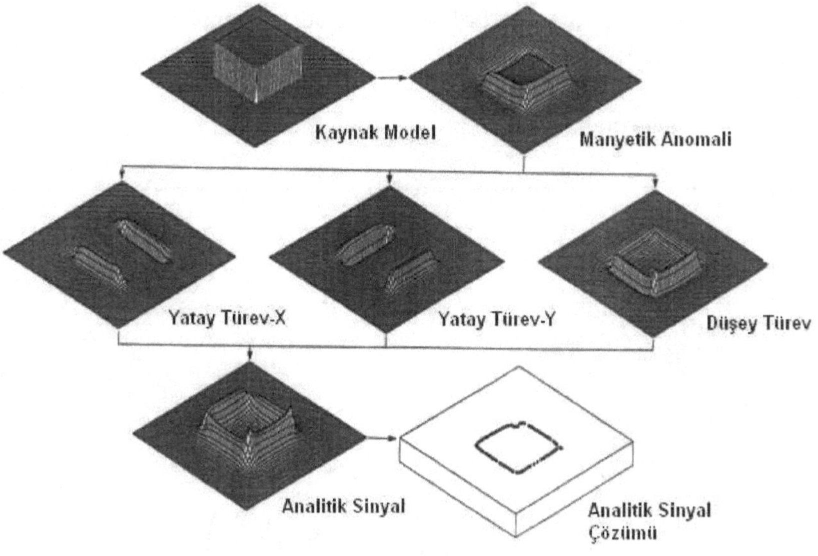

Şekil 3.4. Analitik sinyal yönteminin şematik gösterimi. Burada yatay ve düşey türevler, bir kare prizmanın toplam manyetik alanı anomalisinden hesaplanmıştır (Roest vd 1992)

3.3. Gravite Anomalilerinin Değerlendirmesi

Çalışma alanına ait gravite verisi MTA, Jeofizik Etütler Dairesi'nce ölçülmüştür. Bu veri grubu Türkiye rejyonal gravite veri grubuna aittir. Bu alan için bir rezidüel çalışma yapılmamıştır. Gravite verileri 2.5 km aralıklı olarak gridlenmiş, 2.67 gr/cm^3 yoğunluk değerine göre Bouger düzeltmesi yapılmış ve kontur haritası oluşturulmuştur (Şekil 3.6).

Gravite yöntemi, özellikle volkanik aktivite sonucu volkan külü ile dolmuş kalderalarda çok iyi sonuç vermektedir. Bu tür alanlarda kalderayı dolduran tüfler çevre kayaçlara göre oldukça düşük yoğunluk ortaya koymaktadır. Dolayısıyla tüf kalderaları ya çok düşük ya da negatif gravite anomalisi gösterir. Çalışma alanında yapılan incelemeler benzer sonuçlar ortaya koymuştur. Gravite anomali haritası incelendiğinde Nevşehir'in güneyinden Niğde'nin güney batısına kadar olan bölümde negatif anomali gözlenmektedir (Şekil 3.6). Benzeri sonuçlara Froger vd (1998) ulaşmış ve burada gözlenen anomalileri çalışma alanında bilinen yer yapısıyla ilişkilendirmişlerdir.

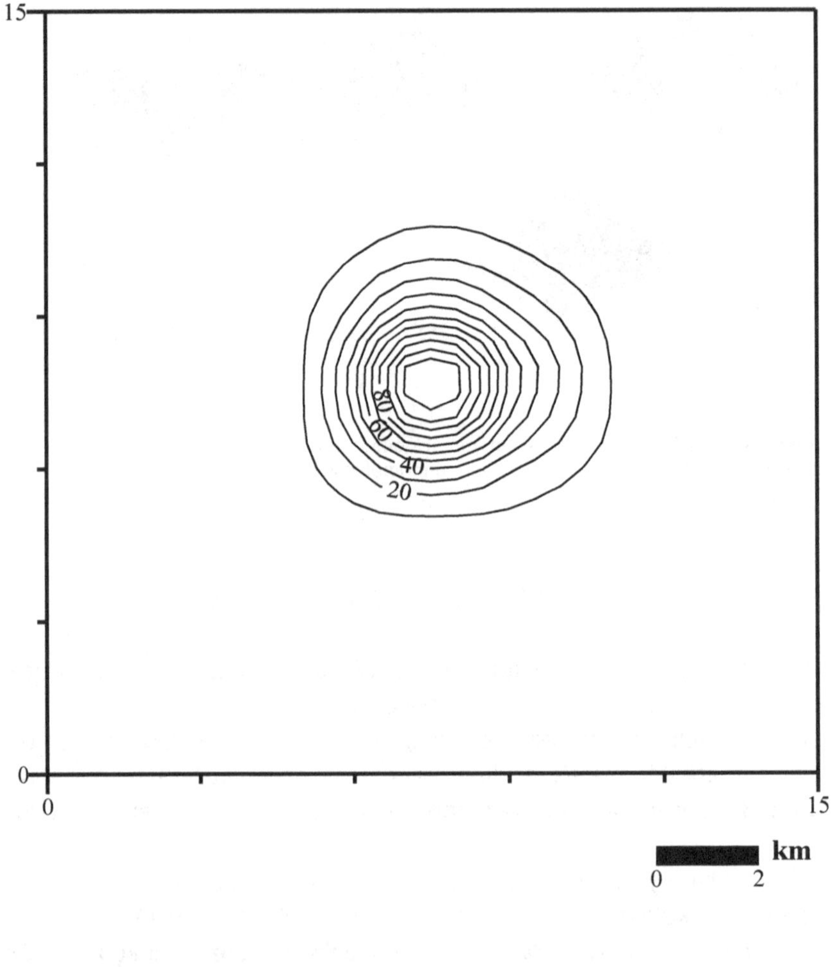

Şekil 3.5. Boyutları 2×2×1km^3 olan prizmatik bir yapay manyetik modele (prizmanın üst yüzey derinliği 1km, prizmanın taban derinliği 2 km) (nx=ny=16, dx=dy=1km, I_f=55°, d_f=4°, Im=40°, dm=80°) analitik sinyal uygulaması.

Çalışma alanından toplanan el numunelerinin yoğunluklarının incelenmesi amacıyla Ankara Üniversitesi, Mühendislik Fakültesi, Jeofizik Mühendisliği Bölümü'nde bulunan ve Doç. Dr. A. Ateş tarafından imal edilmiş olan yoğunluk ölçme düzeneği kullanılmıştır. Bu düzeneğin çalışma prensibi "Walker's Steelyard" terazisinin

$$\rho = \frac{W_H}{W_H - W_w} \qquad (13)$$

benzeridir (Read 1962). Buna göre, numuneler önce havada daha sonra su içerisinde ölçülerek 13 no'lu bağıntı kullanılmak suretiyle yoğunluk hesaplaması yapılmıştır (Çizelge 3.1).

Burada,

W_H: Havadaki numune ağırlığı
W_w: Sudaki numune ağırlığı

dır.

Çizelge 3.1'den de görülebileceği gibi ignimbiritler (AG, GS, GL, KZ) çok düşük yoğunlukludur. Buna karşılık kayaç grubu; bazalt, andezit, granit ya da türevleri daha yüksek yoğunlukludur.

3.4. Kapadokya Bölgesinin Manyetik Anomalilerinin Değerlendirilmesi

Türkiye manyetik haritası incelendiği zaman Kapadokya Bölgesi ve çevresinin manyetik anomalilerinin bir yumak gibi olduğu ve çevresinden farklı bir yapıda olduğu görülecektir. Bu yapı Kapadokya ve çevresinin oldukça karmaşık bir görüntüde olmasına neden olmaktadır. Manyetik anomalilerde görülen bu karmaşa, bölgesel jeoloji haritasında da yüzeylenmiş kayaçlarda açıkça görülmektedir.

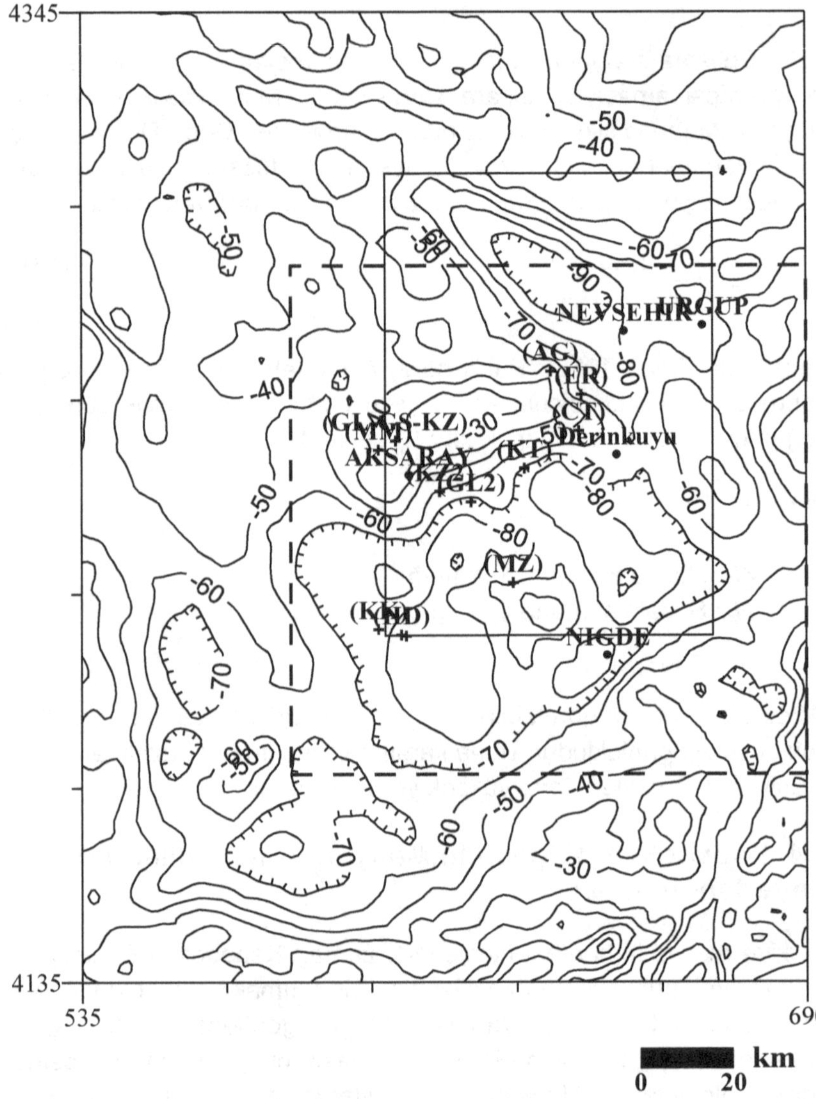

Şekil 3.6. Çalışma alanı ve çevresi gravite anamoli haritası. Kontur aralıkları 10 mGal'dir. Düz çizgili çerçeve Froger vd (1998) tarafından yapılan incelenen alanı, kesikli çizgili çerçeve çalışma alanını göstermektedir. Parantez içindeki harfler numune alınan yerleri simgelemektedir.

Çizelge 3.1. Çalışma alanından toplanan el numunelerinin bazılarına ait yoğunluk değerleri

Örnek No	Formasyon	Lokasyon	Yoğunluk ($gr.cm^{-3}$)
AG3		38°32.524N	1.92
AG4	Riyolitik İgnimbirit		1.837
AG6		34°33.173E	1.79
GS1		38°24.660N	1.611
GS2	İgnimbirit		1.744
GS3		34°10.200E	1.56
GL3		38°17.400N	2.051
GL5	İgnimbirit		1.82
GL6		34°21.185E	1.8479
KZ2	İgnimbirit	38°18.665N	2.04
KZ4			1.915
KZ6		34°16.586E	1.868
H1		38°01.829N	2.46
H2	Bazaltik Andezit		2.5
H6		34°11.403E	2.49
KK1			2.6
KK4		38°02.621N	2.586
KK5	Bazaltik Andezit	34°07.384E	2.4
KK6			2.36
ER4			2.59
ER6		38°29.704N	2.61
ER7	Dasitik Andezit	34°37.619E	2.636
ER8			2.64
MZ1	Andezit	38°07.843N	2.55
MZ5		34°27.161E	2.477
KT4			2.656
KT6	Bazalt Andezitik bazalt	38°21.202N	2.67
KT7		34°29.063E	2.65
KT8			2.7
ÇT1	Bazalt	38°25.487N 34°37.134E	2.46
MM1	Granit	38°23.609N	2.613
MM2		34°07.704E	2.876

Kapadokya ve çevresine ait Maden Tetkik ve Arama Genel Müdürlüğü, Jeofizik Etütler Dairesi'nce ölçülmüş havadan manyetik verileri vardır. Bu ölçüler yerden 600 m yükseklikte ölçülmüş olup, 2.5 km aralıkla gridlenerek manyetik anomali haritası oluşturulmuştur (Ateş vd 1999). Ölçülen rejyonal manyetik alana, Baldwin ve Langel (1993) algoritmasına göre, International Geomagnetic Reference Field (IGRF) düzeltmesi yapılarak manyetik anomali haritası elde edilmiştir (Şekil 3.7). Manyetik anomali haritasından da görüleceği gibi bir çok anomalinin kuzey-güney yönlü oluşması gerekirken, sapmalar görülmektedir. Bu sapmaların nedeni Kapadokya bölgesi manyetik anomalilerinde kalıntı mıknatıslanmanın varlığıdır. Kapadokya Bölgesi, kuzeyden güneye doğru kayaç kimyası açısından üç grupta incelenebilir. Buna göre kuzey kesim asidik, orta bölüm asidik-bazik ve güney kesim bazik karakterlidir. Burada bulunan kayaç grupları ve manyetik anomali haritası incelendiğinde de bu gerçek bir kez daha kanıtlanmış olmaktadır. Buna göre kuzeyde manyetik şiddeti düşük, granit ve ignimbiritik seriler vardır. Orta kesimde andezitik-bazalt ya da bazaltik-andezit kayaç gruplarına rastlanmakta olup, orta şiddetli manyetik anomali verirler. Güneye doğru ise özellikle Hasandağı civarlarında bazalt ağırlık kazanmakta ve manyetik anomaliler şiddetlenmektedir (Şekil 3.7).

Manyetik anomalilerde gözlenen sapmalar, Bölüm 3.1'de anlatılan kutba indirgeme yöntemi kullanılarak, giderilmeye çalışılmıştır. Buradaki amaç, yer manyetik alanından kaynaklanan sapmaları gidermektir. Ancak birçok anomalide düzelme görülmemiştir (Şekil 3.8). Özellikle Hasandağı civarı, Acıgöl, ignimbiritlerin olduğu kesimlerde anomalilerdeki sapma devam etmektedir. Buradan açıkça Kapadokya Bölgesinde kalıntı mıknatıslanmanın varlığı ortaya çıkmaktadır. Manyetik anomalilerde kalıntı mıknatıslanmanın etkisini en aza indirmek ve şiddetli anomalilerin genliğini artırmak amacıyla, Bölüm 3.2'de anlatılan analitik sinyal yöntemi kutba indirgenmiş manyetik anomali verilerine uygulanmıştır (Şekil 3.9). Şekilden de görüldüğü gibi bir çok anomalinin genliği artmış ve yapı mıknatıslanmasından kaynaklanan anomaliler daha belirgin hale gelmiştir.

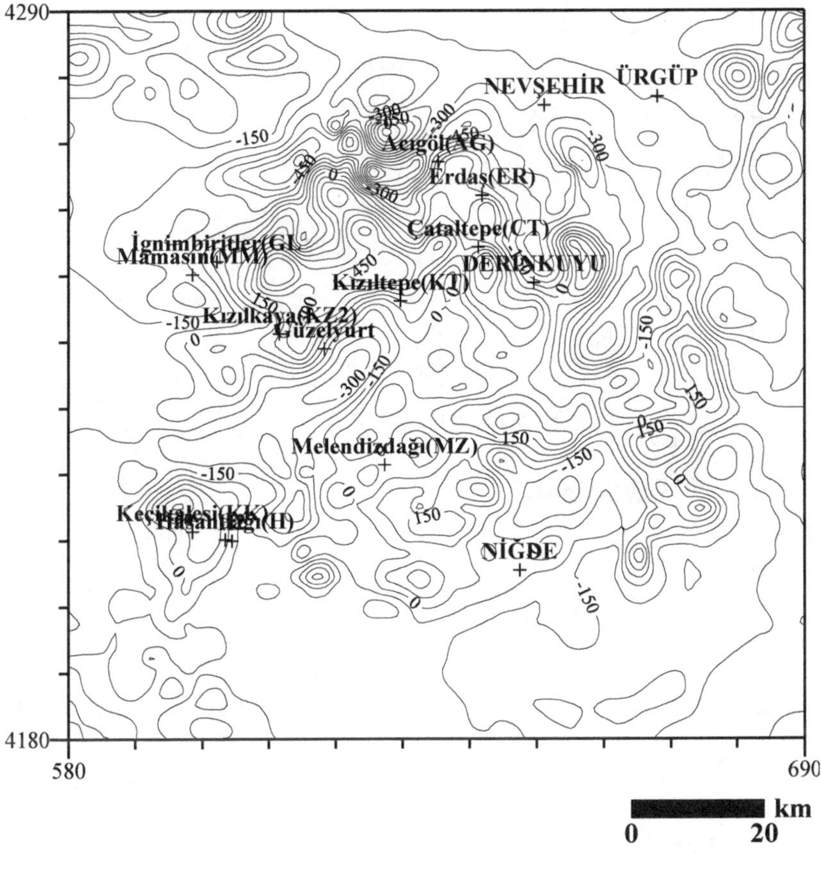

Şekil 3.7. Kapadokya bölgesinin havadan manyetik anomali haritası. Kontur aralığı=75 nT. (+) paleomanyetik çalışma için numune toplanan yerleri (GL-Gelveri, GS-Göstük, KZ-Kızılkaya, ER-Erdaş, CT-Çataltepe, AG-Acıgöl, MM-Mamasın, MZ-Melendiz, KK-Keçikalesi, H-Hasandağı) göstermektedir.

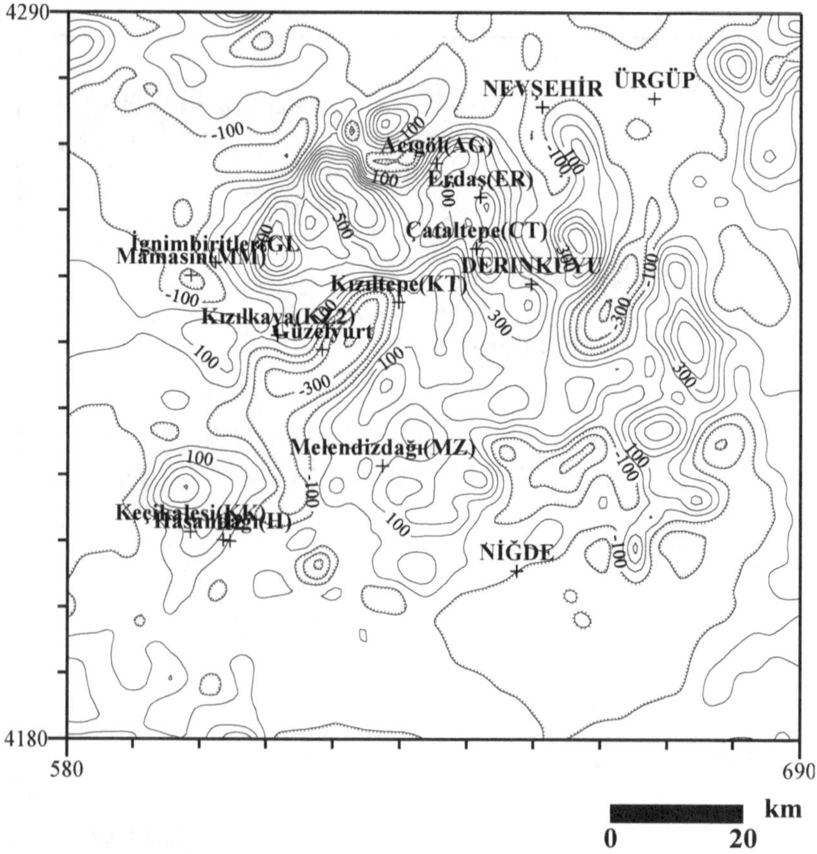

Şekil 3.8. Kapadokya havadan manyetik anomali haritasına kutba indirgeme işlemi uygulanması. Kontur aralığı 100 nT. (+) paleomanyetik çalışma için numune toplanan yerleri (GL-Gelveri, GS-Göstük, KZ-Kızılkaya, ER-Erdaş, CT-Çataltepe, AG-Acıgöl, MM- Mamasın, MZ-Melendiz, KK- Keçikalesi, H-Hasandağı) göstermektedir.

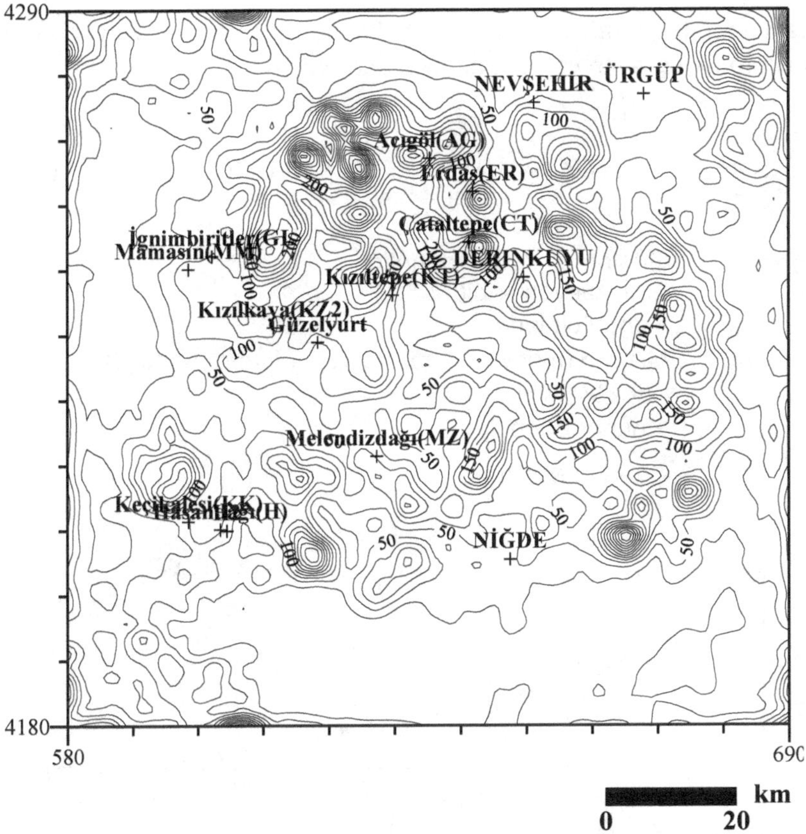

Şekil 3.9. Kutba indirgenmiş manyetik anomali haritasına üç boyutlu analitik sinyal uygulaması. Kontur aralığı 25 nT. (+) paleomanyetik çalışma için numune toplanan yerleri (GL-Gelveri, GS-Göstük, KZ-Kızılkaya, ER-Erdaş, CT- Çataltepe, AG-Acıgöl, MM-Mamasın, MZ-Melendiz, KK- Keçikalesi, H-Hasandağı) göstermektedir.

3.4.1. Manyetik anomali haritasına güç spektrumu uygulaması

Potansiyel alanların dalga sayısı ortamında incelenmesi verilerin analizinde bazı kolaylıklar getirmektedir. Gravite ve manyetik anomaliler Laplace denklemini sağladığından aşağıda anlatılan yöntem her iki anomali için de uygulanabilir (Spector ve Grant 1970).

Ara yüzey topoğrafyası h(x,y) ile belirlenen bir yapının yeryüzünde oluşturacağı gravite ya da manyetik anomali,

$$\Delta G(k_x,k_y)=2\pi G\Delta\rho\, e^{-z\sqrt{k_x^2+k_y^2}} \sum_{n=1}^{\infty} k^{n-1} F(h^n(x,y)) \qquad (14)$$

z : Ortalama katman derinliği
G : Gravitasyon sabiti
Δρ : Yoğunluk farkı
ΔG : Gravite (manyetik) anomalisinin fourier dönüşümü
k_x, k_y : x ve y yönlerindeki dalga sayıları
F : Fourier dönüşümü

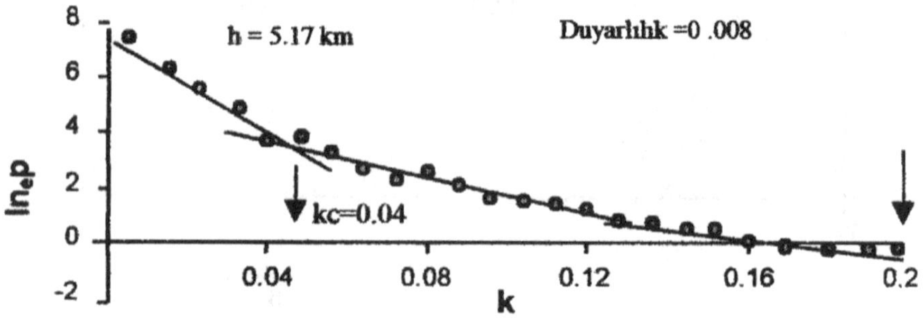

Şekil 3.10. Kapadokya bölgesi havadan manyetik anomali haritasına güç spektrumu uygulanması (k=Dalga sayısı / 2π ve kc, kesme frekansıdır).

3.4.2. Yukarı uzanım

Yukarı uzanım işlemi, bir yüzeyde ölçülen potansiyel alanın bütün kaynaklardan daha uzakta başka bir yüzeyde ölçülmesidir. Bu dönüşüm dalga boyuna göre anomalilerin genliğini artırır. Daha kısa dalga boyu ve daha büyük genlik sağlar. Yukarı uzanım işlemi ile veri alçaltılmış olur. Zaman zaman farklı yüksekliklerde ölçüm yapıldığında bu ölçümlerin belirli bir seviyede olması istenir. Yukarı uzanım işlemi ile ölçüler sabit bir yüzeye taşınmış olur. Ayrıca yüzeydeki anomaliler nedeniyle derin anomaliler, belirgin bir şekilde gözlemlenemediği durumda yukarı uzanım işlemi ile anomaliler daha belirgin duruma getirilmiş olur. Bir manyetik ya da gravite alanının konvolüsyonu sırasında kullanılan işleç,

$$e^{h\left(k_x^2 + k_y^2\right)^{1/2}} \qquad (15)$$

olarak verilir. Burada,

h : derinlik, km
k_x: x yönündeki dalga sayısı
k_y: y yönündeki dalga sayısı

dır. Çalışma alanında yapılan uygulamada mıknatıslanmaya neden olan yapı, yukarı uzanım ile bulunmuştur. Bu uygulamada ulaşılan derinlik 13.4 km'dir (Şekil 3.11). Şekilden de görülebileceği gibi pozitif ve negatif kutuplarda sapma vardır. Bu sapma kuzeyden 30° dir (Büyüksaraç vd 1997).

3.4.3. Yapma gravite dönüşümü

Poisson bağıntısına göre manyetik anomaliler gravite anomalilerine dönüştürülebilmektedir. Manyetik anomalilerin dönüşümü ilk defa Baranov (1957) tarafından gerçekleştirilmiştir. Daha sonraları (FFT) teknikleri kullanılarak yapma gravite yöntemine hız kazandırılmıştır. Dönüşüm sonucu ortaya çıkan yeni anomali ortamın yoğunluğundan bağımsızdır. Ortamın yoğunluğunun bilinmemesi nedeniyle ortaya çıkan bu gravite anomalisi yapma gravite anomalisi olarak isimlendirilir. P şiddetindeki bir manyetik kutbun r uzaklığında oluşturacağı potansiyel,

$$U = \frac{1}{\mu}\,\frac{P}{r} \qquad (16)$$

olarak verilir. Poisson bağıntısına göre,

$$U = -\frac{I}{G\rho}\frac{\partial V}{\partial i} \qquad (17)$$

yazılabilmektedir. Burada,

V = Gravite potansiyeli
i = Manyetik polarlanmanın (indükleyici alanın) yönü
I = Mıknatıslanma şiddeti
ρ = Yoğunluk
G = Uluslararası gravite sabiti

dir. Kearey ve Brooks (1991) manyetik anomalilerin karmaşık olduğunu belirterek buradan oluşturulan yapma gravite anomalilerinin modellemesinin daha kolay olduğunu öne sürmüşlerdir.

Yermanyetik alanının eğim ve sapma açıları yapıların manyetik anomalilerinin karmaşık hale gelmesine neden olur. Bu durumun düzeltilmesi onların kutuptaymış gibi değerlendirilmelerine bağlıdır. Bu nedenle manyetik anomalilerin kutba indirgenmesi gerekir. Yapma gravite dönüşümü aynı alandaki gerçek gravite anomalisi ile kendisinin karşılaştırılmasında da yarar sağlar ve bu iki tip anomaliye sebep aynı jeolojik yapılar olup olmadığını gösterir. Yapma gravite değerlerinin elde edilmesi için manyetik birimler gravite birimlerine dönüştürülür.

3.5. Paleomanyetik Çalışmalar

3.5.1. Paleomanyetizma ve kayaç manyetizması ile ilgili teorik bilgiler

Mıknatıslanma, maddenin temel özelliklerinden birisidir. Bir malzemenin mıknatıslanması J birim hacimdeki net manyetik dipol momentidir. Bir malzemeye H düzenli alanını uyguladığımızda malzeme içinde indüklenen mıknatıslanma J_i, $\vec{J} = k\vec{H}$ (J=kH) olur.

İzotrop malzemelerle J_i, H alanına paralel k ise skalardır. Bazı durumlarda J_i, H'den sapma gösterir ve k ikinci sıradan bir tensör olarak tanımlanır. k, malzemenin hacimsel manyetik duyarlılığı olup boyutsuzdur. Kütle manyetik duyarlığı $x = k / \rho$, burada ρ yoğunluk olup, birimi gr/cm^3, H ve J_i SI sisteminde A/m 'dir.

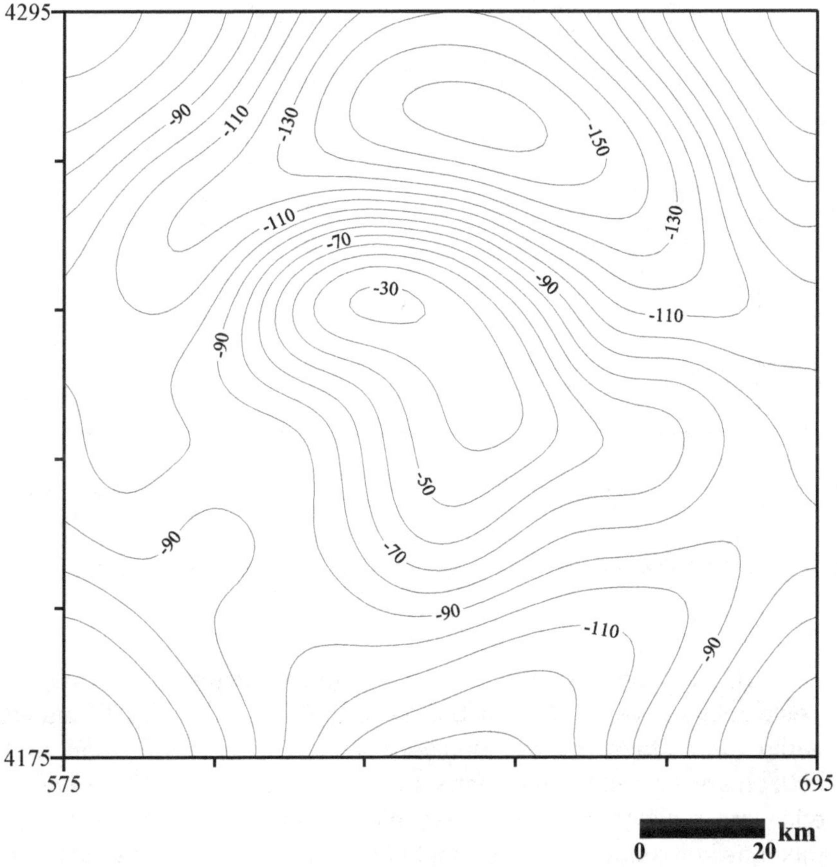

Şekil 3.11. Kapadokya Bölgesi manyetik anomalilerine yukarı uzanım uygulanması. Uygulama derinliği 13.4 km. Kontur aralığı = 10 nT.

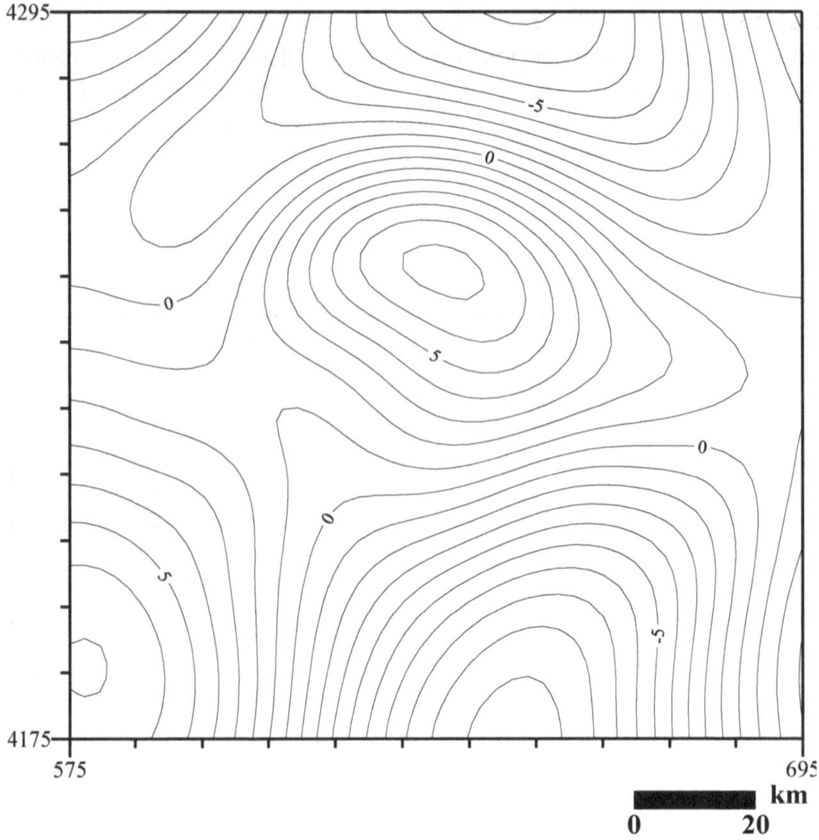

Şekil 3.12. Kapadokya bölgesi havadan manyetik anomalilerinin yapma gravite dönüşümü. Kontur aralığı= 1 gu

H, cgs birim sisteminde Oersted olarak verilmesine rağmen J, Tesla olarak verilir (Collinson 1983). Bir dış manyetik alanın varlığında ortaya çıkan indüklem mıknatıslanmanın yanı sıra malzemenin bir kalıntı mıknatıslanması da (J_r) vardır. Bir kayacın etkin mıknatıslanması, iki bileşeninin yani indüklem ve kalıntı mıknatıslanmasının vektörel toplamıdır. İndüklem mıknatıslanma, şimdiki manyetik alan içinde kalıntı mıknatıslanma olmadan kazanılan mıknatıslanmadır. Zayıf alanlarda indüklem mıknatıslanmanın şiddeti doğrudan doğruya uygulanan alanla orantılıdır. Bu orantı sabiti de manyetik duyarlılık olarak bilinir. Kalıntı mıknatıslanmanın (J_r), yer manyetik alanda indüklenmiş mıknatıslanmaya oranına Königsberger oranı (Q) denir. Königsberger oranı,

$$Q = J_r / J_i \quad (18)$$

bağıntısı ile hesaplanır. Burada,

J_r : Kalıntı mıknatıslanma şiddeti,
J_i : İndüklem mıknatıslanma şiddeti,
k : Manyetik duyarlılık,
H : Yer manyetik alanının değeri (Yer manyetik alanı genel olarak 50 μT olarak alınır).

Bütün malzemeler diamanyetik özelliktedir. Diamanyetizma uygulanan alanın yönüne zıt yönde indüklenmiş zayıf bir indüklem mıknatıslanma türüdür. Bu durumun kökeninde ise şu gerekçe vardır: Maddenin en küçük parçasını oluşturan atom modelinde merkezinde (+) yüklü çekirdek ve onun etrafında kendine has yörüngesinde hareket eden elektronlar vardır. Elektronlar atom çekirdeği etrafında elektrostatik ve merkezkaç kuvvetlerin etkisinde yörüngesel hareket yaparlar. Elektromanyetizmanın temel kurallarından birisi de hareket eden bir elektrik yükünün bir manyetik alan oluşturacağıdır. Elektronlar çekirdek etrafında çember çizerek hareket ederler. Bu hareket sonucu doğacak manyetik alan çok küçük bir çubuk mıknatısın oluşturacağı alana benzer. Diamanyetik maddelerde her atomun her elektronunun böylece oluşturduğu manyetik alanlar gelişigüzel doğrultularda olduğundan dışarıya karşı net bir manyetik özellik göstermezler (Sanver 1984). Diamanyetizma bir dış alan uygulandığında ortaya çıkar ve kaldırıldığında kaybolur. Diamanyetik manyetik duyarlılık negatif ve sabittir. Sıcaklıktan bağımsızdır. Saf kuvars, feldspat, kalsit, su, buz, altın, gümüş, tuz, bakır oksit bilinen diamanyetik özellik maddelerin bazılarıdır. Örneğin kuvarsın manyetik duyarlığı (-14.5×10^{-6} SI), tuzun ise (-0.52×10^{-6} SI)'dir.

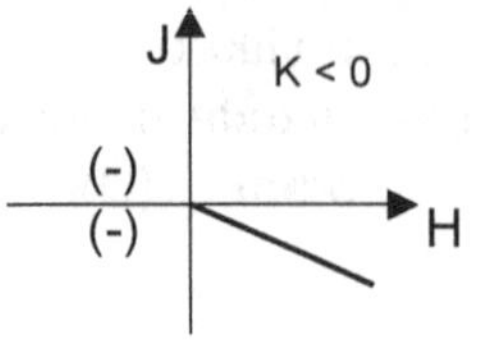

Şekil 3.13. Bir diyamanyetik cisim için bir H dış alanına karşı J mıknatıslanması. Manyetik duyarlılık negatiftir

3.5.1.1. Paramanyetizma

Atomların elektronları yörüngesel olarak hareket ederken kendi eksenleri etrafında da dönerler. Buna elektronun spin hareketi denir. Bir dış alan uygulandığında elektronun spin manyetik momentinin şiddeti değişmez. Ancak spin momentleri, uygulanan dış alan doğrultusu ve yönünde dizilirler. Buna karşılık atomun ısıl enerjisi elektronların dizilimini bozma eğilimindedir. Bu denge sonucu bir manyetik alan oluşur:

$$V = \mu H \cos \theta, \qquad (19)$$

Burada,

V: Manyetik enerji,
μ : Elektronun spin momenti,
H: Dış alan,
θ: Manyetik alan ile spin ekseni arasındaki açı.

Dış alan arttıkça manyetik moment de artacağından paramanyetizma azalır, kaldırılınca kaybolur.

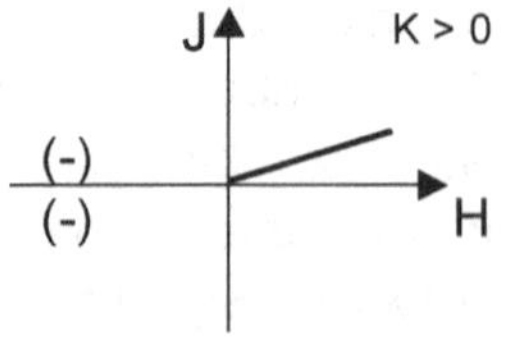

Şekil 3.14. Bir paramanyetik cisim için bir H dış alanına karşı J mıknatıslanması. Manyetik duyarlılık pozitiftir

3.5.1.2. Ferromanyetizma

Ferromanyetik minerallerin, manyetik momentli atomları vardır. Fakat paramanyetik gibi değildir. Birbirine komşu atomların spin momentleri güçlü bir şekilde ve aynı yönde dizilirler. Dış alan kaldırılsa bile ölçülebilen bir kalıntı mıknatıslanma (J_r) kalır. Sıcaklık arttıkça ferromanyetik moment azalır. Madde içinde çok şiddetli bir iç alanın varlığı durumunda, atomların spin momentleri bu iç alanın etkisi ile paralel olarak dizilirler. Normal sıcaklıkta, örneğin oda sıcaklığında atom ağı içindeki atomlar belirli bir nokta civarında belirli bir frekans ve genlikte titreşirler. Madde ısıtıldıkça atomlar büyük frekanslarda ve büyük genliklerde titreşmeye başlarlar. Büyümeyle beraber, komşu atomlar, birbiriyle çarpışır ve atom düzeni bozulur. Madde sıvı hale dönüşür. Ferromanyetik maddelerin Curie sıcaklığı, ergime sıcaklığından oldukça küçüktür. Curie sıcaklığının üstündeki sıcaklıklarda ferromanyetik madde paramanyetik gibi davranır. Eğer demirde olduğu gibi komşu manyetik momentler birbirine paralelse malzeme ferromanyetiktir. Değilse antiferromanyetik veya ferrimanyetiktir.

Herhangi bir dış alan olmasa da ferromanyetik malzemeler, bir doğal mıknatıslanma kazanabilirler. Malzemeye uygulanan dış alan arttıkça kazanılan mıknatıslanma şiddeti de artacaktır. Alan şiddeti çok arttırılırsa bütün spin momentleri aynı yönde dizileceğinden doygun mıknatıslanma oluşur. Dış alan aniden ya da yavaş yavaş kaldırılsa da ferromanyetik malzemenin Jr kalıntı mıknatıslanmasının var olduğu görülür. Bu kalıntı mıknatıslanmanın ortadan kaldırılması için yeni ve ters yönde mıknatıslanma uygulanması gerekir. Bir H_c değerinde tamamen ortadan kalkar. Ferromanyetik maddeler, ya ısı enerjisi ile ya da bir dış alanın varlığıyla mıknatıslanma kazanırlar. Ferromanyetizma metallerde ve alaşımlarda karşılaşılan bir mıknatıslanma türüdür. Bu nedenle doğada pek rastlanılmaz.

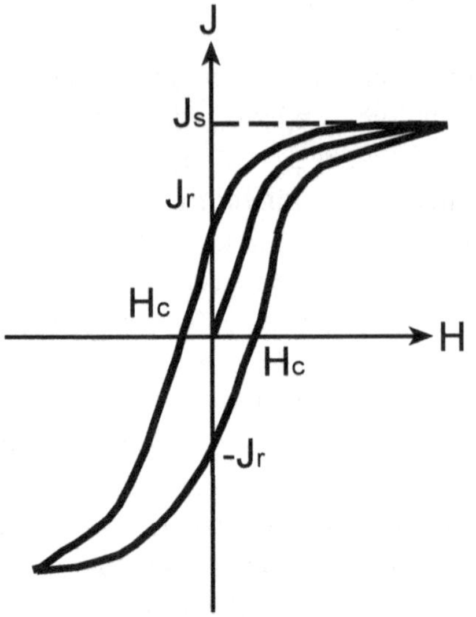

Şekil 3.15. Bir ferromanyetik cisim için bir H dış alanına karşı J mıknatıslanması. Mıknatıslanma yolu bir histerizis gösterir. Manyetik duyarlılık basit bir sabit değildir

3.5.1.3. Antiferromanyetizma ve ferrimanyetizma

Atomların spin momentleri birbirlerini olumsuz olarak birbirinden 180° farklı yönde dizilmeye zorlarlar. Bu durumda zıt yönlü dizilim şekli ortaya çıkar bu durum antiferromanyetizmayı doğurur. Antiferromanyetik maddeler, Neel sıcaklığı denilen bir sıcaklıkla değişir. Bu sıcaklığın üstünde paramanyetik davranış gösterirler. Neel sıcaklığı altında sıcaklıklarda antiferromanyetik maddelerin manyetik duyarlılığı azalan sıcaklık ile azalır. Manyetik duyarlılığı 10^{-3} (SI) düzeyindedir. MnO, NiO, CuO, MnO_2 Fe_3 antiferromanyetiktir. Bu durumda antiferromanyetik malzemelerin, kalıntı mıknatıslanmaları yoktur. Hematit (αFe_2O_3) antiferromanyetizma ile birlikteyse zayıf ferromanyetizma gösterir. Bu durumdaki özelliklere parasitik ferromanyetizma denir. Madde içinde birbirine paralel ve zıt yönlü atomların sayısı birbirine eşit değilse, bu durumda madde oldukça şiddetli mıknatıslanma gösterir. Genellikle ferritlerde görülen bu özellik ferrimanyetizma olarak isimlendirilir. Bir dış alan olmasa bile kendiliğinden mıknatıslanmalı olabilirler. Sıcaklıkla doğal mıknatıslanma azalır. Curie sıcaklığına ulaştığında tamamen mıknatıslığını yitirir. Doğada titanyumlu maddeler ve manyetit en çok karşılaşılan ferrimanyetik minerallerdir.

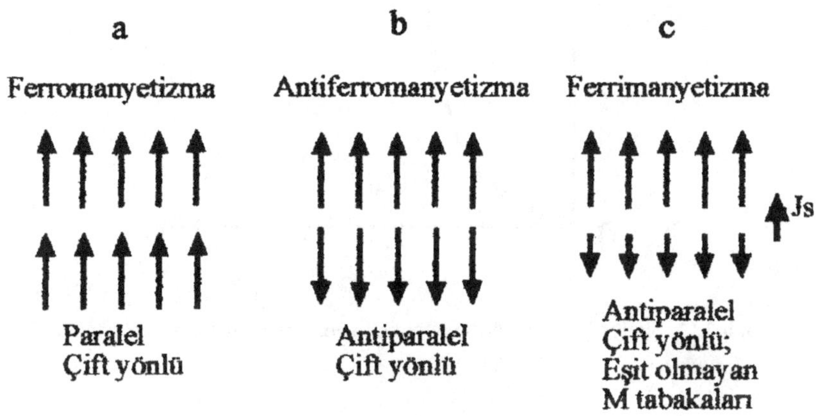

Şekil 3.16. Ferromanyetik, antiferromanyetik ve ferrimanyetik malzemelerin çift yönlü değişimleri

3.5.2. Manyetik histerisiz

Ferromanyetik malzemelerin bir özelliği de histerisiz göstermesidir. Mıknatıslanma artan alan ile elde edildiğinde, bir manyetizasyon eğrisi ile tanımlanır. Bir manyetik temizleme durumunda (J=0, H=0) manyetizasyon alanın artışı ile artar. OA bölgesinde manyetizasyon hemen hemen terstir. Alanın kaldırılmasıyla mıknatıslanma kaybolur. Buradaki değer K_o ile ifade edilir ve ilk manyetik duyarlılık olarak adlandırılır. Bu paleomanyetik çalışmalarda ölçülür.

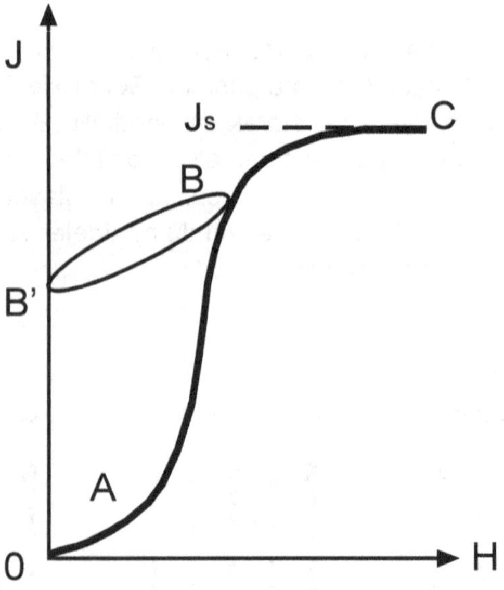

Şekil 3.17. Manyetizasyon eğrisi ve ferromanyetik minerallerin küçük döngüsü

$$K_o = (dj / dH)_{H=0} \qquad (20)$$

Bundan sonra mıknatıslanma ters değildir. B noktasında alanın azalmasıyla mıknatıslanma yolu artık BAO değildir. BB' döngüsü boyunca hareket edecektir. Alanın artırılmasıyla ferromanyetik malzemelerin mıknatıslanması doygun bir hale ulaşacaktır. C noktasında Js değeri elde edilir (Şekil 3.17). Manyetik alan doymuş Js değerinden azaltılırsa CD yolu boyunca azalım olacak ve Jrs değerine ulaşılacaktır (Şekil 3.18). Alanın terslenmesiyle mıknatıslanma E noktasında 0 olacaktır. Hc değeri elde edilecektir. Buna koersif kuvvet denir. Alan daha fazla terlenirse Hcr kalıntı koersivitesi elde edilir. Daha sonra doygun mıknatıslanma oluşur. Ancak, bu diğer yönde, F bölgesinde oluşacaktır. Bu şekilde elde edilen eğriye histerizis eğrisi denir.

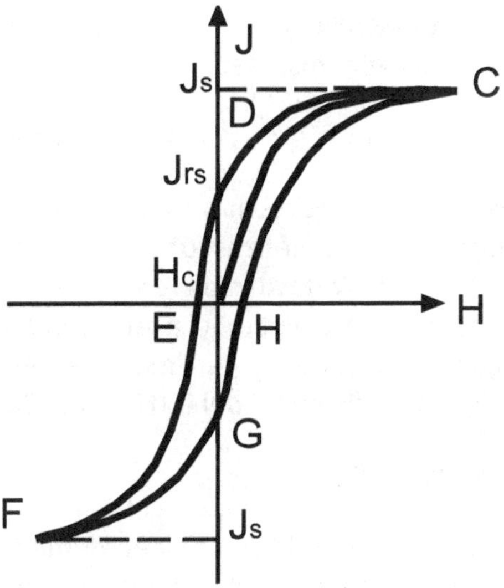

Şekil 3.18. Manyetik histerizis eğrisi

3.5.3. Bir parçacık içindeki manyetik enerji ve manyetik anizotropi

Bir uniform mıknatıslanma ile yalıtılmış bir ferromanyetik parçacığı ele alalım. Manyetik momentlerin dizilimi, parçacık yüzeyinde pozitif ve negatif yükler üretecektir. Manyetik yüklerin, bu konfigürasyonunda depolanan enerjiye manyetostatik enerji (e_m) denir. Manyetik temizleme alanı uzun eksenleri boyunca en kolay mıknatıslanmış parçacıklara neden olur. Çünkü, bu durumda manyetostatik enerji en azdır. Manyetik temizleme alanı manyetizasyon şiddetiyle ve manyetostatik enerji manyetizasyon şiddetinin karesiyle orantılıdır.

$$e_m \sim Js^2 \qquad (21)$$

Kristallerin iç anizotropisi manyetokristalin anizotropi olarak tanımlanmıştır. Manyetokristalin anizotropi enerjisi, e_a manyetizasyon yönüne bağlıdır. α_1, α_2 ve α_3 bir kübik kristalin ilk eksenlerine göre, kosinüs yönündeyse:

$$e_a = Sbt + K1\,(\alpha_1^2\,\alpha_2^2 + \alpha_1^2\,\alpha_3^2 + \alpha_2^2\,\alpha_3^2) + K2\,(\alpha_1^2\,\alpha_2^2\,\alpha_3^2 + \ldots) \quad (22)$$

K_1 ve K_2 manyetokristalin anizotropinin ilk ve ikinci sabitleridir. Bir ferromanyetik parçacığın manyetizasyonu onun mekanik şekil değiştirmesi ile ilgilidir. Manyetostriktion etkisi, bir manyetik alan varlığı olduğunda, parçacığın boyutunun alterasyonuna neden olur. Bunun sebebi parçacık içindeki bir iç gerilimdir. Bu gerilim ile oluşan elastik enerjiye manyetoelastik enerji denir (Nagata 1961).

3.5.4. Manyetik bölgeler

Ferromanyetik kristaller pek çok küçük bölgeciklerden oluşur. Hatta tek bir ferromanyetik kristal bile çok sayıda bölgeden oluşabilir. Manyetik bölgelerin varlığı, bir ferromanyetik parçacıkta oluşan farklı enerjiler arasındaki dengenin değişmesiyle açıklanabilir. Enerji değişimi, komşu paralel atomların spin hareketi yapmasını sağlar. Paralel spinler, manyetokristalin enerjiyi en aza indirgemek için kolay mıknatıslanma yönüne doğru yönlenirler. Tek bir bölgeden oluşan geniş parçacık, parçacık yüzeyinde serbest kutupların görünmesiyle çok büyük enerji kazanacaktır. Böylelikle her bireysel bölge doğal mıknatıslanmalı olmasına rağmen (Js), bölgelerin mıknatıslanması parçacığın mıknatıslanmasını en aza indirgemek için farklı yerlere yönlenecektir. Çoklu bölge parçacığının mıknatıslanması Js'den azdır.

Geçiş bölgelerini ayıran bitişik bölgelere bölge duvarları denir. Duvarlar içinde spinlerin yönleri bir bölgeden diğerine sürekli değişir. Böylelikle spinler kolay mıknatıslanma yönünden geniş bir şekilde yansırlar ve bölge kalınlığı değişim ve manyetokristalin enerji arasındaki dengeyle sağlanır. Duvar enerjisi bölgelerin yüzeyi ile manyetostatik enerji bölge hacimlerine bağlıdır. Kritik boyut da düşükse parçacık tek bölge olur ve tek bölgeli eşik parçacık boyutu denir (Dunlop ve Özdemir 1997). Küresel bir parçacık için d_o:

d_o =sabit w /(NJs^2) (23)

Burada,

w: Duvar enerjisidir.

Manyetik parçacık, 1μm'den büyükse, çoklu bölge olacaktır. Hematit manyetitten daha zayıf Js gösterir. d_o ferromanyetitin Js'i kadar şekline de bağlıdır. İki bölgeli parçacık sıcaklık artışıyla tek bölge haline dönüşebilir. Doygun mıknatıslanma (Js) azaldıkça da parçacığın gerçek boyutuna eşit hale gelir.

3.5.4.1. Tek bölge ve çoklu bölge parçacıklarında mıknatıslanma

Bir manyetik moment (Js) uygulanan alan H'ye paralel olmadığı halde bir ferromanyetik parçacık ele alalım. Parçacık M'nin manyetik momenti uygulanan dış alan H'ye paralel değilse parçacık içinde fazladan enerji olacaktır. Js, eksen boyunca ise ve Js ile M arasındaki açı 0 ise o zaman, tek bölge parçacığının histerizis döngüsünün şekli kare olacaktır. Js pozitif alanla değişmeden kalacak ve belirli bir büyüklükte negatif alan uygulandığında zıt yönde hareket edecektir.

Manyetik alan Hc enerji bariyerini aşmak için Js kuvvetine ihtiyaç duyar ve buna mikroskobik kohersiv kuvvet denir. Tek eksenli parçacıklar için manyetokristalin anizotropisi:

Hc=2K/Js (24)

olarak verilir. Burada,

K: manyetokristalin sabiti (Butler 1992)

Manyetokristalin anizotropisi, Hc'nin hakim kaynağı için hematit gibi yüksek K ve düşük Js'li mineraller içindir. Manyetit gibi yüksek (Js)'liler için Hc anizotropinin şekliyle kontrol edilecektir.

Hc= ΔN_D Js (25)

Burada,

Js ve H birbirine dik ise, histerizis ve kalıntı mıknatıslanma olmayacaktır.

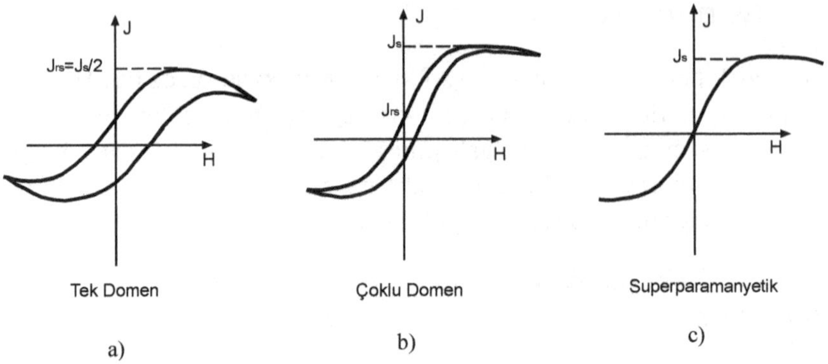

Şekil 3.19. (a) durumu: Bir dış alanın varlığı ile olasıdır. **(b) durumu:** Dış alan kaldırıldığında manyetik bölgeler tekrar görünecektir. Kalıntı mıknatıslanma doygunluğu ile mıknatıslanma doygunluğu (Jrs/Js) oranı 0.5'den daha küçüktür. **(c) durumu:** Ferromanyetik ya da ferrimanyetik olsa bile parçacık boyutu çok küçük olduğundan paramanyetik özellikler görülür

3.5.5. Kayaçlarda mıknatıslanma tipleri

Bir kayaç kalıcı mıknatıslanmasını hangi yoldan kazanırsa kazansın mıknatıslanmasının adı, Doğal Kalıcı Mıknatıslanma (DKM)'dır. Kayaçların DKM'sı, bir ya da birden fazla yoldan kazanılmış mıknatıslanmaların sonucu da olabilir. Bir kayacın mıknatıslanma doğrultusunun paleomanyetik amaçlar için kullanması isteniyorsa hangi yoldan kazanıldığının bilinmesi gerekir.

3.5.5.1. Isıl kalıcı mıknatıslanma

Doğada mağmatik kayaçların oluşumu sırasında 1000°C'nin üstündeki magma yeryüzünde ya da yer içinde o alandaki yer manyetik alanı içinde oda sıcaklığı civarına kadar soğur. Kayaç içinde bulunan ve onun manyetik özelliklerinden sorumlu olan minerallerdeki atomların spin momentleri yer manyetik alanı yönünde dizilmeye çalışırlar. Minerallerin sıcaklığı Curie sıcaklığının üstünde ise bu dizilim başarılı değildir. Fakat mineralin sıcaklığı Curie sıcaklığının altına düşmeye başladığında ısı enerjisinin bozucu etkisi yavaş yavaş azalır ve mineral içindeki spin momentleri dış alan yönünde dizilirler. Böylece kayaç mevcut dış alan yönünde kalıcı bir mıknatıslanma kazanmış olur. Kayaçların Curie sıcaklığının üstündeki sıcaklıklardan itibaren soğurken kazandıkları kalıcı mıknatıslanmaya Isıl Kalıcı Mıknatıslanma (IKM) denir. Kazanılan IKM yönü dış alan yönü ile aynıdır. Kazanılan IKM uygulanan dış alan şiddeti ile orantılı olarak artar. Mağmatik kayaçlar tarafından kazanılan IKM'nin kohersif şiddeti genellikle birkaç yüz Oe'dir. Kayaç içindeki ferrimanyetik mineraller çok bölgeli iri taneler ise IKM şiddeti ve kohersif alanı küçüktür. Kayaç içindeki manyetik tanecikler küçük ya da tek bölge boyutunda ise kazanılan IKM şiddeti ve kohersif kuvveti büyük olmaktadır.

3.5.5.2. Viskoz kalıcı mıknatıslanma

Bir kayaç ya da manyetik minerale uygulanan dış alanın şiddetini sabit tutup, alanın uygulama süresi değiştirildiğinde ve numunenin kazandığı mıknatıslanma şiddeti ölçüldüğünde kazanılan mıknatıslanma şiddetinin zamanla değiştiği görülür. Mıknatıslanma özelliğindeki bir malzemenin dış alan içinde zamana bağlı olarak kazandığı mıknatıslanmaya Viskoz Kalıcı Mıknatıslanma (VKM) denir. Numune ne kadar sıcaksa kazanılan VKM o kadar şiddetli olacaktır. Bir kayacın VKM'sı ne kadar uzun sürede, ne kadar şiddetli dış alanlar içinde ve ne kadar yüksek sıcaklıklarda kazanılmış ise o oranda yüksek kohersif kuvvetli olacaktır.

3.5.5.3. Kimyasal kalıcı mıknatıslanma

Paleomanyetizma açısından sedimanter kayaçları içlerinde bulunan ve onların mıknatıslığından sorumlu minerallerin kökenlerine göre üç grupta toplamak mümkündür.

- İçlerinde bulunan demir oksit mineralleri mekanik kuvvetlerle taşınmış olanlar; bazı killer ve bazı kumtaşları,

- İçlerinde bulunan demir oksit mineralleri mekanik kuvvetlerle taşınmış ve kimyasal işlemler sonucu çökelmiş olanlar; bazı kumtaşları, siltler ve marnlar,
- İçlerinde bulunan demir oksit mineralleri yalnızca kimyasal çökelme işlemi sonucu oluşmuş olanlar; bazı kumtaşları ve bazı şeyller.

Kayaçların mıknatıslığından sorumlu minerallerin hemen hemen hepsi oksitleyici bir ortam içinde bulunduklarında hematit haline dönüşmek eğilimindedirler. Manyetit hematitin daha önce kazandığı yönde değil içinde bulunduğu dış alan doğrultusunda mıknatıslık kazanır. Manyetitin kimyasal dönüşüm işlemi sırasında kazandığı bu mıknatıslanmaya Kimyasal Kalıcı Mıknatıslanma (KKM) denir.

3.5.5.4. Çökelme ile kazanılan mıknatıslanma

Akarsular içinde asılı halde katı parçacıklar taşınır. Bir göl ya da bir körfeze ulaşan akarsular içinde bulunan asılı parçacıklar, burada yavaşça çökelirler. Bu tür parçacıkların her birine küçük bir mıknatıs gözüyle bakılabilir. Durgun su içinde bulunan bu küçük mıknatıslar su dibine doğru yavaş çökelirken bir taraftan da kendi mıknatıslanma eksenlerini yer manyetik alanının kuvvet çizgileri yönünde tutmaya çalışacaklardır. Suyun dibinde mıknatıslanma eksenleri yer manyetik alanı kuvvet çizgileri yönünde dizilmiş küçük mıknatısları içeren çökeltiler oluşmaktadır. Bu nedenle sedimanların kazandıkları kalıcı mıknatıslanmaya Çökelmeyle Kalıcı Mıknatıslanma (ÇKM) denir. Genelde ÇKM şiddeti 10^{-7} ile 10^{-4} emu/gr arasında değişmektedir. ÇKM kazanmış sedimanların manyetik duyarlılıkları ise 10^{-5} ile 10^{-4} arasındadır. ÇKM'nin yatay bileşeninin yönü uygulanan dış alanın yönünün hemen hemen aynıdır. ÇKM'nin eğim açısı uygulanan dış alanın eğim açısından genellikle 20° daha küçüktür. Buna ÇKM'daki eğim hatası denir. ÇKM'daki eğim hatası, manyetik taneciklerin tane büyüklüğüne bağlı olarak değişir. ÇKM'daki eğim hatası, manyetik taneciklerin boyutları diğer taneciklerin boyutlarına eşit ise genellikle büyüktür. Küçük ise eğim hatası küçülür. Eğer çökelme eğimli bir yüzeyde olmuşsa bu takdirde ÇKM yönüne yeni bir hata eklenir. Bu hata genellikle düzlemin eğim açısı kadardır.

3.5.5.5. Anhisteritik kalıcı mıknatıslanma

Bir kayaç ya da manyetik minerallere şiddeti giderek sıfıra doğru azalan bir alternatif manyetik alan ile sabit şiddet ve yönde bir dış alanın birlikte etkimesi sonucu kazanılan kalıcı mıknatıslanma çeşididir. Doğada yıldırım isabet etmiş kayaçlarda görülür. Yıldırımı oluşturan elektrik akımının bir kısmının alternatif bir kısmının doğru akımdan oluştuğu bilinmektedir. Alternatif ve doğru akımların oluşturduğu manyetik alanlar yıldırım isabet eden kayaç ve civarını aynı anda etkilemektedir. Paleomanyetizma yönünden istenmeyen bir kalıcı mıknatıslanma türüdür.

3.5.6. Paleomanyetik verilerin istatistiksel analizi

Deneysel olarak elde edilen paleomanyetik yönlü veri, genellikle belirli bir saçılım gösterir ve istatistiki analizi gerekir. Birim küre üzerinde vektörlerin Fischer istatistiği (Fischer 1953) paleomanyetizmada en yaygın kullanılan istatistik yöntemidir. Fischer dağılımı, skalar verinin normal dağılımına benzer. Bu dağılım gerçek ortalama yöne azimut olarak simetriktir. Olasılıklı yoğunluk fonksiyonu P(a) aşağıda verilmiştir:

$$P(a)dA = (K/4\pi \sinh k)\exp(K\cos\theta)dA \quad (26)$$

Burada,

P(a)dA: Gerçek ortalama yönden θ açısında bulunan açısal alan, dA içinde bir yönde bulunma olanağını verir.
K: Dağılımdaki saçılımı tanımlar ve Fischer'in doğruluk parametresi olarak isimlendirilir. Küre üzerinde düzenli olarak dağılmış yönler için çok küçüktür. Laboratuvar ölçümleri, örnek yönlerinin (Ii, Di) belirli sayısını üretir. Bu durumda yönlerin saçılımının yanı sıra ortalama yönün de hesaplanması gerekir. Ortalama yönün hesabı bir birim

ağırlıkla verilen her yön ile birim vektörlerin bir vektöre eklenmesiyle elde edilir. Sonuç birim vektörünün yönlü kosinüsleri,

$$X = \frac{1}{R}\sum_{i=1}^{N} CosI_i CosD_i; \quad Y = \frac{1}{R}\sum_{i=1}^{N} CosI_i SinD_i; \quad Z = \frac{1}{R}\sum_{i=1}^{N} SinI_i; \qquad (27)$$

$$R = \left[\sum (CosI_i CosD_i)^2 + \sum (CosI_i SinD_i)^2 + \sum (SinI_i)^2\right]^{1/2} \qquad (28)$$

$R \leq N$ bu ifade her zaman bu şekilde sağlanmalıdır. Yönler iyi kümelenmişse R, N'ye yaklaşır. Doğruluk parametresi K ≥ 3 olursa şu şekilde verilir:

$$K = \frac{N-1}{N-R} \qquad (29)$$

Güvenlik sınırı α_{95} %95 olasılıkla elde edilebilmesi için gerçek ortalama içindeki açı 140° olmalı ve şöyle ifade edilmelidir.

$$\alpha_{95} \approx \frac{140}{\sqrt{KN}} \qquad (30)$$

(α_{95})değeri, belirli şekilde farklı da olsa yönlerin iki kümesini saptamak için kullanılır. İki ortalama yön, (α_{95}) güvenlik konisi ile üst üste çakışmıyorsa iki yön güvenlik seviyesinde (%95'lik) birbirinden farklıdır denir.

3.5.7. Yerin manyetik alanı-seküler değişimler jeosentrik eksenel dipol alanı ve paleomanyetik kutuplar

Yermanyetik alanının yeryüzünde herhangi bir noktada yönü yerel koordinat olarak tanımlanır ve coğrafik koordinat adı verilir. Bunlar x yönündeki noktalar coğrafik kuzey, Y yönündeki noktalar coğrafik doğu ve Z yönündeki noktalar düşeydir. Herhangi bir O noktasında

H alanı, X, Y, Z bileşenleri ile ya da alternatif olarak H şiddeti ve I ve D açıları ile kutup koordinatlarıyla verilir. *i* manyetik eğim açısı olup, H ile onun yatay bileşeni H_h arasındaki açıdır. Değeri -90° ile +90° arasında değişir. D manyetik sapma açısıdır ve coğrafik kuzey ile (x ekseni) manyetik kuzey (H'nin yatay bileşeni H_h) arasındaki açıdır. D'nin değeri 0° ile 360° arasında değişir (Şekil 3.20).

Yermanyetik alanına ilk yaklaşımda, yerin merkezinde bulunan bir dipol ekvatora yatay ve daha yüksek enlemlerde ise dik olarak ölçülür. Yerin merkezindeki bu dipol tarafından yermanyetik alanı üretiliyorsa, yermanyetik alanın eğimi ekvatorda 0° kutuplarda ise 90°'dir.

Gerçekte yermanyetik alanının kaynağı oldukça karmaşıktır. Eniyi açıklama manyetohidrodinamik dinamo teorisi ile yapılmaktadır. Buna göre yermanyetik alanı sıvı dış çekirdek içinde üretilmektedir. Yüksek iletkenlikli metalik dış çekirdek içindeki elektrik akımları yer içinde bir manyetik alan üretmektedir.

Bir başka teori ise eksenel olmayan dipol modelini benimser. Bir dipol tarafından temsil edilen şimdiki manyetik alanın eğim açısı ~11.5°'dir. Yüzeydeki kutuplara yermanyetik kutup denir. Fakat bunlar gerçek manyetik kutuplarla uyuşum içinde değildir. Eksenel olmayan dipol modelleri yeryüzünde bazı bölgelerde yer manyetik alanı %20'ye kadar ölçüldüğü için başarısızdır. Bu durum dipol olmayan alan varlığını gösterir. Yeryüzünde 6 ya da 7 kıtasal ölçekte anomali vardır. Bu anomaliler daha çok dış çekirdek sınırına yerleştirilmiş dipol ile modellenebilir ve manto yakınındaki sıvı kabul edilen alandaki Eddy akımlarının varlığı ile açıklanabilir.

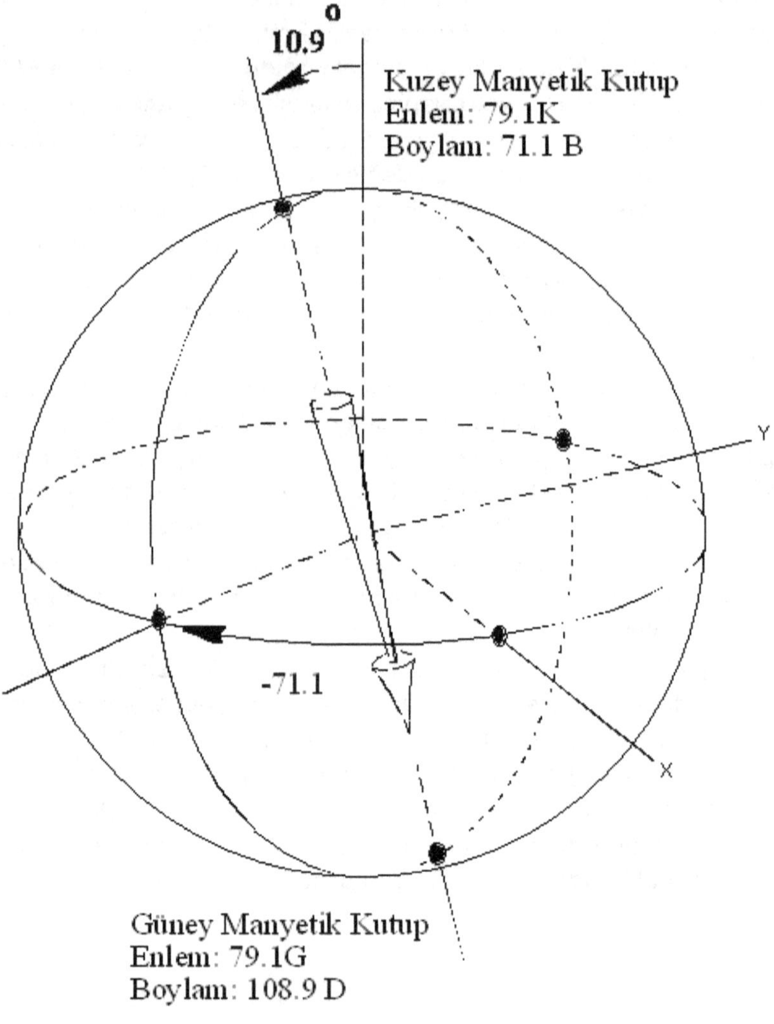

Şekil 3.20.1990 yılı IGRF verilerine göre tanımlanan dipol alanı (Blakely 1995).

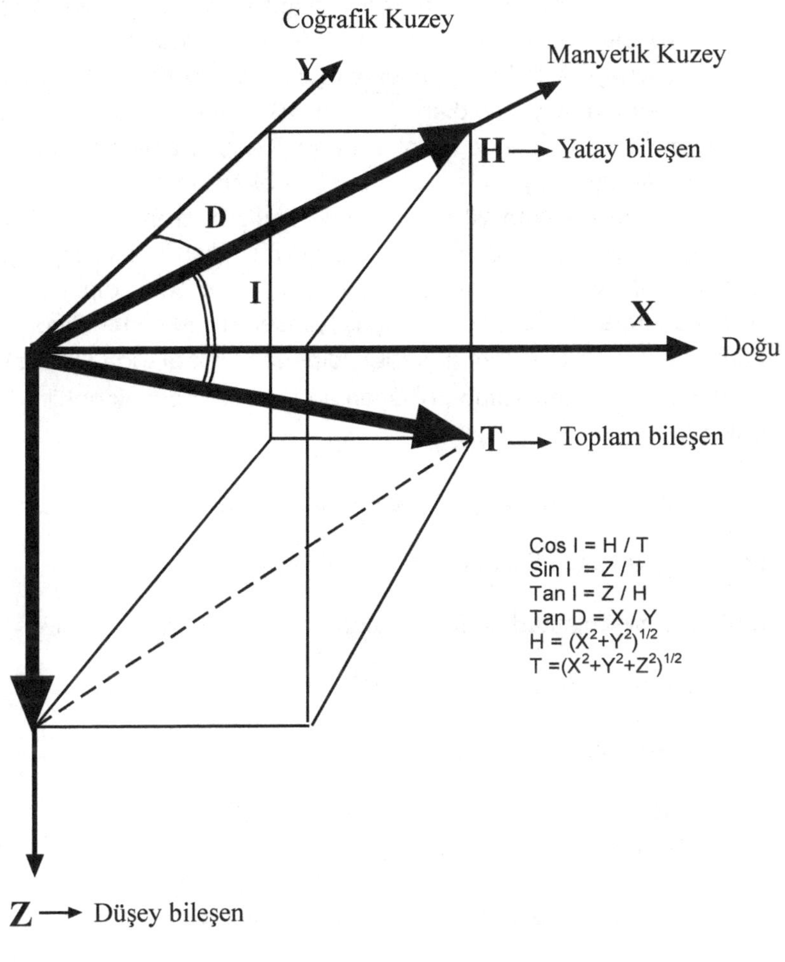

Şekil 3.21. Manyetik alan yönünün tanımlanması

Yermanyetik alanı zamanla değişir ve 1 yıl ile 100 Ka arasındaki bu değişimlere yer manyetik alanının seküler değişimleri denir. 1 yüzyıl içindeki yönsel değişimler yaklaşık 20° kadardır. Değişimlerin ana periyodları 10^2 ve 10^4 yılları arasındadır. Dipol olmayan alan içindeki değişimler, daha yüksek frekansları kapsar ve dipolar alandaki değişimler daha düşük frekanslıdır.

Manyetik alanın yönü yeterince uzun bir zaman periyodunca ortalanmışsa (~10.000 yıl) dipol olmayan alanın etkileri dışarıda ortalanacak ve ortalama yön jeosentrik eksenel dipol alanının pozisyonunda beklenecektir. Buna jeosentrik eksenel dipol (JED) kuramı denir. JED kuramını kabul edip, belirli bir alanda (λs, ϕs) alan ortalama yönünden kutup pozisyonları (λp, ϕp) hesaplanabilir. Kutup enlemi,

$$\text{Sin } \lambda p = \text{Sin } \lambda s \text{ Cos } p + \text{Cos } \lambda s \text{ Sin } p \text{ Cos } D_m \quad (31)$$

bağıntısıyla verilir. Burada,

p =Manyetik kolatitüd (kutup ile alan arasındaki açısal uzaklık).

$$p = \tan^{-1} 2 / \tan I_m$$

Kutup boylamı,

$$\text{Cos } p \geq \text{Sin } \lambda s \text{ Sin } \lambda p \text{ ise,} \quad \phi_p = \phi_s + \beta \quad (32)$$

$$\text{Cos } \theta < \text{Sin } \lambda s \text{ Sin } \lambda p \text{ ise,} \quad \phi_p = \phi_s + 180 - \beta \quad (33)$$

β, kutup ile alan arasındaki boylamsal uzaklıktır.

$$\text{Sin}\beta = \text{Sin } p \text{ Sin } Dm / \text{Cos } \lambda p \quad (34)$$

Bağıntısıyla verilir. (31), (32) ve (33) no'lu bağıntılardan hesaplanan manyetik kutuplar, paleomanyetik kutup olarak adlandırılır. Herhangi bir alanın ortalama yönü (Im, Dm) belirli bir (α_{95})güvenlik sınırlaması ile verilir:

$$dp = 2\alpha_{95}\frac{1}{1+3Cos^2 I_m}, \quad (35)$$

$$d_m = \alpha_{95}\frac{SinP}{CosI_m} \quad (36)$$

(35) no'lu bağıntı alandan kutba büyük daire boyunca ve (36) no'lu bağıntı büyük daireye dik yöndedir (Buttler 1992).

Paleomanyetik kutupların hesaplanmasında iki yaklaşım vardır: 1. Fischer istatistik yöntemi kullanılarak formasyon ortalama yön hesaplaması (31) ve (34) no'lu bağıntılar vasıtasıyla, %95 güvenilirlikle güvenlik elipsini oluşturup paleomanyetik kutbu hesaplamak. Bu durum çok dağınık bir durum söz konusu iken ve alan ortalama yön dağılımı eliptik olarak dağılmış ise yararlıdır. Büyük paleomanyetik veri kümelerinin analizi daha çok dairesel dağılım gösterir. Bu durumda da (35) ve (36) bağıntıları kullanılarak % 95 güvenilirlik yarıçapı belirlenerek kutup hesaplanır.

Kıtasal bloklar zamanla hareket ettiğinden, paleomanyetik kutupların pozisyonları, şimdiki coğrafik kutuptan farklı olacaktır. Farklı plakalar için hareket yolları arasındaki karşılaştırma, geçmişteki bu plakaların konumları hakkında bilgi verir. Yermanyetik alanının eksenel doğasının kabulünde kutuplar hesaplandığında, plakanın pozisyonlarındaki boyutsal kaymalar saptanamaz. Alan ortalama inklinasyon alanının paleoenlem ϕm'nin hesaplanmasına olanak sağlar.

$$\tan\phi m = \frac{\tan I}{2} \quad (37)$$

Belirli bir plakaya göre alanın pozisyonu ile ilgilenildiği zaman, R dönmesi ve IF eğimi hesaplanabilir.

$$CosR = \frac{CosS - CosPoCos\,\mathrm{Pr}}{SinPoSin\,\mathrm{Pr}} \quad (38)$$

IF = Ir-Io (39)

S: Ölçülen eğim

Ir: Beklenen eğim
Po: Ölçülen kolatitüd
Pr: Beklenen kolatitüd

Kutba doğru yer değiştirme:

$$P=Po-Pr \ (\Delta P=0.8(A_o^2+A_r^2)^{1/2} \qquad (40)$$

Bağıntısıyla verilir. Burada, A_o ve A_r güvenlik çemberleridir.

3.5.8. Paleomanyetik yönlerin analizi ve sunumu

Paleomanyetik vektör yönlerinin sunumu için yaygın işlem orijinlerini bir küre merkezine koymaktır ve küre ile yönlerinde kesişme olduğunu göstermektir. Değişik projeksiyonlar iki boyutlu bir düzlem üzerinde üç boyutlu bilgiyi göstermek için kullanılır. Paleomanyetizmada eşit açı ve eşit alan olarak iki projeksiyon kullanılır (Collinson 1983).

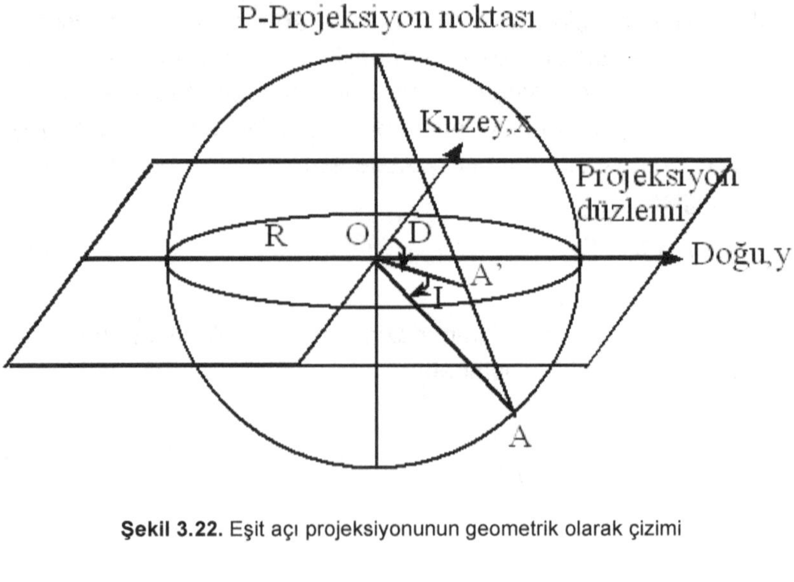

Şekil 3.22. Eşit açı projeksiyonunun geometrik olarak çizimi

Eşit açı (stereografik, Wulff) projeksiyonunun geometrik yapısı Şekil 3.22'de gösterilmektedir. A' noktasının x, y koordinatları D sapma ve I eğim açılı A noktasının stereografik projeksiyonu,

$$x= R \tan (\pi/4 - I/2)\cos D; \quad y=R \tan (\pi/4 - I/2)\sin D \tag{41}$$

Merkezi vektör etrafındaki bir koni bir daire olarak iz x, y koordinatları,

$$x = 2R\sin\left(\frac{\pi}{4} - \frac{I}{2}\right)\cos D \quad , \tag{42}$$

$$y = 2R\sin\left(\frac{\pi}{4} - \frac{I}{2}\right)\sin D \tag{43}$$

olarak verilir. Manyetik anizotropi gibi yönlü saçılımlarda eşit-alan projeksiyonu tercih edilir. Paleomanyetik yönler normal yani pozitif eğim, altyarıküre ve ters yani negatif eğim ve üst yarıküre şeklinde gösterilir. Alt yarı küre yönleri, dolu dairelerle ve üst yarı küre yönleri de boş dairelerle çizilir.

Ortagonal projeksiyonlar, Zijderveld diagramı olarak gösterilir. Bu diagramlar, manyetik temizlenmenin büyüklüğünü, yönünü çözümlemek ve göstermek için yaygın olarak kullanılan bir yöntemdir. Manyetizasyon vektörünün uç noktaları Zijderveld diagramı üzerinde, iki ortagonal düzlem üzerinde, bir yatay (K-G ve D-B eksenleri ile) ve düşey (Aşağı-yukarı ve K-G ya da D-B) olarak iz düşürülür. Diagramda tanımlanan koherzivite ve sıcaklığa bağlı manyetik temizlemeden iki ya da daha fazla bileşen, aynı anda kaldırılarak sunulabilir. Bileşen diagramın orjinine doğru yönlenir. Bileşenin yönü, en küçük kareler tekniği kullanılarak hesaplanır. Uygun doğru elde edildiğinde bunun diyagramın orijininden geçmesi sağlanır ya da orijin ayrı bir veri noktası olarak kullanılır.

Karakteristik kalıntı mıknatıslanma (ChRM) yönleri, LINEFIND programı (Kent vd 1983) ile hesaplanmıştır. LINEFIND programı Kirschvink (1980), birincil bileşen analiz tekniğine dayalı, en küçük kareler yöntemini kullanır. Bu programda ChRM yönleri, alternatif manyetik alan (AF) ve ısıl manyetik temizleme işlemleri ile mıknatıslanmaları temizlenmiş ve ChRM yönleri gösterilmiştir. Tanımlanan bileşen etrafındaki en büyük açısal sapma α_{95} hesaplanmaktadır.

3.5.9. Paleomanyetik kutuplar

Bir dipolar manyetik alanın eğim ve sapma açıları, küre üstündeki konumuyla değişir. Fakat bir jeosentrik dipolün manyetik kutbunun konumu gözlem yerinden bağımsızdır. Çoğu amaçlar için değişik gözlem noktaları arasındaki sonuçların karşılaştırılması bir kutup konumunun belirlenmesiyle olanaklıdır. Bu kutup konumu, basitçe yer yüzeyindeki dipolün negatif ucunun projeksiyonunun coğrafik yeridir (Şekil 3.24).

Enlemler, güney coğrafik kutupta -90°, ekvatorda 0° ve kuzey coğrafik kutupta +90°'dir. Buna göre güneyden kuzeye doğru bir artış gösterir. Boylamlar, Greenwich meridyeninin doğusunda pozitif, batısında negatiftir. Şekil 3.23, belirli bir bölgede ölçülen ve enlemi λ_s, boylamı ϕ_s olan ortalama alan yönünden (Im, Dm) bir kutup konumunun (λ_p, ϕ_p) nasıl ölçüleceğini göstermektedir. Buna göre öncelikle manyetik kolatitude (p)'ün belirlenmesi gereklidir.

$$p = \cot^{-1}\left(\frac{\tan I_m}{2}\right) = \tan^{-1}\left(\frac{2}{\tan I_m}\right) \quad (44)$$

Burada,

p : Manyetik kolatitüt

I_m : Ortalama eğim açısı

Kutup enlemi ise:

$$\lambda_p = \sin^{-1}(\sin\lambda_s \cos p + \cos\lambda_s \sin p \cos D_m) \quad (45)$$

Burada,

λ_p: Manyetik kutup enlemi,

λ_s: Alanın coğrafik enlemi,

D_m: Ortalama sapma açısıdır.

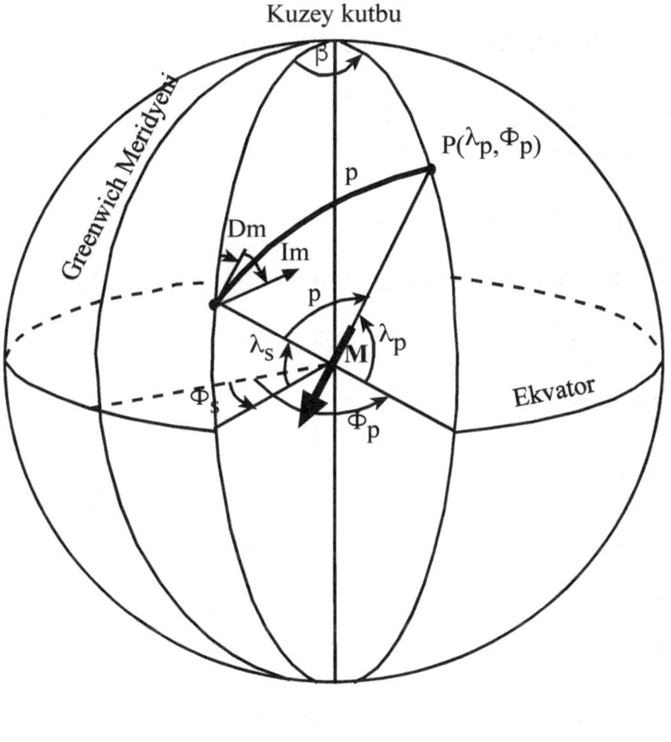

Şekil 3.23. Bir manyetik alan yönünden manyetik kutup pozisyonunun saptanması. Alanın yeri S(λ_s, ϕ_s)'dedir; I_m, D_m, alanın ortalama manyetik alan yönleridir. M, ölçülen manyetik alan yönü için dikkate alınan jeosentrik dipol. P, (λ_p, ϕ_p) noktasında manyetik kutup. P, manyetik kolatitüd. Kuzey kutup, kuzey coğrafik kutuptur. β, manyetik kutup ile alan arasındaki boylam farkı

Alan ile kutup arasındaki boylamsal fark β ile gösterilir. Bu fark doğuya doğru pozitiftir.

$$\beta = \sin^{-1}\left(\frac{\sin p \sin D_m}{\cos \lambda_p}\right) \qquad (46)$$

Burada,

β : Manyetik kutup ile alan arasındaki boylam farkıdır.

Manyetik kutup boylamı ϕ'nin hesaplanmasında, manyetik kolatitüd (p)'ün durumuna bağlı olarak iki olasılık vardır:

$\cos p \geq \sin\lambda_s \sin\lambda_p$

ise o zaman manyetik kutup boylamı,

$$\phi_p = \phi_s + \beta \qquad (47)$$

olarak hesaplanır.

$\cos p < \sin\lambda_s \sin\lambda_p$

ise o zaman,

$$\phi_p = \phi_s + 180^o - \beta \qquad (48)$$

olarak bulunur.

Ortalama manyetik alan yönünün (I_m, D_m), bir güvenlik sınırı (α_{95}) vardır. Bu dairesel güvenlik sınırı, hesaplanmış kutup konumunda bir güvenlik elipsine dönüşür. Bu güvenlik elipsinin yarı ekseni, alandan kutba büyük daire boyunca açısal bir uzunluktadır (Şekil 3.24). Bu uzunluk aşağıdaki eşitlik ile verilir:

$$dp = \alpha_{95}\left(\frac{1+3\cos^2 p}{2}\right) = 2\alpha_{95}\left(\frac{1}{1+3\cos^2 I_m}\right) \qquad (49)$$

Burada,

dp: Güvenlik elipsinin enine yarı eksen uzunluğu

α_{95}: Güvenlik katsayısıdır.

$$d_m = \alpha_{95}\left(\frac{\sin p}{\cos I_m}\right) \tag{50}$$

Burada,

dm: Güvenlik elipsinin boyuna yarı eksen uzunluğudur.

3.5.10. Manyetik kutup çeşitleri

Yermanyetik alanı, basit bir jeosentrik dipolden daha karmaşıktır. Şimdiki yer manyetik alanı, hâkim bir dipolar alandan ve daha yüksek dipol olmayan alandan oluşur. Ek olarak, yermanyetik alanı zamanla değişir. Bu nedenle manyetik kutuplar gözlem çeşitlerine göre farklılık gösterir. Üç tip manyetik kutup vardır.

3.5.10.1. Yermanyetik kutbu

Şimdiki yermanyetik alanını, en uygun jeosentrik dipolü belirleyerek ve küresel olarak dağılmış gözlemlerden saptamak olasıdır. Bu en uygun dipolün kutup konumu, yermanyetik kutbudur.

3.5.10.2. Görünür yermanyetik kutup

Yermanyetik alanı yönünün tek bir noktadan hesaplandığı bir kutup konumu, görünür yer manyetik kutupdur. Bir alanda ve zaman içinde bir noktada gözlenen manyetik alan yönü için dikkate alınabilen bir jeosentrik dipolün kutup konumudur. Paleomanyetizmada, bir ortalama alan karakteristik kalıntı mıknatıslanma (ChRM) yönü, bir zaman diliminde örneklenen alan yönündeki geçmiş yermanyetik alanının bir kaydıdır. Böylelikle, bir kutup konumu, tek bir ortalama alan ChRM yönü, görünür yer manyetik kutbudur.

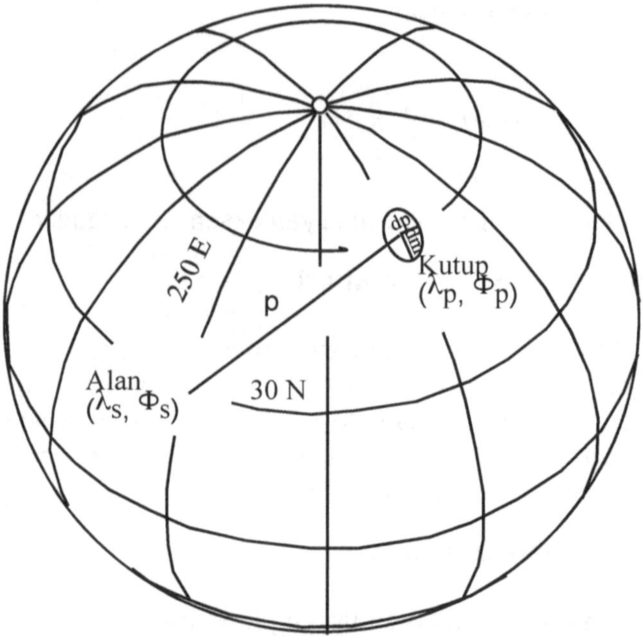

Şekil 3.24. Yaklaşık manyetik kutbun güvenlik elipsi. P manyetik kolatitüd, dp, alandan kutba büyük daire yolu boyunca güvenlik elipsinin yarı ekseni, dm, güvenlik elipsinin dik doğrultudaki yarı ekseni, projeksiyon, 30° kademeli enlem ve boylam gridli ortografiktir.

3.5.10.3. Paleomanyetik kutup

Dipolar olmayan bileşenler nedeniyle, bir ortalama görünür yermanyetik kutbunun yermanyetik kutup ile uyuşması beklenmez. Teoride, yermanyetik kutbu, aynı yaştaki kayaçların küresel olarak paleomanyetik incelemesinden saptanabilir. Jeosentrik eksenel dipol teoremine göre, yermanyetik seküler değişimi yeterince örneklenmişse, yermanyetik kutbunun ortalama konumu, dönme ekseni ile uyum içindedir. Kutup konumları, bu ölçüte göre hesaplanır ve buna paleomanyetik kutup denir. Paleomanyetik kutupların hesaplanması için öncelikle bir formasyon ortalama yönü Fisher istatistik yöntemi kullanılarak hesaplanır.

3.5.11. Örneklerin toplanması ve laboratuvara hazırlanması

12 adet numune yerinden toplam 68 adet numune toplanmıştır. Numunelerin toplandığı alanlar, ignimbiritler, bazalt ve andezitler ile tek bir granit mostrasından oluşmaktadır. Tüf ve sedimanter kayaçlardan numune alınmamıştır. Numunelerin alındığı yerler ve birimleri Çizelge 3.2'de verilmiştir. Numune alınan yerler Şekil 3.25'de gösterilmektedir. Alınan numunelerin yaklaşık ağırlıkları 0.5-2 kg arasında değişmektedir. Alınan el numunelerinin bulundukları konuma ilişkin, azimut ve eğim açıları yerinde Şekil 3.26'da gösterildiği gibi işaretlenerek, numunelerin koparılması sağlanmıştır. Uygun yatay yüzeyler üzerine işaretleme yapılmıştır.

Çizelge 3.2. Numunelerin toplandığı yerler

Örnek No	Küp Adedi	Koordinat		Birim
		Coğrafik	UTM	
AG1	3			
AG2	4			
AG3	4	38°32.524N	635.339	Riyolitik ignimbirit
AG4	4	34°33.173E	4267.175	
AG5	4			
AG6	4			
AG7	5			
AG8	5			
ÇT1	3	38°25.487N 34°37.134E	641.322 4254.259	Bazalt
ER1	4			
ER2	4			
ER3	2	38°29.704N	641.890	Dasitik Andezit
ER4	3	34°37.619E	4262.072	
ER5	5			
ER6	4			
ER7	4			
ER8	3			
GL1	6	38°24.660N	602.153	
GL2	1	34°10.200E	4252.137	
GL3	7			
GL4	2			İgnimbrit
GL5	5	38°17.400N	618.336	
GL6	4	34°21.185E	4238.929	
GL7	3			
GL8	4			

Çizelge 3.2. (Devam)

GS1	6			
GS2	3	$38^{o}24.660N$	602.153	
GS3	7	$34^{o}10.200E$	4252.137	İgnimbrit
GS4	5			
GS5	4			
H1	4	$38^{o}01.946N$	603.424	Bazaltik Andezit
H2	6	$34^{o}10.706E$	4210.138	
H3	4			
H4	2	$38^{o}01.829N$	604.446	Bazaltik Andezit
H5	6	$34^{o}11.403E$	4209.936	
H6	4			
H7	4			
KT1	6			
KT2	6			
KT3	3	$38^{o}21.202N$	629.706	Bazalt Andezitik
KT4	3	$34^{o}29.063E$	4246.169	bazalt
KT5	4			
KT6	3			
KT7	3			
KT8	3			
KK1	4			
KK2	3			
KK3	3	$38^{o}02.621N$	598.550	Bazaltik Andezit
KK4	2	$34^{o}07.384E$	4211.327	
KK5	2			
KK6	5			
KK7	5			
KZ1	5	$38^{o}24.660N$	602.153	
KZ2	6	$34^{o}10.200E$	4252.137	
KZ3	3			İgnimbrit
KZ4	4			
KZ5	6	$38^{o}18.665N$	611.599	
KZ6	4	$34^{o}16.586E$	4241.173	
MZ1	3			
MZ2	3			
MZ3	3	$38^{o}07.843N$	627.324	
MZ4	7	$34^{o}27.161E$	4221.385	Andezit
MZ5	3			
MZ6	4			
MZ7	3			
MZ8	3			
MM1	5	$38^{o}23.609N$	598.545	Granit
MM2	4	$34^{o}07.704E$	4250.148	

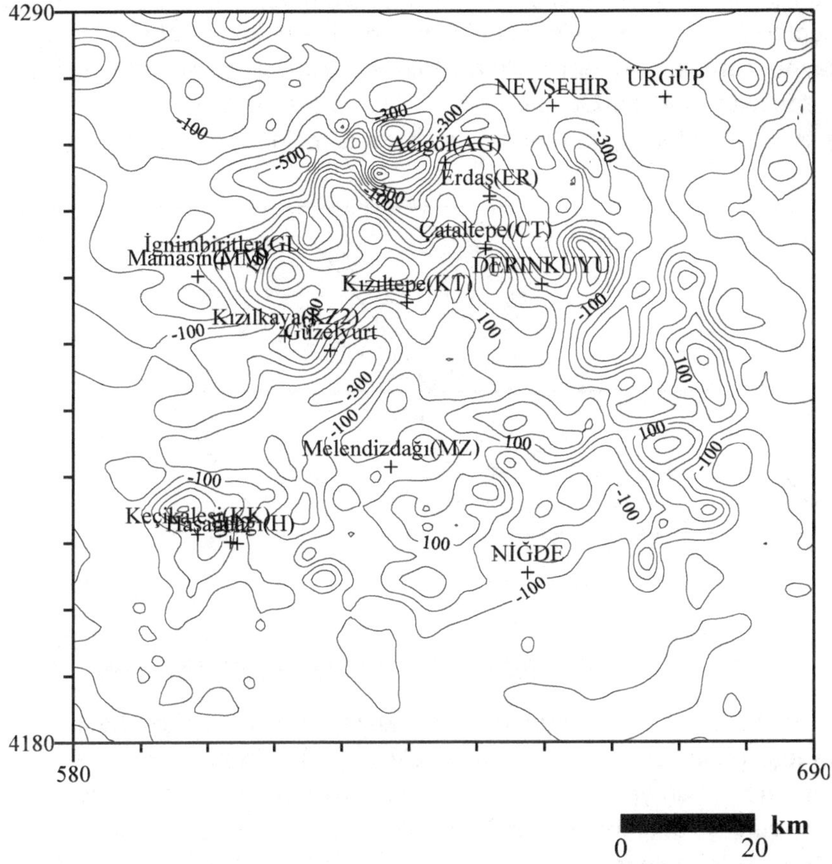

Şekil 3.25. Paleomanyetik analiz yapmak üzere numune toplanan yerlerin manyetik anomali haritası üzerinde gösterilişi. (•) yerleşim yerlerini ve (✚) numune alınan yerleri göstermektedir

Numuneler küpler halinde kesilerek hazırlanmıştır (2×2×2 cm^3). Küplerin hazırlanması sırasında arazide işaretlenmiş olan yönlerin kaybolmamasına önemle dikkat edilmiştir. Her bir numuneden en az 3 adet küp üretildi. Genellikle 3-6 arası küp elde edilmiştir. Toplam olarak 273 adet küp numune, laboratuar işlemleri için hazırlanmıştır.

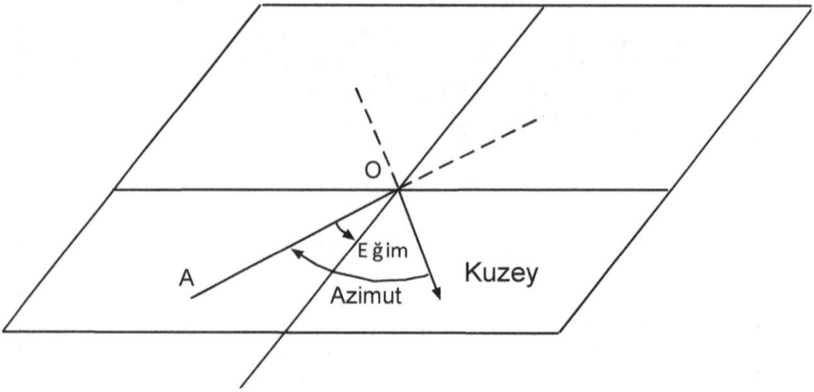

Şekil 3.26. Bir numunenin yerinde azimut ve eğim açılarının ölçülmesi

Numunenin alındığı yerin coğrafik kuzeyini bulmak için basit bir güneş pusulası kullanılmıştır (Şekil 3.27). Bunun için arazide numune alınan yerde, düzgün bir yüzey üzerine ince uçlu düşey bir çubuğun gölgesi düşürülerek, 0° ile yaptığı açı (φ), saatın tersi yönünde işaretlendi ve daha sonra ölçülmüştür. Ölçüm sırasındaki yerel saat ve tarih kaydedilmiştir. Daha sonra bir bilgisayar programı yardımıyla coğrafik kuzeyler hesaplanmıştır.

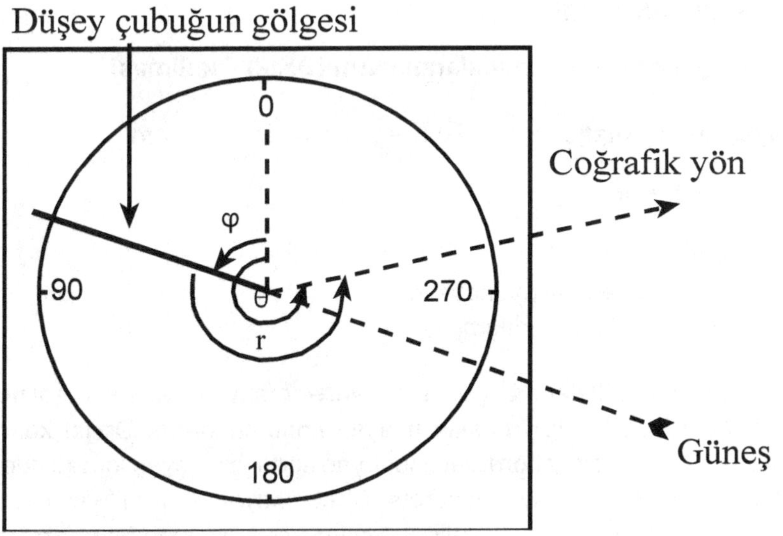

Şekil 3.27. Güneş pusulası yardımıyla coğrafik kuzeyin hesaplanması (Creer ve Sanver 1967)

4. ARAŞTIRMA BULGULARI

4.1. Doğal Kalıntı Mıknatıslanmaların (DKM) Ölçülmesi

Kayaçların mıknatıslanması iki bileşenin vektörel toplamı:

$$J = Ji + Jr \qquad (51)$$

dır. Burada,

Ji : İndüklenmiş mıknatıslanma
Jr: Doğal kalıntı mıknatıslanma

İndüklem mıknatıslanma genellikle yerel manyetik alana paraleldir ve çoğu kayaç tipi için baskın bileşen konumundadır. Doğal kalıntı mıknatıslanma, bir laboratuar incelemesinde bir kayaç örneğindeki kalıntı mıknatıslanmayı gösterir. DKM, kayacın yaşı ve kayaç sıralaması sırasındaki jeolojik işlemler ve yer manyetik alanına bağlıdır. DKM, bir ya da birden fazla bileşenden oluşur. Kayaç oluşumu sırasında kazanılan bileşene birincil DKM denir ve paleomanyetik incelemelerde bu bileşen dikkate alınır. DKM'nin ikincil bileşenleri vektör olarak birincil bileşene eklenir.

$$\text{DKM} = \text{Birincil DKM} + \text{İkincil DKM} \qquad (52)$$

Birincil DKM'nin üç oluşum şekli vardır:

1- Isıl kalıntı mıknatıslanma, yüksek ısıdan soğuma sırasında elde edilir.
2- Kimyasal kalıntı mıknatıslanma, Curie sıcaklığının altında ferromanyetik taneciklerin gelişmesiyle oluşur.
3- Çökel yolla kazanılan (ÇYK) kalıntı mıknatıslanma, ÇYK, ferromanyetik mineralleri içeren sedimanter kayaçların toplanması sırasında elde edilir.

İkincil DKM, ferromanyetik mineralleri etkileyen kimyasal değişimler, yıldırım ya da kayacın manyetik dokusunun yer manyetik alanı tarafından uzun süreli etkilemesi ile oluşur.

Doğal kalıntı mıknatıslanma genellikle, bir spinner manyetometresi kullanılarak ölçülür. Bir el numunesinden küp şeklinde (8 cm^3) kesilerek hazırlanmış numune, sabit bir bobin sistemine zıt yönde döndürülür ve dönme ekseni ile aynı açıda olan bir düzlem içinde manyetik vektörün bileşeni, numuneyle aynı eksende yerleştirilmiş bir referans mıknatısı ile üretilen bileşke dalga formuyla karşılaştırılması ve ikinci bir bobin sistemine zıt yönde döndürülmesi ile araştırılmasıdır. Ölçüm küpün diğer eksenleri için de yinelenir (Şekil 4.1).

Numuneler, Molspin Ltd. Fluxgate spinner (Minispin) manyetometresi (Molyneaux 1971) ile ölçüldü. Mıknatıslanma vektörü üç yönlü olarak tüm örnekler için ölçüldü (Ek- 2a, Ek- 2b, Ek- 2c, Ek- 2d, Ek- 2e, Ek- 2f, Ek- 2g, Ek- 2h, Ek- 2i, Ek- 2j, Ek- 2k).

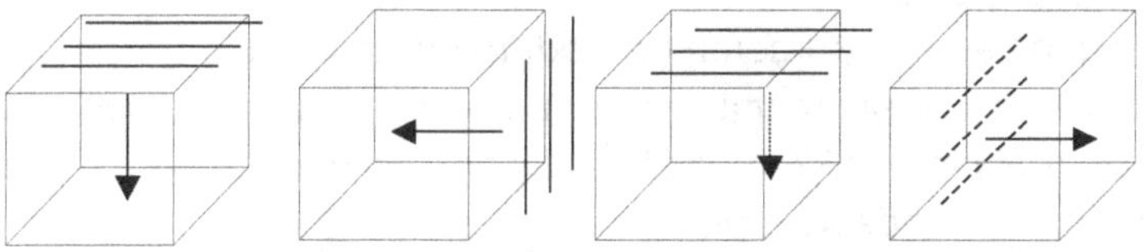

Şekil 4.1. Doğal kalıntı mıknatıslanmanın ölçülmesi. Küplerin dönüşleri saat yönündedir

4.2. Paleomanyetik Duraylılığın İncelenmesi

Paleomanyetik duraylılığın belirlenmesi için öncelikle ikincil DKM'nın ortadan kaldırılması gereklidir. Bu işlem kayacın DKM'sının yalıtılma işlemidir. Bu amaçla manyetik temizleme teknikleri kullanılır. Manyetik temizleme işlemi uygulanırken,

1- Karakteristik kalıntı mıknatıslanmayı (ChRM) yalıtmak için en uygun manyetik temizleme seviyesinin belirlenmesi,
2- ChRM'yi yalıtan en iyi tekniğin hangisi olduğunun belirlenmesidir.

Hangi manyetik temizleme tekniğinin doğru seçim olduğu konusunda kayacın ferromanyetik mineral yapısı etkilidir. Düşük duraylılıklı kayaçlar kolayca manyetik olarak temizlenirken, yüksek duraylılıklı kayaçlar daha zor temizlenir.

Manyetik temizleme deneylerinin uygulama sonuçları bir vektör bileşeni diyagramının bir kaç şeklinden biri kullanılarak gösterilir. Bu teknik Zijderveld (1967), tarafından geliştirilmiştir. Bu nedenle bu diyagrama da Zijderveld diyagramı adı verilmiştir. Bu bölümde laboratuarda uygulanan iki manyetik temizleme işlemi ve bu işlemler sonucunda elde edilen diyagramların sunumu yapılmaktadır. Hem alternatif alan hem de ısıl manyetik temizleme işleminden sonra elde edilen sonuçlar LINEFIND programı (Kent vd 1983) kullanılarak ChRM yönleri bulunmuştur. Dikkat edilmesi gereken, ChRM bileşeninin Zijderveld diyagramında düz bir çizgi ya da düze çok yakın bir çizgi olmasıdır. Bu yönler, daha sonra görünür yermanyetik kutup elde etme işleminde kullanılmıştır. Yönlerin belirlenmesi sırasında;

- En düzgün ve uzun parçanın (6-7 adım) seçilmesine,
- En büyük açısal sapmanın (α_{95}) genellikle 5° 'den az olmasına (sağlanabildiyse) dikkat edildi. Daha yüksek değerler de kullanılmak zorunda kalındı,
- Grafiğin merkezinden geçmesine özen gösterildi.

4.2.1. Alternatif manyetik alan (AF) manyetik temizleme işlemi

AF manyetik temizleme işlemiyle kayaçların ikincil mıknatıslanmaları alternatif manyetik alan içerisinde temizlenmiş olur. Ayrıca baskın ferromanyetik mineral gibi titanomagnetitli kayaçlardaki doğal kalıntı mıknatıslanma özelliklerini yalıtır. Alternatif manyetik alanın dalga şekli, zamana bağlı doğrusal olarak azalan bir sinüsoidaldir. AF manyetik temizleme alanın en büyük değeri H_{AF} olarak belirtilir ve dalga şeklinin şematik gösterimi Şekil 4.2a'dadır. Aletler 1000 Oe (100 mT) değerindeki AF manyetik temizlenmesini ölçebilmektedir.

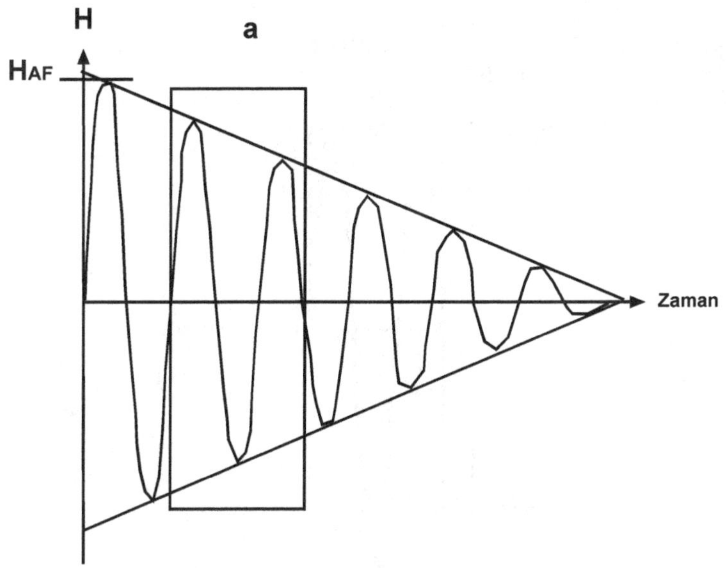

Şekil 4.2a. Alternatif manyetik alanın şematik gösterimi. Zamana karşı manyetik alanın gösterildiği, alternatif manyetik alanda kullanılan, manyetik alanın genelleştirilmiş dalga formu

AF manyetik temizleme işleminin teorik temeli ise şu şekilde açıklanabilir; Şekil 4.2b'de görüldüğü gibi, manyetik alanın değerinin birinci noktada 200 Oe (20 mT) olduğunu kabul edelim. Manyetik alan sinüsoidal deviniminin gereği olarak ters yönde ilerlediğinde, manyetik alanın değeri bu kez ikinci noktada olduğu gibi 199 Oe (19.9 mT) olur. üçüncü noktaya ulaştığında ise değeri 198 Oe (19.8 mT) elde edilir. Böylece bu döngü ikincil manyetik alan yaklaşık olarak sıfır değerine ulaşana kadar sürer.

Volkanik kayaçların, oldukça güçlü Doğal Kalıntı Mıknatıslanmaları (DKM) vardır. Bu nedenle kolaylıkla Minispin manyetometrelerinde ölçülebilir. Mıknatıslanma değeri, 450 mA/m den daha düşük bir değerde olur ise JR-4 spinner manyetometresinde daha yüksek duyarlılıkta ölçülmelidir.

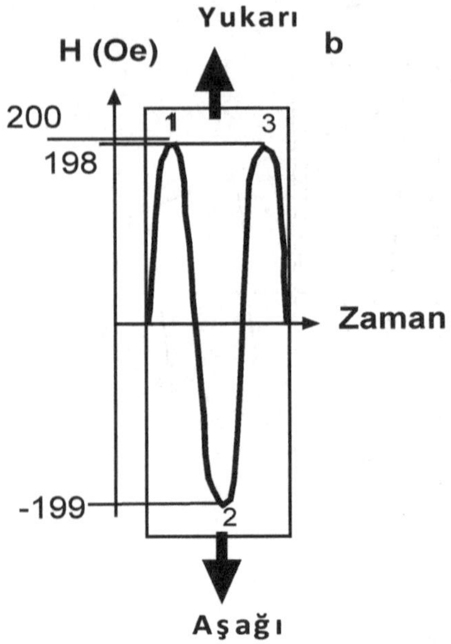

Şekil 4.2b. AF manyetik temizleme dalga formunun bir bölümünün ayrıntılı olarak incelenmesi

DKM ölçmelerinden sonra pilot olarak mıknatıslanma şiddeti yüksek olan numuneler, kt2d, ct1a, mz4e, kz5e, gl5e, h5e, kk2c, ag4c, er4c, gs1b ayrıldı. Bunlara belirli adımlarla AF manyetik temizleme işlemi uygulandı. Öncelikle 600 mT'ya kadar alternatif manyetik alan uygulandı. Ancak yalnızca Keçikalesi (kk2c) bölgesinden alınan numunenin manyetik olarak temizlenmiş olduğu görüldü. Bunun üzerine daha ileri adım alternatif manyetik alan uygulanmasına karar verildi. Bu adımlar: 0, 5, 10, 15, 20, 25, 30, 35, 40, 50, 60, 80, 100 mT olarak belirlendi. AF işlemi sırasında yer manyetik alanından yalıtılmış, Molspin marka metal olmayan manyetik temizleyici kullanıldı (Şekil 4.3). Daha sonra elde edilen sonuçlara göre yeniden AF işlemi uygulanacak numuneler seçildi. Bu numunelere ilişkin sonuçlar ve elde edilen DKM özelliklerine ait Zijdervelt diyagramları, normalleştirilmiş manyetik şiddet çizimi ve eşit alan projeksiyonları Ek-3'de verilmektedir.

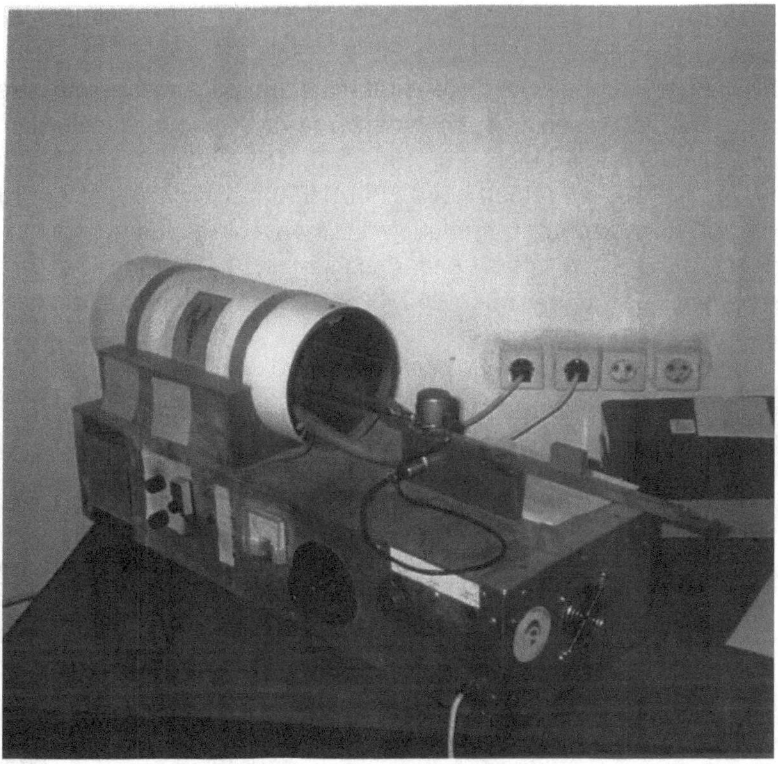

Şekil 4.3. AF manyetik temizleme işlemi için kullanılan yermanyetik alanından yalıtılmış Molspin marka manyetik temizleyici

4.2.2. Isıl manyetik temizleme işlemi

Isıl manyetik temizleme, Curie sıcaklığının altında belirli bir ısı değerinde bir numuneyi ısıtmak ve daha sonra manyetik alandan yalıtılmış bir ortamda oda sıcaklığına kadar soğutmak işlemlerinden oluşur.

Isıl manyetik temizleme işlemi için her numune grubundan 11 adet örnek seçildi. Bunun nedeni deney için kullanılan özel yapım manyetik temizleme fırınının ve deney tüpünün kapasitesinin yalnızca 11 adet numuneyi aynı anda manyetik olarak temizlemesinden kaynaklanmaktadır (Şekil 4.4). Bu numunelerin öncelikle manyetik duyarlılıkları ve 20°C'de DKM ölçüldü. Seçilen numunelerin deney süresince sıralamasının değişmemesine özen gösterildi. Daha sonra belirli adımlarda ısıl manyetik temizleme işlemi uygulandı. Adımlar: 20, 100, 150, 180, 220, 250, 280, 320, 370, 400, 430, 480, 530, 560, 600, 650 °C olarak seçildi. Her sıcaklık adımı sonrası numunelerin manyetik alandan yalıtılmış ortamda oda sıcaklığına kadar soğuması sağlanarak, soğuma gerçekleştikten sonra hem DKM hem de manyetik duyarlılıkları ölçüldü.

Şekil 4.4. Özel yapım ısıl manyetik temizleme fırını

4.3. Karakteristik Kalıntı Mıknatıslanma (ChRM) Yönlerinin Bulunması

Karakteristik kalıntı mıknatıslanma (ChRM) yönleri, LINEFIND programı (Kent vd 1983) ile hesaplanmıştır. LINEFIND programı Kirschvink (1980), birincil bileşen analiz tekniğine dayalı, en küçük kareler yöntemini kullanır. Bu programda ChRM yönleri, alternatif manyetik alan (AF) ve ısıl manyetik temizleme işlemleri ile mıknatıslanmaları temizlenmiş ve ChRM yönleri gösterilmiştir. Bu işlem sırasında elde edilen Zijdervelt diyagramlarında doğrusallık izlenmekte ve tanımlanan bileşen etrafındaki en büyük açısal sapma (α_{95}) hesaplanmaktadır. Çalışma alanından elde edilen numunelere yapılan uygulamayla elde edilen ChRM sonuçları Çizelge 4.1'de sunulmaktadır.

Çizelge 4.1. Çalışma alanından elde edilen ChRM aralıkları ve yönleri

Numune alınan yer	Numune No	Az/dip	ChRM aralığı	Sapma açısı D (derece)	Eğim açısı I (derece)	α 95
	1a	206/40	10-100	154.1	-62.0	0.8
	1b		20-100	149.5	- 60.3	2.5
	1c		20-100	154.1	-63.9	2.2
Göstük	1d		430-620 *	154.7	-61.9	4.1
(GS)	2a	208/73	30-100	153.0	-58.7	2.9
	2b		430-560*	159.2	-56.3	3.5
	3a	112/89	20-100	156.6	-60.0	1.0
	3b		20-100	156.7	-56.8	0.9
İgnimbirit	3c		20-100	159.7	-56.9	1.0
	3d		180-620 *	154.3	-62.1	2.4
	4a	182/37	30-100	155.3	-65.1	2.9
	4b		15-100	145.8	-63.3	2.3
	4c		480-620*	158.1	-64.6	5.0
	5a	17/89	10-100	158.4	-23.1	0.9
	5b		50-100	156.4	-25.2	3.5
	5c		430-560 *	159.5	-26.9	4.3

Çizelge 4.1. (Devam)

Gelveri	1b	250/70	50-100	115.1	-18.0	3.5
(GL)	1c		15-100	180.5	-35.2	5.1
	3a	174/77	25-100	167.0	-32.4	2.7
	3b		25-100	167.6	-34.3	2.7
İgnimbirit	3c		15-100	165.0	-32.4	2.4
	4a	193/84	370-620*	167.7	-56.7	2.8
	4b		40 - 100	168.4	-54.3	2.7
	5a	188/20	25-100	177.8	-19.6	17.2
	5b		280-530*	173.9	-25.6	1.4
	5e		70-100	184.0	-21.1	2.7
	6a	235/80	25-100	178.6	-32.1	9.4
	6b		320-560*	187.8	-42.0	5.1
	6c		550-630*	186.4	-39.4	2.5
	7a	46/37	20-100	194.0	-22.5	7.6
	7c	75/89	530-560*	193.5	-16.9	3.2
	8a		25-100	191.1	-52.0	3.5
	8b			198.5	-50.6	
Kızılkaya	1a	101/20	20-100	152.8	-29.9	2.5
(KZ)	1b		10-100	152.6	-29.1	0.9
	2a	307/54	25-100	166.6	-30.7	2.7
	2b		10-60	163.2	-28.6	2.2
İgnimbirit	2c		10-100	174.7	-23.8	0.9
	4a	68/82	0-100	174.6	-46.3	0.8
	5a	285/6	20-100	177.7	-32.0	2.5
	5b		10-100	170.9	-36.4	2.2
	5d		15-100	173.3	-37.2	2.1
	6a	286/6	10-100	165.2	-36.0	0.9
	6b		40-100	158.3	-38.8	1.3
	6d		180-370*	154.1	-46.3	18.3
Melendiz	1a	225/28	10-100	172.0	-58.7	7.0
(MZ)	2a	28/76	10-100	171.7	-57.2	2.2
	3a	138/28	15-100	335.4	-11.9	2.4
Andezit	4a	309/44	50-100	164.6	-67.7	3.5
	4b		30-100	164.7	-68.8	2.9
	4e		60-100	169.4	-66.4	3.2
	5a	217/52	15-100	180.6	-68.8	2.4
	6a	346/12	25-100	278.7	16.5	4.4
	6b		50-100	281.2	-66.4	3.5
	7a	257/58	10-100	152.3	-68.8	2.2
	8a	315/72	40-100	222.5	-66.9	3.2

Çizelge 4.1. (Devam)

Kızıltepe (KT) Bazalt	1a	20/32	40 - 100	268.6	32.0	3.2
	1b		40 -100	272.5	31.2	3.2
	1c		40 - 100	260.2	22.1	3.2
	2a	329/21	15 - 100	308.4	72.1	2.4
	2b		25 - 100	320.8	77.1	2.7
	3a	264/76	30 - 100	353.4	5.0	2.9
	4a	80/76	15 - 100	113.9	-14.5	3.4
	5a	341/38	20-60	336.2	31.0	7.4
	5b		15-50	347.8	27.9	6.7
	6a	321/30	25-60	341.6	35.5	6.7
	7a	317/66	0 - 100	56.9	12.4	2.8
	8a	208/58	10-100	15.2	51.2	4.5
	8b		25-100	13.2	49.2	2.7
	8c		15-100	13.1	50.5	4.7
Hasandağı (H) Andezitik Bazalt	1a	315/67	15-100	7.5	49.1	2.3
	1b		80-100	13.4	48.9	5
	2a	357/60	0 - 100	45.8	37.1	2.1
	2b		0 - 100	39.4	38.9	2.1
	2c		0 - 100	44.7	33.7	2.1
	3a	225/37	15 - 100	331.1	58.6	2.3
	3b		0 - 100	335.4	57.0	2.1
	5a	40/51	15 - 100	336.2	51.3	2.5
	5b		15 - 100	346.2	51.5	2.3
	5e		15 - 100	342.9	49.4	1.8
	6a	285/53	0 - 100	13.2	45.2	2.1
	6b		15 - 100	15.4	44.9	2.3
	7a	356/61	30 - 100	352.8	-11.3	2.9
	7b		20 - 60	349.8	-13.2	9.4
Keçikalesi (KK) Bazaltik Andezit	2a	58/19	150 - 480*	270.9	-2.7	3.3
	2c		15-30	289.3	-15.4	15.4
	5a	62/28	0-100	165.9	-49.9	2.1
	6a	293/11	15-100	161.5	-52.4	2.4
	6b		480 - 560*	141.3	-49.3	9.4
	6c		50-100	158.0	-46.9	3.5
	6d		10-100	144.1	-48.1	2.2
	7a	195/73	60 - 100	181.8	-52.4	4.1
	7b		370 - 560*	198.3	-5.5	4.7

Çizelge 4.1. (Devam)

Acıgöl (AG) Riyolitik İgnimbirit	1a	325/65	30-100	320.0	54.0	2.9
	1b		0-100	321.0	51.0	2.1
	1c		560-650*	324.1	43.5	4.1
	2a	317/63	15-100	318.2	42.2	2.3
	2b		15-100	321.3	47.1	2.4
	3a	314/54	10-100	338.9	57.9	2.2
	3b		10-100	348.0	68.6	2.2
	3c		530-650*	333.0	62.3	3.5
	4a	327/52	10-100	344.2	80.7	2.2
	4c		40-100	338.8	73.0	2.7
	5a	335/62	10-100	342.6	53.6	2.2
	5b		20-100	337.5	55.8	2.5
	5c		480-650*	327.2	41.4	5.2
	6a	305/56	25-100	3.2	50.9	2.7
	6b		10-100	1.4	50.5	2.2
	7b	346/62	10-100	6.2	54.5	2.2
	7d		530-650*	0.4	45.8	3.2
	8a	306/59	25-100	359.4	68.8	2.7
	8b		10-100	2.0	66.4	2.2
	8c		30-100	359.1	69.5	2.9
	8d		400-650*	0.0	66.0	3.1
Erdaş (ER) Bazaltik Andezit	1a	137/78	15-100	121.2	-0.5	2.4
	1b		60-100	122.0	-1.8	4.1
	2a	199/24	15-100	133.8	-70.0	2.4
	2b		10-80	138.4	-72.3	5.1
	4c	197/66	35-100	159.7	-63.7	15.7
	5a	256/89	10-100	148.3	-61.2	2.2
	5b		40-100	145.0	-60.3	3.2
	6a	323/22	30-100	154.6	-75.0	2.9
	6b		30-100	160.6	-68.0	2.9
	7a	90/41	25-100	141.1	-57.0	2.7
	7b		40-100	144.7	-56.7	3.2
	8a	98/41	30-100	153.8	-56.2	2.9

* Pilot numune olarak seçildi

4.4. Manyetik Duyarlılık Ölçümleri

4.4.1. Manyetik duyarlılık ölçümlerinin temel prensipleri

Manyetik duyarlılık ölçümleri ile zayıf bir manyetik alan içinde manyetik duyarlılık belirli bir yaklaşımla bulunabilir. Buna göre manyetik olarak doğrusal bir ortam ele alındığında, H; H_1, H_2, H_3

bileşenleri olan manyetik alan şiddetinin vektörü ve J; J_1, J_2, J_3 indüklem manyetik polarizasyon vektörü olmak üzere, bileşenler belirli bir kartezyen koordinat sistemiyle ilişkilidir,

$$\begin{bmatrix} J_1 \\ J_2 \\ J_3 \end{bmatrix} = \mu_0 \begin{bmatrix} k_{11} & k_{12} & k_{13} \\ k_{21} & k_{22} & k_{23} \\ k_{31} & k_{32} & k_{33} \end{bmatrix} \times \begin{bmatrix} H_1 \\ H_2 \\ H_3 \end{bmatrix} \qquad (53)$$

Burada,

μ_o: Manyetik geçirgenlik ($4\pi \times 10^{-7}$ H/m),
k_{ij}: Boyutsuz sabitler,
dir. Manyetik duyarlılık matrisinin köşegen değerleri, k_{11}, k_{22}, k_{33} manyetik duyarlılık tensörleri olarak adlandırılır.

4.4.1.1. Yönlü manyetik duyarlılık ölçümleri

Birim vektör d' ile saptanan belirli bir yön seçildiğinde, matris vektör

$$d' = \begin{bmatrix} d_1 \\ d_2 \\ d_3 \end{bmatrix} \qquad (54)$$

ayrıca d ile gösterilir:

Manyetik alan şiddeti H' seçilen yöne paralel olursa,

$$H' = d' H \qquad (55)$$

H', manyetik alan şiddetinin büyüklüğünü ifade eden pozitif bir sayıdır. Manyetik polarizasyon vektörü J', genellikle H' yönünden sapar. J nin dikey projeksiyonu d' yönündedir ve J_D ile gösterilir:

$$J_D = d'' J' \qquad (56)$$

Burada,

d'' : d' devrik (transpoze) matrisidir.

$$J_D = \mu_o d'' k' d' H \quad (57)$$

$$X_D = \mu_o d'' k' d' \quad (58)$$

$$J_D = X_D H \quad (59)$$

Manyetik duyarlılık tensörünün 6 bağımsız bileşeni vardır ve 6 yön seçilmesini gerektirir. Ancak, ölçüm daha fazla yönde yapılmalıdır. Böylece ölçüm hataları azaltılmış olur. Sonuçların istatistiki olarak doğruluğunu kestirmek olasıdır. Bunun için en küçük kareler yöntemi uygulanabilir.

$$k = B X_D \quad (60)$$

$$k = [k_{11}\ k_{22}\ k_{33}\ k_{12}\ k_{23}\ k_{31}] \quad (61)$$

$$X_D = [X_{D1}\ X_{D2} \ldots\ldots X_{Dn}] \quad (62)$$

Burada,

B: 6 bileşenli bir matrisidir ve verilen sistem için sabittir, kolayca saptanır. Kappa köprüsünde 15 yönlü bir döndürme sistemi benimsenmiştir. Yönlü manyetik duyarlılık aşağıdaki eşitlikle hesaplanır:

$$X_D = \frac{V_O}{V} V_D \quad (63)$$

Burada,

V_o: Nominal hacim (10 cm^3 olarak kabul edilir),
V_D: Yönlü toplam manyetik duyarlılık,
V : Numune hacmi,

olarak verilmiştir.

4.4.1.2. Birincil duyarlılıklar ve yönler

k matrisinin öz (eigen) değerleri x_1, x_2, x_3 ve öz yöneyleri p_1, p_2, p_3 ile gösterilir. Bu değerler:

$$k\,p_i = x_i\,p_i \quad (64)$$

olarak verilir. Burada,

x_1, x_2, x_3 : Birincil manyetik duyarlılıkları
p_1, p_2, p_3 : Birincil yönlerin vektörleridir.

Seçilen birincil manyetik duyarlılıklar $x_1 \geq x_2 \geq x_3$ olmalıdır. p_1, p_2, p_3 vektörleri her zaman bir ortagonal sistemdedir. Manyetik duyarlılık tensörünün dönüşüm özelliklerinden, ortalama manyetik duyarlılık tensörü, üç yönlü manyetik duyarlılık tensörünün aritmetik ortalamasıdır:

$$X = (x_1 + x_2 + x_3) / 3 \quad (65)$$

Bir izotropik ortam, anizotropik ortamın özel bir durumu olarak anlaşılabilir. Manyetik duyarlılık tensörünü ifade eden matris:

$$k = X\,I \quad (66)$$

bağıntısıyla verilir. Burada,

I : Birim matris
X: Ortalama manyetik duyarlılıkdır.

Manyetik duyarlılık ölçümleri bir Kappa köprüsü (Kappa Bridge) KLY-4 marka duyarlılık ölçüm cihazı kullanılarak yapılmıştır (Şekil 4.5). Prensip olarak köprü, toplama bobininin ekseninin yönlü manyetik duyarlığını verir. Bununla beraber, okuma köprünün hacmine ve daha güçlü manyetik malzemelere bağlıdır. Ayrıca manyetik temizleme etkisiyle de oluşabilir. Yapılan ölçümlerden çalışma alanına ilişkin; hacim manyetik duyarlılıkları, manyetik duyarlığın yoğunluğa bölünmesinden elde edilen kütle manyetik duyarlığı hesaplamaları ve Königsberger oranları tüm alan için hesaplanmıştır (EK-4). Elde edilen değerler gruplanarak histogramlarla gösterilmiştir. Tüm alan için elde edilen histogramlar Şekil 4.6 - 4.15 arasında sunulmaktadır.

Şekil 4.5. KLY-4 marka Kappa köprüsü manyetik duyarlılık ölçüm cihazı

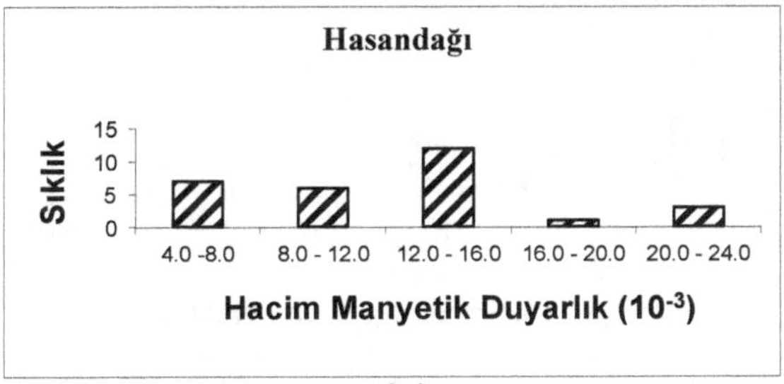

(a)

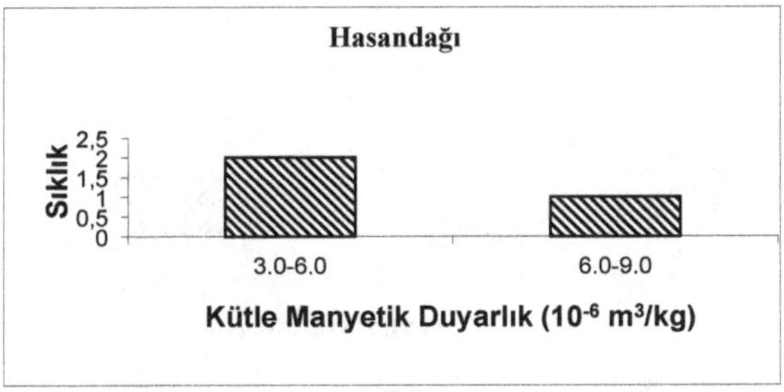

(b)

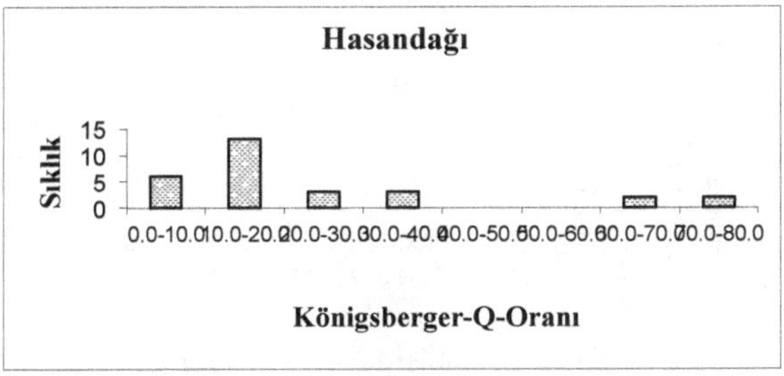

(c)

Şekil 4.6. Hasandağı bölgesinden alınan numunelere ait (**a**) hacim ve (**b**) kütle manyetik duyarlılık hesaplamaları ile (**c**) Königsberger oranı histogramları.

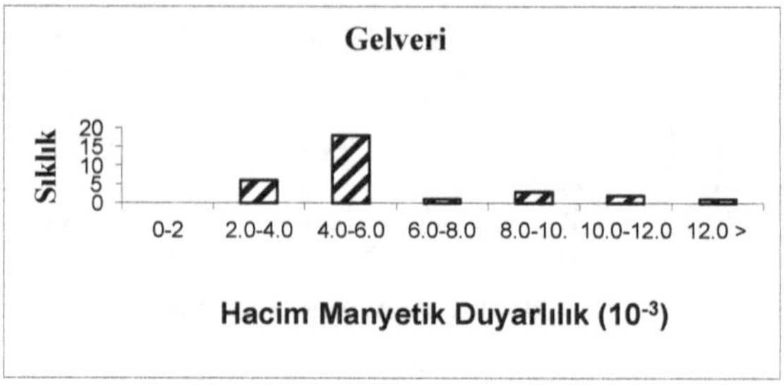

(a)

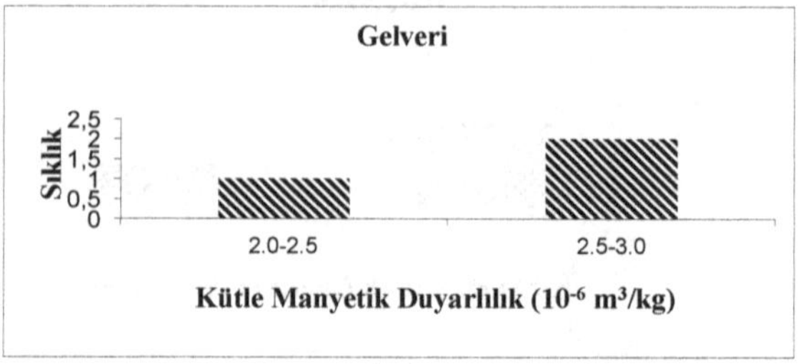

(b)

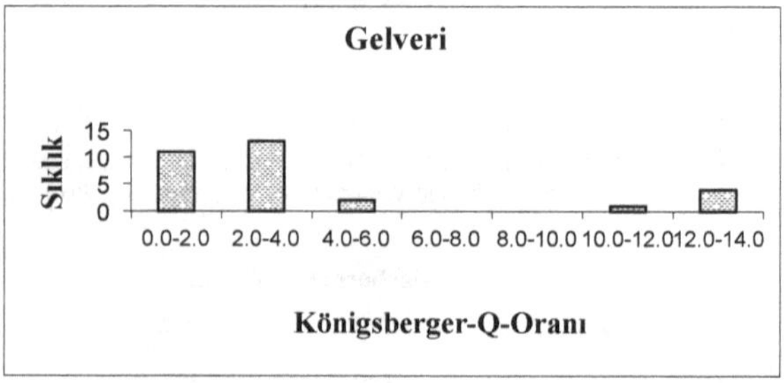

(c)

Şekil 4.7. Gelveri bölgesinden alınan numunelere ait (**a**) hacim ve (**b**) kütle manyetik duyarlılık hesaplamaları ile (**c**) Königsberger oranı histogramları.

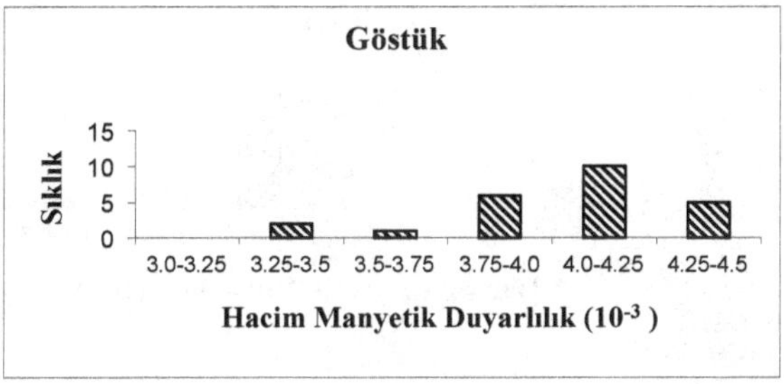

(a)

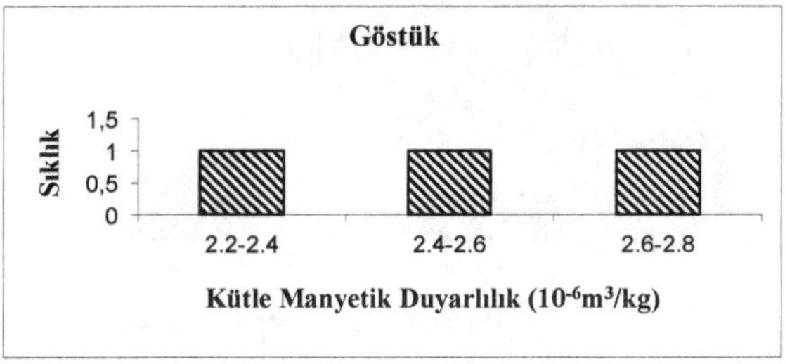

(b)

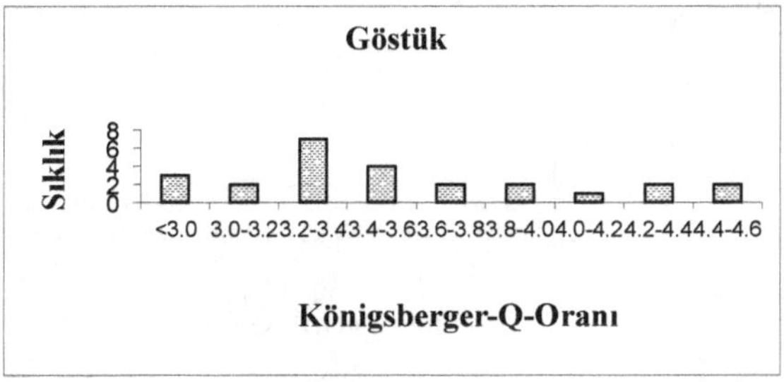

(c)

Şekil 4.8. Göstük bölgesinden alınan numunelere ait (**a**) hacim ve (**b**) kütle manyetik duyarlılık hesaplamaları ile (**c**) Königsberger oranı histogramları

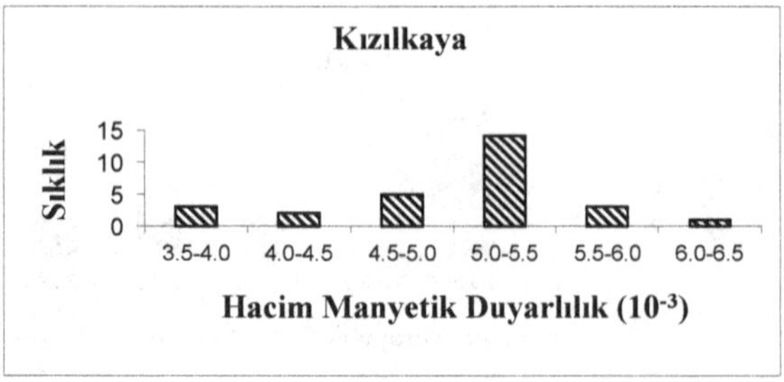

(a)

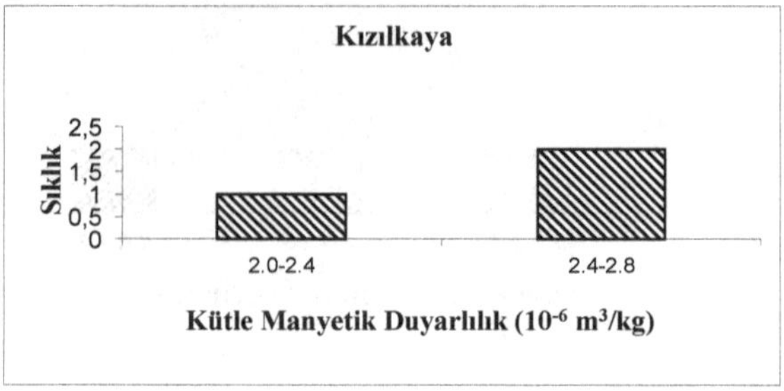

(b)

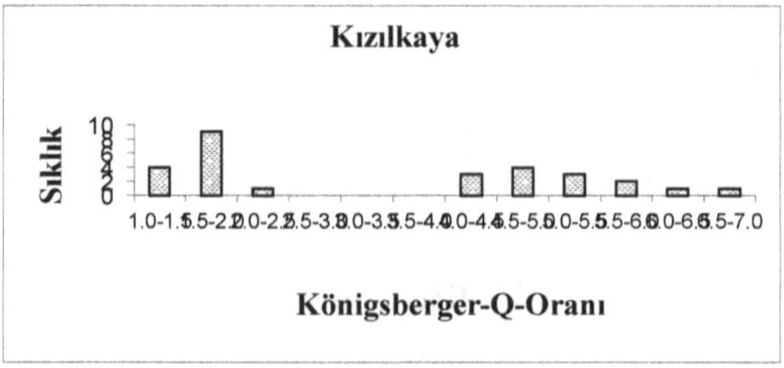

(c)

Şekil 4.9. Kızılkaya bölgesinden alınan numunelere ait (a) hacim ve (b) kütle manyetik duyarlılık hesaplamaları ile (c) Königsberger oranı histogramları

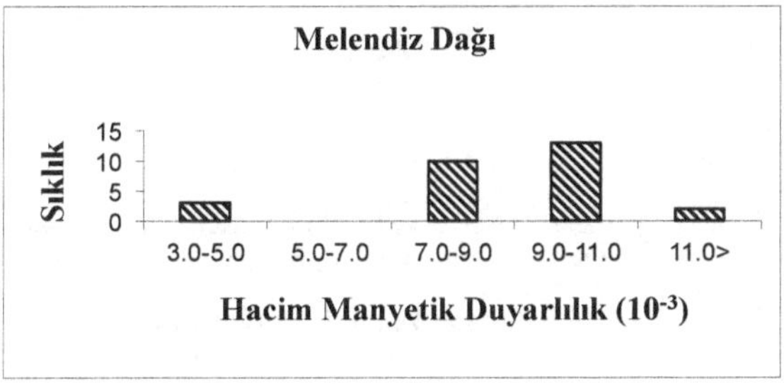

(a)

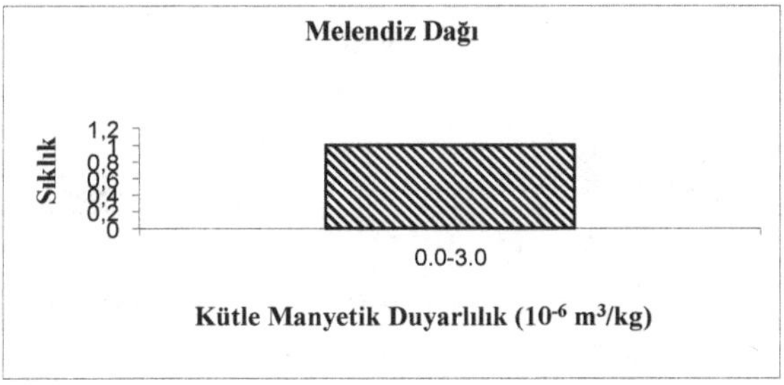

(b)

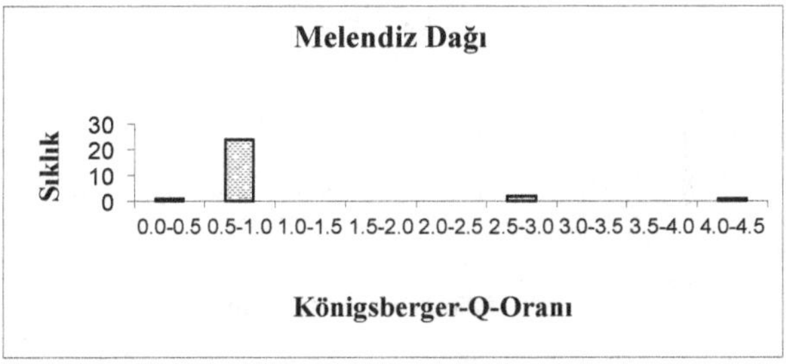

(c)

Şekil 4.10. Melendiz dağı bölgesinden alınan numunelere ait (**a**) hacim ve (**b**) kütle manyetik duyarlılık hesaplamaları ile (**c**) Königsberger oranı histogramları

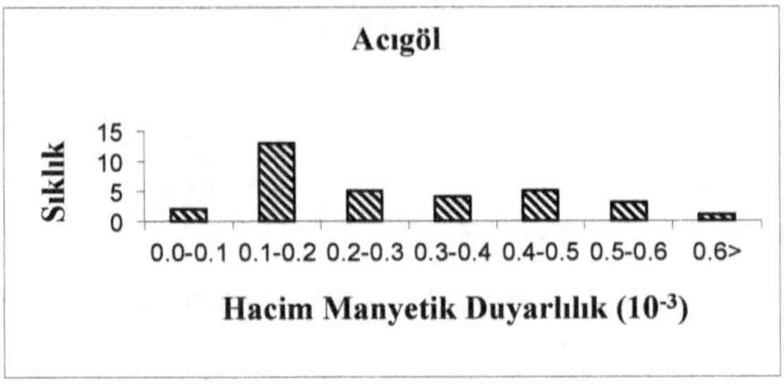

(a)

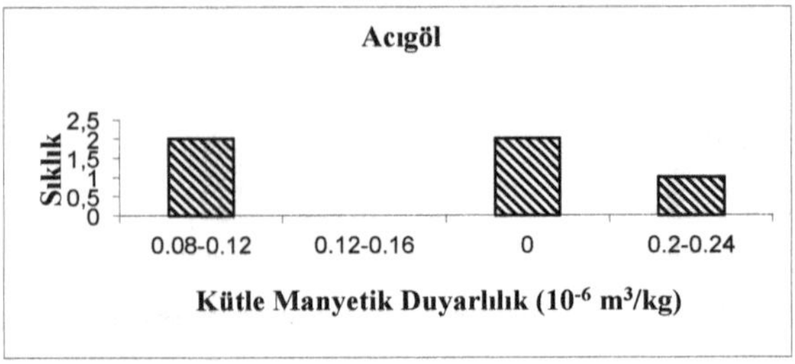

(b)

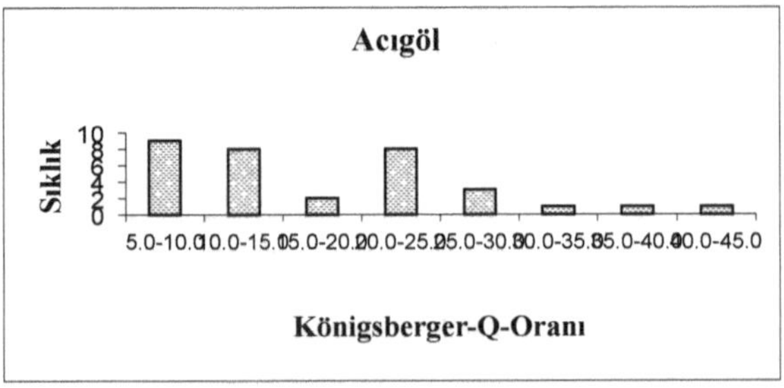

(c)

Şekil 4.11. Acıgöl bölgesinden alınan numunelere ait (**a**) hacim ve (**b**) kütle manyetik duyarlılık hesaplamaları ile (**c**) Königsberger oranı histogramları

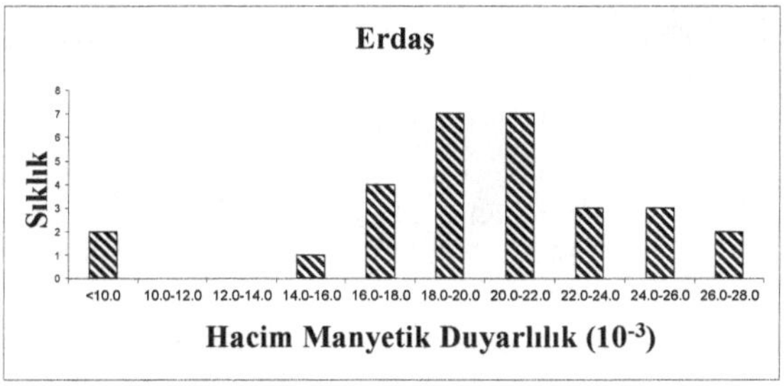

(a)

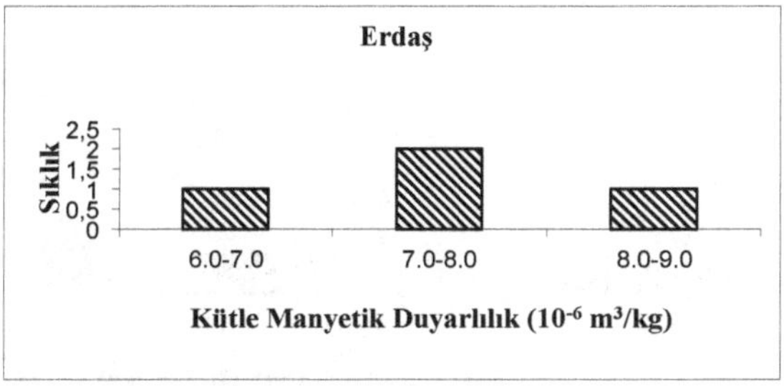

(b)

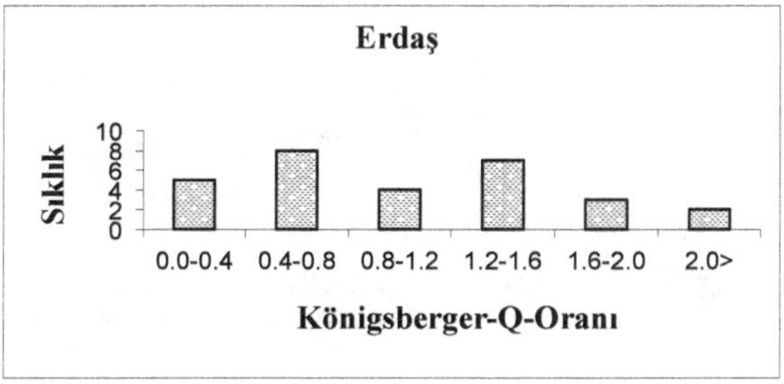

(c)

Şekil 4.12. Erdaş bölgesinden alınan numunelere ait (**a**) hacim ve (**b**) kütle manyetik duyarlılık hesaplamaları ile (**c**) Königsberger oranı histogramları

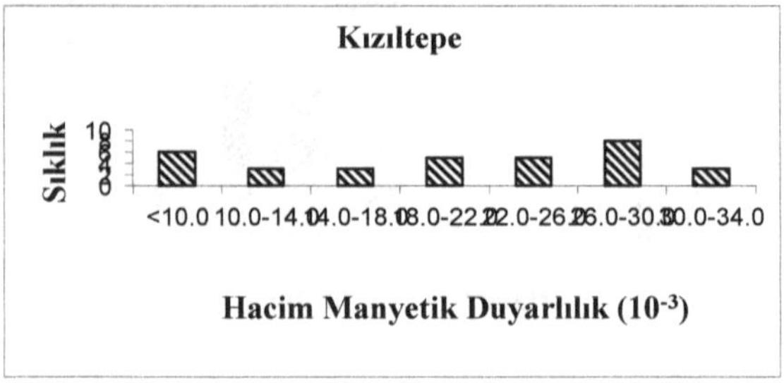

(a)

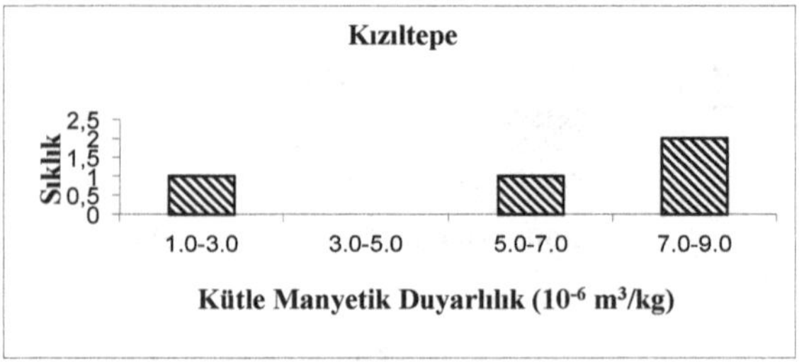

(b)

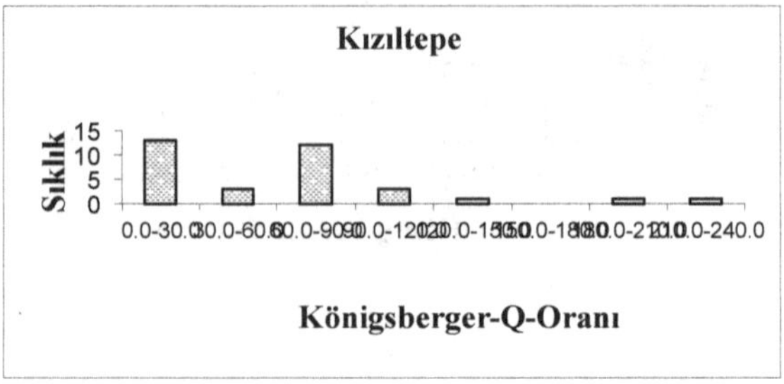

(c)

Şekil 4.13. Kızıltepe bölgesinden alınan numunelere ait (**a**) hacim ve (**b**) kütle manyetik duyarlılık hesaplamaları ile (**c**) Königsberger oranı histogramları

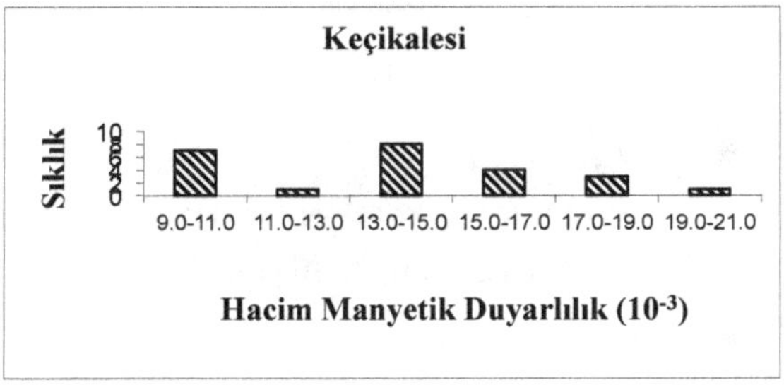

(a)

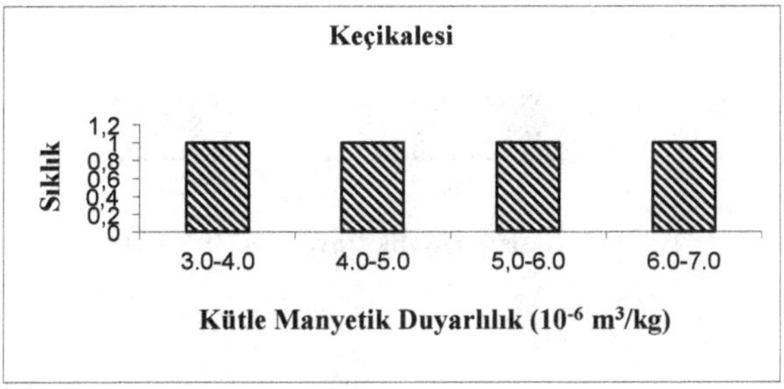

(b)

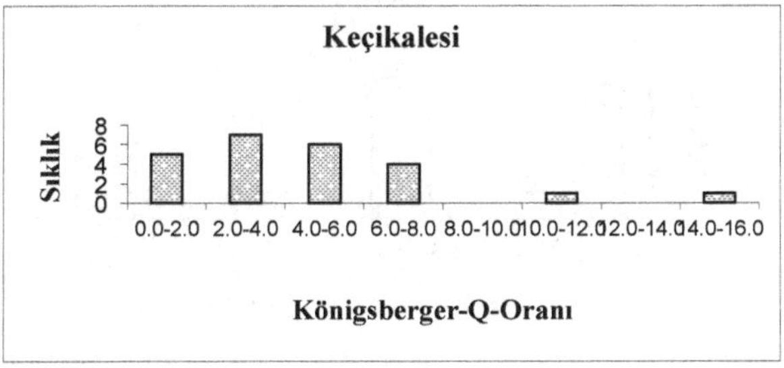

(c)

Şekil 4.14. Keçikalesi bölgesinden alınan numunelere ait (a) hacim ve (b) kütle manyetik duyarlılık hesaplamaları ile (c) Königsberger oranı histogramları.

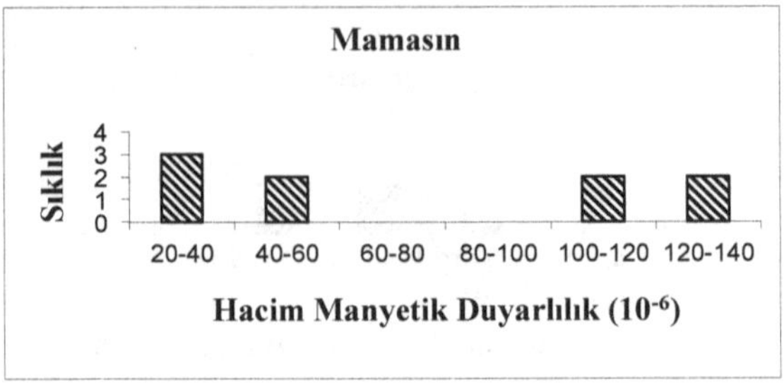

(a)

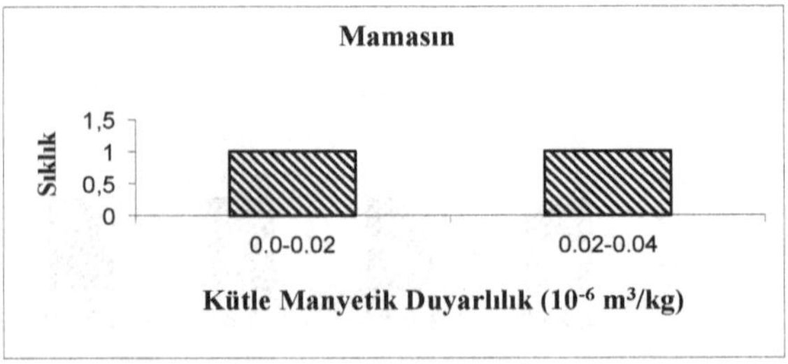

(b)

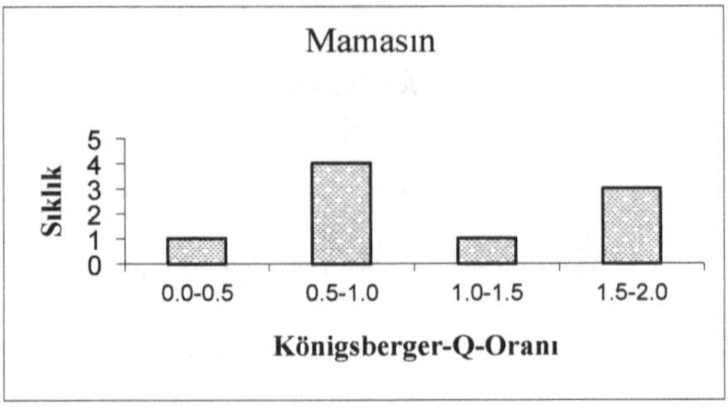

(c)

Şekil 4.15. Mamasın bölgesinden alınan numunelere ait (**a**) hacim ve (**b**) kütle manyetik duyarlılık hesaplamaları ile (**c**) Königsberger oranı histogramları

4.4.2. Sıcaklık ile manyetik duyarlılık değişimleri

Isıl manyetik temizleme işlemi sırasında her adım sonrası numunelerin manyetik duyarlılıkları ölçülerek kaydedilmiştir. Manyetik duyarlığın sıcaklıkla değişimi bu yolla gözlenmiştir. Kayaçların +20°C ile 650°C arasındaki değişik sıcaklık kademelerinde yapılan manyetik temizleme işleminin manyetik duyarlılık değerindeki değişimleri farklılık göstermiştir. Bu farklılığın temel nedeni kayaçların manyetik dokusudur. 26 adet numunenin sıcaklıkla manyetik duyarlılıklarının değişimlerinin gösterildiği grafikler çizilmiştir.

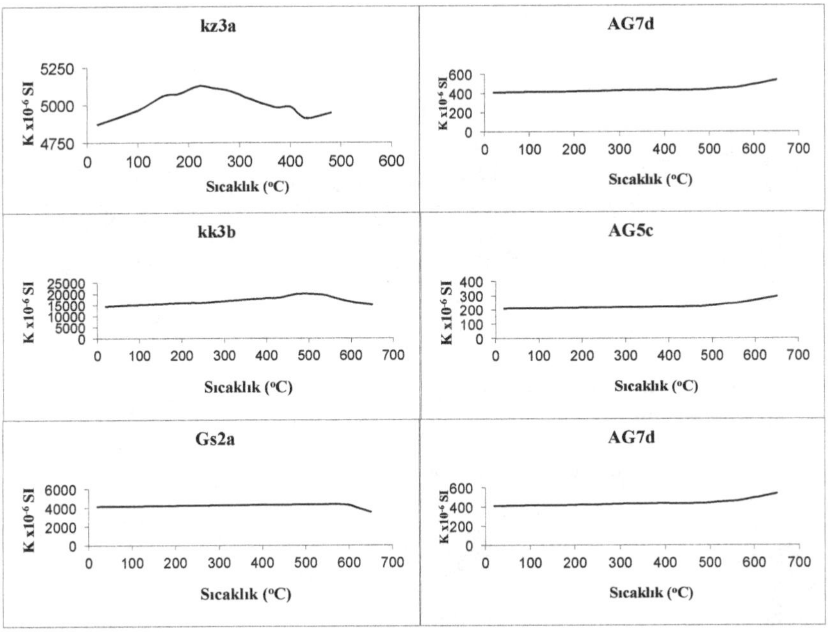

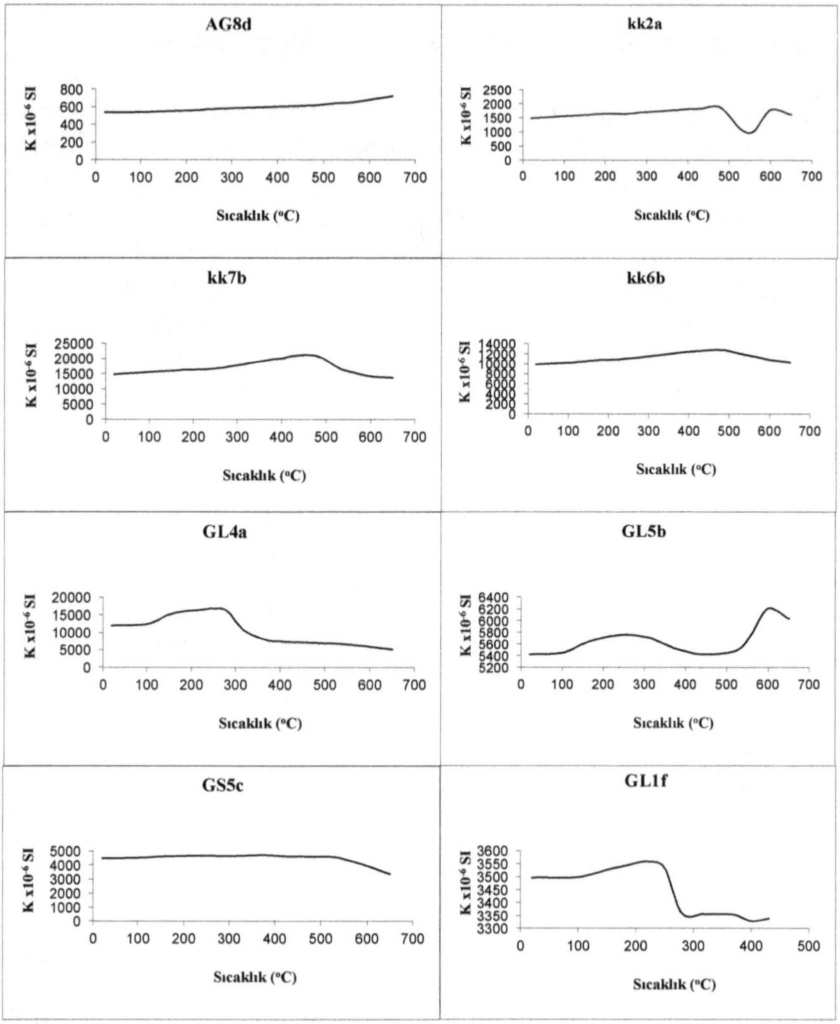

AG8d
kk2a
kk7b
kk6b
GL4a
GL5b
GS5c
GL1f
K x10⁻⁶ SI
Sıcaklık (°C)

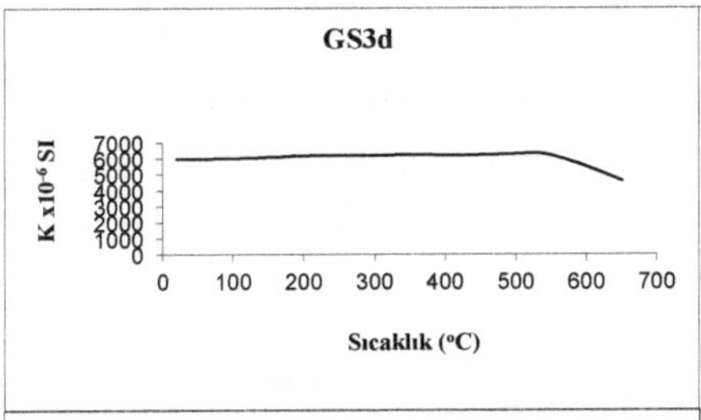
GS3d
K x10-6 SI
7000
0
0 100 200 300 400 500 600 700
Sıcaklık (°C)

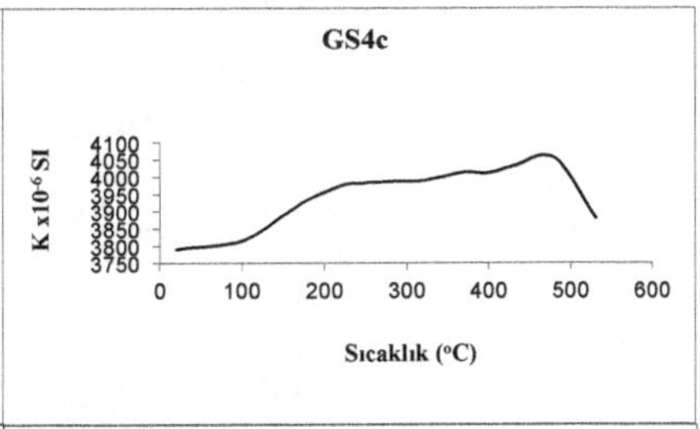
GS4c
K x10-6 SI
4100
4050
4000
3950
3900
3850
3800
3750
0 100 200 300 400 500 600
Sıcaklık (°C)

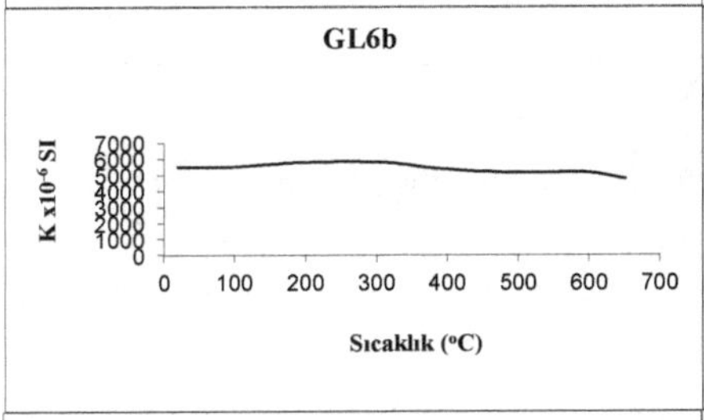
GL6b
K x10-6 SI
7000
0
0 100 200 300 400 500 600 700
Sıcaklık (°C)

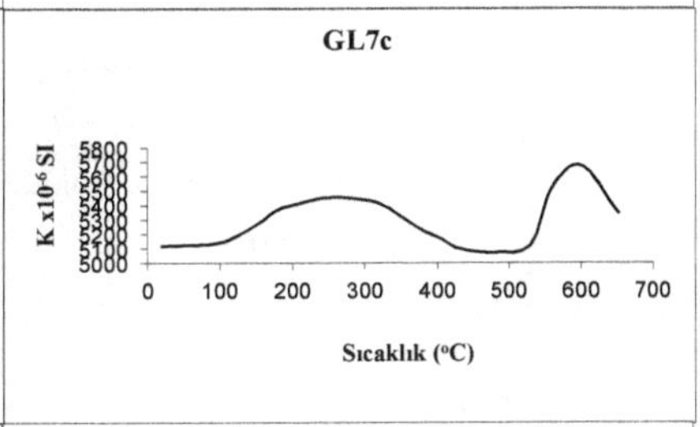
GL7c
K x10-6 SI
5800
5000
0 100 200 300 400 500 600 700
Sıcaklık (°C)

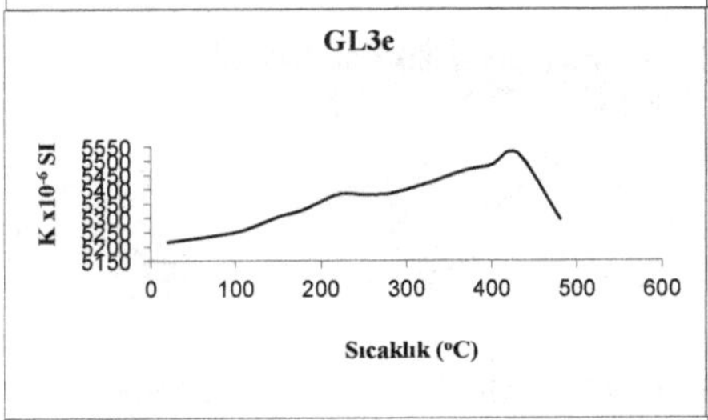
GL3e
K x10-6 SI
5550
5500
5150
0 100 200 300 400 500 600
Sıcaklık (°C)

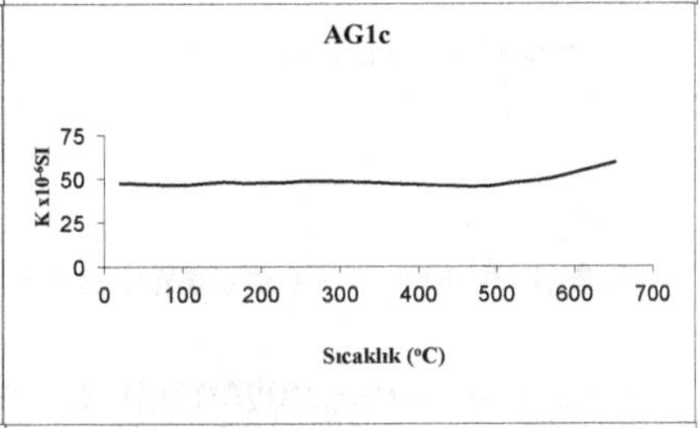
AG1c
K x10-6SI
75
50
25
0
0 100 200 300 400 500 600 700
Sıcaklık (°C)

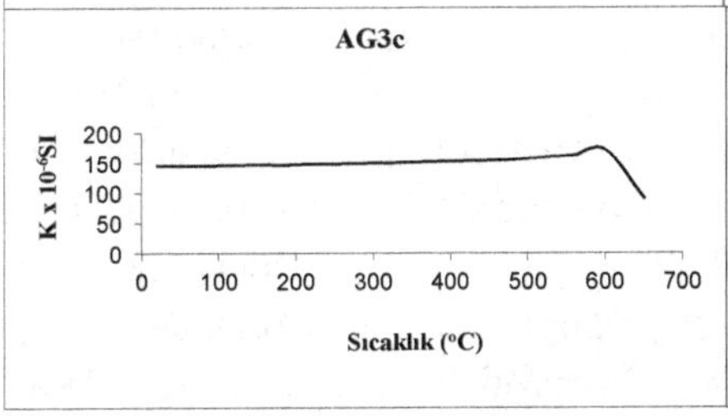
AG3c
K x 10-6SI
200
150
100
50
0
0 100 200 300 400 500 600 700
Sıcaklık (°C)

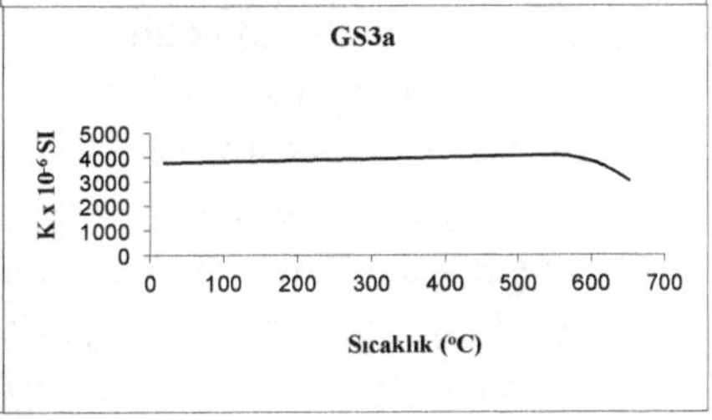
GS3a
K x 10-6 SI
5000
4000
3000
2000
1000
0
0 100 200 300 400 500 600 700
Sıcaklık (°C)

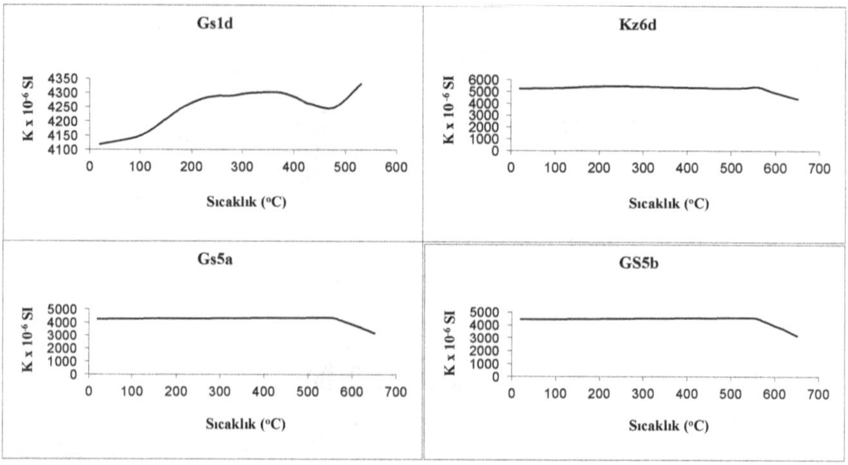

Şekil 4.16. Bazı numunelerin sıcaklıkla manyetik duyarlılıklarının değişimlerinin incelenmesi

4.4.3. Manyetik duyarlılığın anizotropisi

Hacim manyetik duyarlılığı, bir minerale uygulanan bir manyetik alan ya da bir kayacın indüklenmiş mıknatıslanması ile ilişkili boyutsuz bir parametredir. Kayayı oluşturan mineraller, diamanyetik, ferromanyetik, paramanyetik, ferro ya da ferrimanyetik özelliklerine göre manyetik davranış gösterir. Kaya örnekleri ya da minerallerde manyetik duyarlılık, ölçme yönü ile değişir ve üçe üçlük simetrik tensör ile gösterilebilir. Manyetik duyarlılığın bu anizotropik değişimi, üç eksenli bir elipsoidi tanımlar. Manyetik anizotropi genellikle mıknatıslanmadaki yönsel değişiklik olarak anlaşılmaktadır. Manyetik anizotropi ilk olarak Ising (1942) tarafından ortaya atılmıştır. Manyetik anizotropi mıknatıslanma enerjisindeki yönsel değişiklik olarak da ifade edilebilir. Zayıf manyetik alan içinde indüklenmiş bir kayacın manyetizasyonu alanın şiddetinin doğrusal bir fonksiyonudur. Buna göre,

$M_1 = k_{11}H_1 + k_{12}H_2 + k_{13}H_3$ (67)

$M_2 = k_{21}H_1 + k_{22}H_2 + k_{23}H_3$ (68)

$M_3 = k_{31}H_1 + k_{32} H_2 + k_{33}H_3$ (69)

olur. Burada,

M_i (i=1, 2, 3) : Manyetizasyon vektörü bileşenleri,

H_j (j=1, 2, 3) : Manyetik alan şiddeti bileşenleri,

K_{ij} ($k_{ij} = k_{ji}$) : Manyetik duyarlılık tensörüdür (İkinci sıra simetri tensörünün sabitleri)

Seçilen matrise göre matrisin kçşegenleri dışında kalan elemanları sıfır değerlikli ise yukarıdaki eşitlik:

$M_1 = k_{11}H_1$ (70)

$M_2 = k_{22}H_2$ (71)

$M_3 = k_{33}H_3$ (72)

Olur. k_{11}, k_{22}, k_{33} birincil manyetik duyarlılık olarak adlandırılır. Yönleri de birincil yönlerdir. Birincil manyetik duyarlılıklar, genellikle en büyük, ortalama ve en küçük manyetik duyarlılıklar olarak tanımlanır. Manyetik duyarlılığın anizotropik davranışı, manyetik duyarlılık elipsoidi ya da büyüklük elipsoidi olarak bilinir (Hrouda 1982).

4.4.3.1. Manyetik doku

Düşük alan (<10 mT) anizotropisi içindeki manyetik duyarlılık elipsoidinin şekli ve yönlenmesi, yüksek alan içindeki burulma eğrilerinin fazları ve genlikleri, kayaçlardaki ferromanyetik minerallerin dokusuyla (Manyetik doku) kontrol edilir. Manyetik duyarlılık elipsoidinin şekli birincil manyetik duyarlılıklar arasındaki farklar ve seçilen oranlar yardımıyla tanımlanır. Örneğin, anizotropi derecesinin yüksek değeri:

$P=k_1/k_3$ oranı ile

$$H = (k_1 - k_3) / \bar{k} \quad (73)$$

olarak verilebilir. Burada,

$k_1 \geq k_2 \geq k_3$: Birincil manyetik duyarlılıklar,
$\bar{k} = (k_1 + k_2 + k_3) / 3$ ortalama manyetik duyarlılıktır.

Manyetik çizgisellik,

$$L = k_1 / k_2 \quad (74)$$

olarak ifade edilir. Manyetik saçılma,

$$F = k_2 / k_3 \quad (75)$$

olarak bulunur. Manyetik çizgisellik yönü, en büyük manyetik duyarlılıkla aynı yönlü ve manyetik saçılma en küçük manyetik duyarlılık yönüne diktir. Bugüne kadar kullanılan pek çok bağıntı olmuş ancak bunlar uluslararası kabul görmemiştir.

4.4.3.2. Kayaçların manyetik anizotropi nedenleri

Genel olarak kayaçların manyetik anizotropi göstermelerinin nedenleri,

- Ferromanyetik tanelerin, grupsal çizgiselliği
- Manyetokristalin anizotropili kristallerin kafesli çizgiselliği
- Manyetik bölgelerin çizgiselliği
- Manyetik taneciklerin birlikte şeritlenmesi
- Anizotropinin gerilim oluşumu
- Anizotopinin değişimi

şeklinde özetlenebilir. Manyetik anizotropi, sedimanter kayaçlarda depolanma ve sıkılaşmanın incelenmesi ile kontrol edilir. Lav akışlı volkanik kayalarda, metamorfik kayalarda ve plutonik kayalarda sünük şekil değiştirme kristalizasyon ile kontrol edilir.

4.4.3.3. Manyetik anizotropinin ölçülmesi

Manyetik anizotropi, bir manyetik duyarlılık ölçer (Kappabridge KLY-2) kullanılarak ölçülür. Bu amaçla daha önce araziden toplanarak küp halinde kesilmiş numuneler değişik yönlerde manyetik duyarlılık cihazına yerleştirilir ve manyetik duyarlılıkları ölçülür. Bu amaçla öncelikle küp numunenin üç yüzü x_1, x_2 ve x_3 olarak işaretlenir ve ölçme gerçekleştirilir:

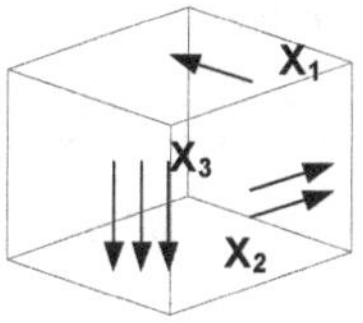

Şekil 4.17. Numune üzerinde üç değişik düzlemin gösterilmesi

Daha sonra bu belirlenen üç sıra ile aşağıdaki yönlerde toplam 15 kez numune farklı yönlenmelerle ölçümü yapılır.

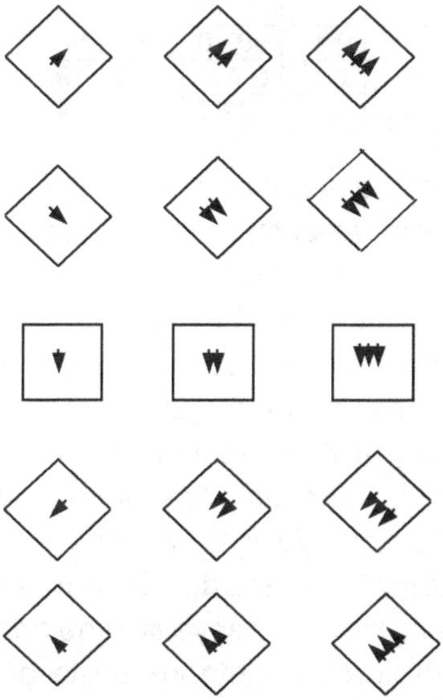

Şekil 4.18. Manyetik duyarlılığın anizotropisinin ölçme yönleri

4.4.3.4. Çalışma alanında yapılan manyetik duyarlılığın anizotropi ölçmeleri

Çalışma alanında birincil manyetik duyarlılık yönleri K_{max}, K_{int}, K_{min} ve şekil parametresi (T), anizotropi derecesi (p') hesaplamaları yapıldı. Buna göre elde edilen sonuçlar Çizelge 4.2'de verilmektedir.

Çizelge 4.2. Çalışma alanında yapılan AMS çalışmalarına göre elde edilen eğim ve sapma açıları ile anizotropi derecesi ve şekil parametresi hesaplamaları. KK: Keçikalesi, H: Hasandağı, MZ: Melendizler, AG: Acıgöl, ER: Erdaş, GS: Göstük, GL: Gelveri, KZ, Kızıltepe

Numune Yeri	Kayaç Tipi	D_{max}	I_{max}	D_{min}	I_{min}	D_{int}	I_{int}	P'	T
KK	Bazaltik andezit	127.7	5.0	7.7	80.0	218.4	8.6	1.019	0.14
H	Andezitik bazalt	50.1	33.8	173.6	39.5	295.1	32.4	1.017	0.46
MZ	Andezit	310.2	30.2	138.5	59.5	42.3	3.6	1.032	0.76
AG	Riyolitik ignimbrit	328.6	31.4	218.6	29.3	95.2	44.4	1.181	-0.07
ER	Bazaltik andezit	223.4	22.7	89.1	59.1	322.1	19.8	1.005	-0.34
GS	Ignimbrit	316.6	9.1	207.0	64.4	50.7	23.7	1.014	0.21
GL	Ignimbrit	100.4	2.8	6.7	53.2	192.4	36.6	1.013	0.57
KZ	Ignimbrit	234.2	3.4	332.8	68.3	142.9	21.4	1.019	0.47

Ortalama birincil manyetik duyarlılık yönlerinin yönlenmesi, K_{max}, K_{int} ve K_{min} ve her alan için anizotropi parametreleri (Hrouda 1982) bootstrap yöntemi (Tauxe vd 1984) kullanılarak elde edilmiştir. Verilen bir alan için birincil yönlerin dağılımı oldukça saçılımlı ve büyük güvenlik alanında ortalama yönleri hesaplanmıştır. Çalışılan bütün kayaç tipleri için tipik olarak düşük anizotropi derecesi vardır. Le Pennec vd (1998), Orta Anadolu volkanik bölgesinde Kızılkaya bölgesinin ignimbiritlerinin manyetik dokusunun manyetik duyarlılık anizotropisini çalışmışlar, manyetik ve kinematik eksenler arasında doğrudan ilişki olmadığını bulmuşlardır. Onların sonuçları, çalışılan numunelerdeki manyetik sinyal, manyetik tanelerin kristalizasyonu, anizotropi dağılımı, hidrotermal, meteorik suyla alterasyon ve şekil anizotropisi gibi değişik yaklaşımların sonucu olarak karmaşıktır.

Çalışma alanında en iyi ortalama birincil manyetik duyarlılık yönleri Acıgöl (AG) (Riyolitik ignimbirit) için elde edilmiştir. Anizotropi derecesi P ortalama değeri %18'dir. AG'de birincil yönler iyi gruplanmıştır ve ortalama şekil parametresi T negatiftir. Ölçülen manyetik doku, K_{max} dalım yönüne göre, genişleyen bir yönle tektonik deformasyonları yansıtabilir. Çalışılan alanlar dışında, anizotropi derecesi yaklaşık olarak %2 ve manyetik duyarlılık elipsoidi çoğunlukla basıktır.

Manyetik foliasyonların kesişmesinin yönlenmesi ve güvenlik aralığı ile K_{max} yönünün üzerleme derecesi, ikincisi için iyi bir göstergedir. İki yön farklı ise, bu durum birkaç manyetik dokunun bir ana manyetik doku içinde yer aldığını gösterir. Ölçülen manyetik doku gerçek jeolojik özelliği göstermez. Manyetik foliasyonların kesişmesi ve Kmax'ın yönü arasındaki büyük sapmalar, Keçikalesi (KK), Melendiz (MZ) ve Gelveri (GL) bölgelerinde gözlenmektedir. Sonuç olarak, volkanik etkinliğinin akış yönü ya da çizgiselliğin belirlenmesinde AMS sonuçlarının yorumlanması, dikkatli bir şekilde yapılmalıdır.

Çalışma alanında elde edilen AMS sonuçlarının bazılarının sterografik diyagram üzerinde gösterimi Şekil 4.19 ve Şekil 4.20'de verilmektedir.

4.4.4. GL9 numunesi ile ilgili çalışmalar

Gelveri ignimbiritlerinden alınan 1 adet numune Dr. Vassil Karloukovski tarafından İngiltere'ye götürülerek, Lancaster Üniversitesi, paleomanyetizma laboratuvarlarında incelenmiştir. Temelde amaç, histerizis değişiminin görülmesi olan bu çalışmanın ayrıca manyetik duyarlılık, kütle manyetik duyarlılık özellikleri de aynı laboratuvarda ölçülmüştür. El numunesinden iki adet küp elde edilmiştir.

4.4.4.1. GL9a numunesinin manyetik duyarlılık ölçümü

Elde edilen numune düşük manyetik duyarlılıklı olduğundan, Bartington MS-2 manyetik duyarlılık ölçüm cihazı ile ölçme işlemi yapılmıştır. Bu amaçla iki farklı frekans kullanılmış, düşük frekans (-

460 Hz) ve yüksek frekans (4600 Hz) aralıklarında ölçüm yapılmıştır. Buna göre elde edilen manyetik duyarlılık değerleri,

$$K_{LF} = 344 \times 10^{-10}\ m^3$$
$$K_{HF} = 336 \times 10^{-10}\ m^3$$

olarak elde edilmiştir. Bu iki değerden frekans bağımlı manyetik duyarlılık parametresi, k_{fd}, hesaplanabilir,

$$K_{fd} = \{ (K_{lf} - K_{hf})/K_{lf} \} \times 100\ \%. \qquad (76)$$

Bu bağıntıda elde edilen değerler yerine konulursa,

$$K_{fd} = (344\text{-}336)/344 \times 100\% = 2.3\ \%$$

değeri elde edilir. Bu değer oldukça düşük bir değer olup, numunedeki süperparamanyetik parçacıklara ilişkin herhangi bir belirti yoktur (Dearing 1999). Kütle manyetik duyarlılık değeri hesaplandığında; Düşük frekans için,

$$\chi_{LF} = (344/8.20) \times 10^{-7}\ m^3/kg = 4.19\ \mu m^3/kg,$$

olur. Yüksek freakans için:

$$\chi_{HF} = (336/8.20) \times 10^{-7}\ m^3/kg = 4.10\ \mu m^3/kg,$$

değeri elde edilir.

Bu değerlerin ortalaması alındığı zaman yaklaşık olarak χ = 4.15 $\mu m^3/kg$ değeri elde edilir. Manyetit için hazırlanmış olan manyetik duyarlılık derecelendirme çizelgesi (Maher ve Thompson 1999) incelenirse en düşük manyetik duyarlılık değeri ~560 $\mu m^3/kg$ ve en yüksek manyetik duyarlılık değerinin ~400 $\mu m^3/kg$ olduğu görülür. Buna göre elde edilmiş ortalama kütle manyetik duyarlılık değeri, en düşük manyetik duyarlığın, (4.15/560) × %100 = % 0.74'ü ve en yüksek manyetik duyarlığın, (4.15/400) × %100 = %1.04'dür. Bu değer ile Gelveri ignimbiritinden alınmış olan bu numunenin yalnızca manyetit içermediği bunun yanısıra pirotit, oksitlenmiş manyetit ya da hematit gibi minerallerden oluştuğu söylenebilir.

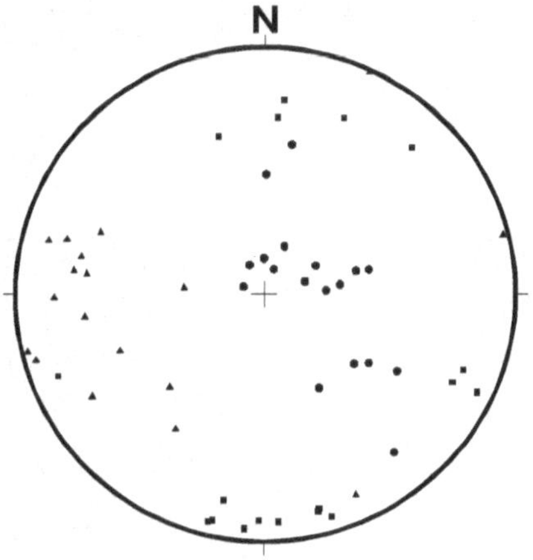

a)

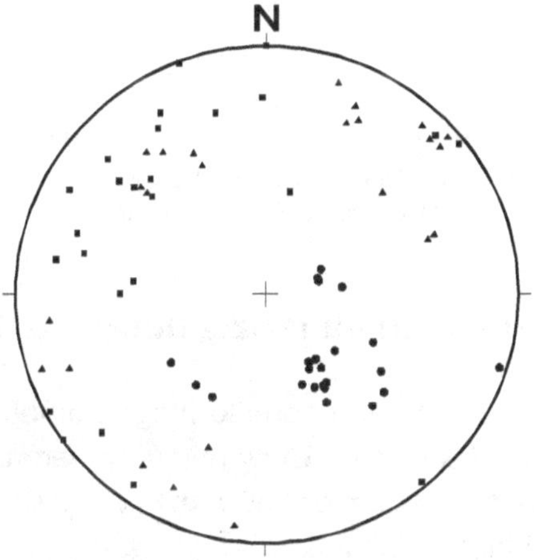

b)

Şekil 4.19. Sırasıyla a) Keçikalesi (KK) ve b) Melendiz (MZ) bölgesinden alınan numuneler üzerinde yapılan AMS çalışmalarının stereografik diyagram üzerinde gösterilmesi. K_{max} (■), K_{ort} (▲) ve K_{min} (·), birincil manyetik duyarlılık eksenlerinin dağılımıdır.

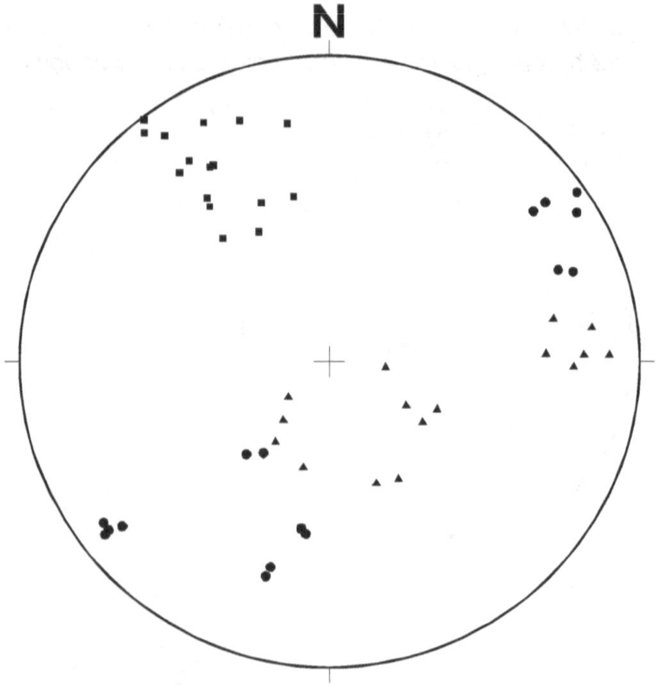

Şekil 4.20. Acıgöl bölgesinden alınan numuneler üzerinde yapılan AMS çalışmalarının sterografik diyagram üzerinde gösterilmesi. K_{max} (■), K_{ort} (▲) ve K_{min} (·), birincil manyetik duyarlılık eksenlerinin dağılımıdır.

4.4.4.2. GL9b numunesinin histerizis döngüsü ölçümü

Histerizis ölçümleri, Nuovo Vibrating sample magnetometresi (VSM, Molspin Ltd.) kullanılarak Lancaster Üniversitesi, paleomanyetizma laboratuvarında yapılmıştır. Ölçümler, 300 mT ve 1000 mT alan değerleri arasında yapılmıştır. Kullanılan frekans aralığı ise 65 Hz ve 75 Hz olmuştur. Otomatik olarak 20 değişik alan değerinde 80 adet ölçüm değeri kullanılarak, ölçme tamamlanmıştır. Elde edilen eğriler, (Von Dobeneck 1996) tarafından hazırlanan HYSTEAR yazılımı kullanılarak değerlendirilmiştir. Numunenin paramanyetik ve diamanyetik manyetik duyarlığı, 1000 mT histerizis döngüsünün yüksek alan bölgesinden ve indüklenmiş histerizis bölgesi denilen düşük alandan elde edilmiştir (Şekil 4.21).

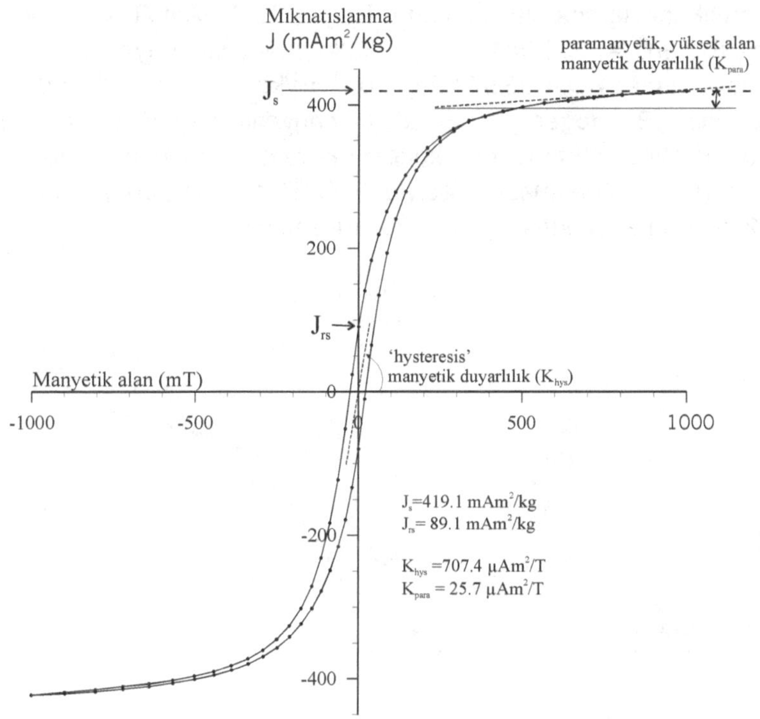

Şekil 4.21. GL9b numunesi için 1000 mT yüksek alanlı histerizis döngüsü

Doymuş mıknatıslanma değeri, J_s = 419,1 mAm^2/kg saf manyetitin (J_s=92 Am^2/kg) değeri ile karşılaştırıldığında, (0.419/92)×100% = % 0.46 (Maher and Thompson 1999) değeri elde edilir. Kalıntı mıknatıslanma doygunluğu ile doymuş mıknatıslanma değeri orantılandığında, J_{rs}/J_s = 89.1/419.1 = 0.21 değeri elde edilir.

Histerizis manyetik duyarlılık değeri K_{hys} =707.4 $\mu Am^2/T$ = $707.4x10^{-6} \times 4\pi \times 10^{-7}$ m^3 = 8889×10^{-13} m^3'dir. Kütle manyetik duyarlığı, $\chi_{hys}=(8889/0.229)\times 10^{-10}$ m^3/kg = 3.88 $\mu m^3/kg$'dır. Bu değer, daha önce ölçülen düşük alan manyetik duyarlılık değeri ile uyum halindedir (Bartington manyetik duyarlılık ölçüm cihazı, 4.10-4.19 $\mu m^3/kg$). GL9b numunesinin paramanyetik/diamanyetik manyetik duyarlılık incelemesi yapıldığında; K_{para} = 25.7 $\mu Am^2/T$ = $25.7\times 10^{-6} \times 4\pi \times 10^{-7}$ m^3 = 332.9×10^{-13} m^3, kütle manyetik duyarlılık değeri incelendiğinde, $\chi_{para}=(333/0.229)\times 10^{-10}$ m^3/kg = 0.141 $\mu m^3/kg$ değeri elde edilir. Bu değer günümüzdeki manyetik alan yönü ile uyum içindedir. Diğer parametreler koherzif kuvvet (Hc) ve kalıntı koherzif kuvvet (Hcr) belirlenmesi amacıyla, 300 mT histerizis döngüsü (Şekil 4.22) ve geri alan eğrisi (Şekil 4.23) kullanılmıştır.

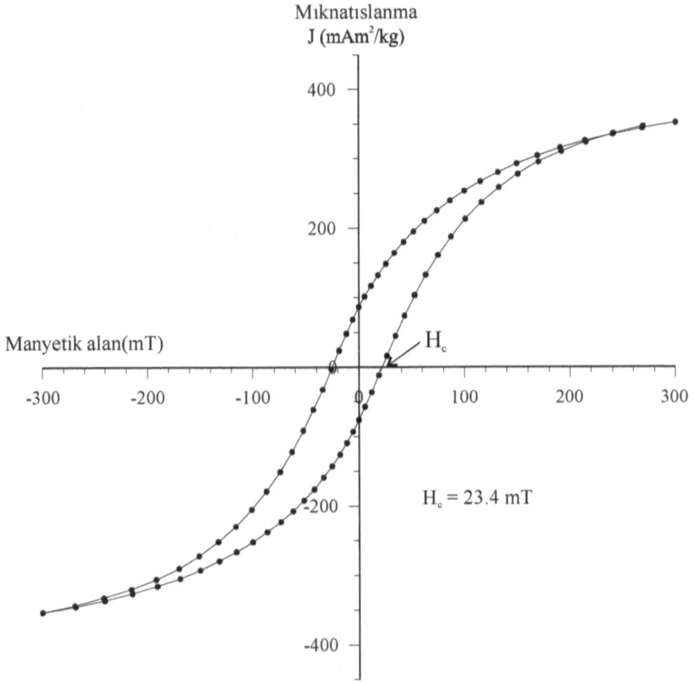

Şekil 4.22. GL 9b numunesi için 300 mT histerizis döngüsü

Bu iki eğriden H_{cr}/H_c oranı hesaplandığında,

H_{cr}/H_c= 23.4/50.7 = 2.17

değeri elde edilir. Gün çizgisi üzerinde çizildiğinde, GL9b numunesi, PSD (pseudo single domain) aralığına düşer (Şekil 4.24).

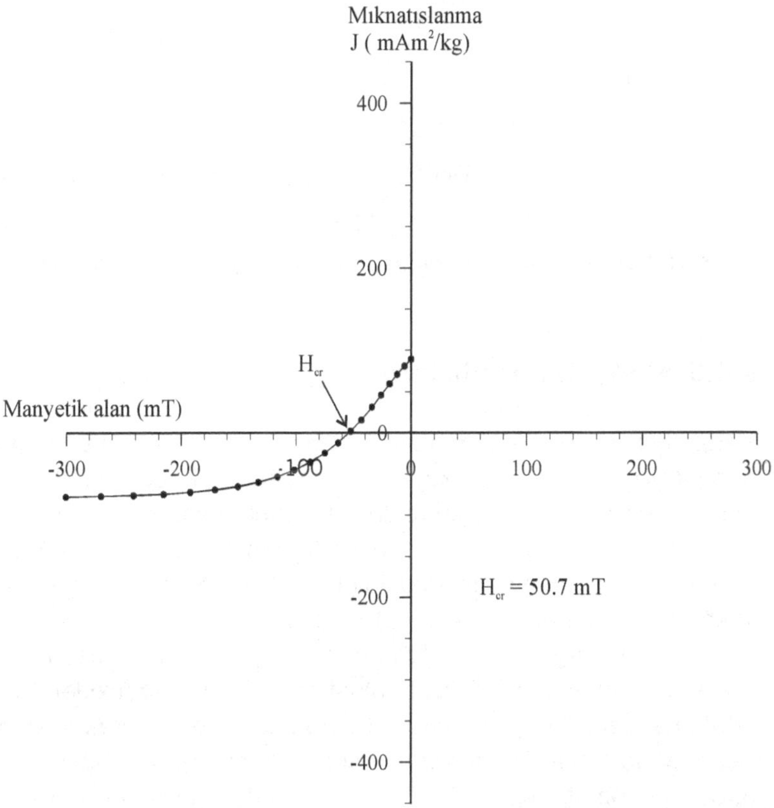

Şekil 4.23. GL 9b numunesi için 300 mT geri alan eğrisi.

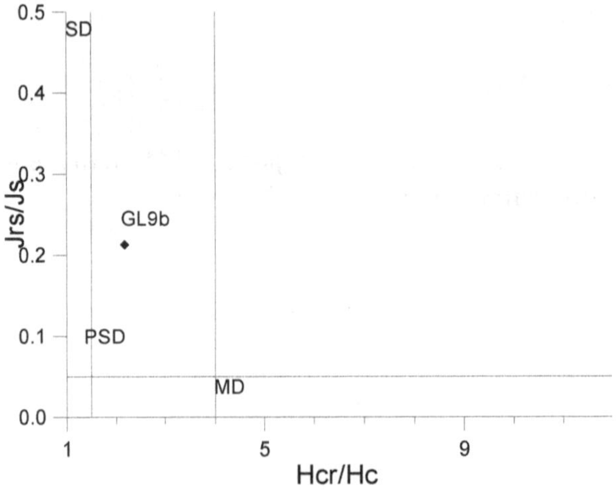

Şekil 4.24. GL9b numunesi için Jrs/Js oranına karşı H_{cr}/H_c oranı bir gün çizimi

4.4.5. Manyetik özelliklerin değerlendirilmesi

Yerel olarak ölçülen manyetik anomalilerin yorumu yapılırken anomaliye neden olan kayaçların petrografik özelliklerine dikkat etmek gereklidir. Aynı zamanda mıknatıslanmanın indüklem (Ji) ya da kalıntı (Jr) olup olmadığının bilinmesi önemlidir. Mıknatıslanmanın hesaplanabildiği Ji, Jr ve Königsberger oranının vektör toplamı manyetik anomaliyi yansıtır.

Königsberger oranı (Q) incelendiği zaman, Göstük-Gelveri-Kızılkaya ignimbirit dizisini oluşturan kalın depozitler, 3.4-4.1 ortalama değerini gösterirler. Bu değerler tipik olarak sedimanter kayaçlar için olan değerlerdir. Normale en yakın dağılım Göstük (GS) ignimbiritleridir. GS, açık olarak ksenolitlerin dağılımını yansıtmaktadır. Diğer taraftan GL ve KZ numuneleri iki farklı bölgeden toplanmasına rağmen kalıntı mınatıslanma ve manyetik duyarlılık değerleri belirgin bir farklılık göstermemektedir. En yüksek ferromanyetik içerik, GL ignimbiritlerinden alınan örneklerden elde edilmiştir. Buna göre hacim manyetik duyarlığı, Kort=7.316 x 10^{-3} SI ve DKMort=1.46 A/m değerleri elde edilmiştir. GS ve KZ bölgelerinden alınan değerler nispeten düşüktür. Ölçülen DKM yönleri GL, GS ve KZ için sırasıyla 34°, 15° ve 12° olarak sığ eğim açıları olarak yorumlanabilir. Sonuç olarak bu formasyonların neden olduğu manyetik şiddet düşüktür. Diğer taraftan düşük Q değerinin oluşu buradaki mıknatıslanmanın asıl gerekçesinin indüklem mıknatıslanmaya dayandığını ortaya koymaktadır.

Acıgöl (AG)'den alınan riyolitik ignimbiritler, DKMort=164 A/m ve manyetik duyarlılıkların Kort=213x10^{-6} SI düşük değerleri ile karakterize edilirler. Elde edilen yüksek Qort=17.6 değeri ve 25°'lik ortalama inklinasyon açısı kalıntı mıknatıslanmanın varlığını ortaya koymaktadır. Manyetik duyarlığın anizotropisi 18° gibi yüksek değerliklidir ve birincil eksenin Kmin sığ eğimli olması, oluşan manyetik alan yönünden Ji'nin daha fazla sapmasına neden olmaktadır.

Melendiz (MZ) ve Erdaş (ER) bölgeleri, andezit olarak bilinmektedir. Bu bölgeden alınan numunelerin, Q değerleri (Qort=1-1.6) düşük olup, büyük ferromanyetik parçacıkların yüksek konsantrasyonu ile duraylı bir kalıntı mıknatıslanma taşıyabilme özelliklerinde değildir. Ortalama hacim manyetik duyarlığı, 8.5-19.9×10^{-3} aralığında yer almaktadır. Q değerlerinin düşük oluşu mıknatıslanmanın sebebinin ağırlıkla indüklem mıknatıslanma olduğunu gösterir.

Hasandağı (H) ve Kızıltepe (KT)'nin manyetik şiddet değerleri en yüksektir. Manyetik minerallerin yoğunlaşmasından söz edilebilir. Ayrıca çok küçük boyutlu kalıntı mıknatıslanma vardır.

4.4.6. Paleomanyetik özelliklerin değerlendirilmesi

4.4.6.1. İgnimbiritler

Göstük ignimbiriti, 16 adet numunenin alternatif manyetik alan (AF) ve ısıl manyetik temizleme işlemleri, tek bir bileşenin varlığını ortaya koymaktadır. Çok yumuşak bir viskoz mıknatıslanma etkisi, elde edilen doğruyu etkilemektedir. İyi doğrusallık düşük (α_{95})değerleri ile yansıtılmaktadır. Isıl manyetik temizleme incelemesi sırasında karakteristik kalıntı mıknatıslanma (ChRM) yönleri, daha yüksek

(α_{95}) değerleri gösterir (Çizelge 4.3). Ana ferromanyetik taşıyıcı, olasılıkla iri taneli olup, termomanyetik davranış deneyi ile ispatlanan 630°C lik Curie sıcaklığı, hematit/Titanyum-hematit'in küçük bir miktarı ile beraber 550°C lik Curie sıcaklığı, düşük titanyum içerikli titanomanyetitdir (Şekil 4.25).

Çizelge 4.3. Göstük ignimbirit sahasından toplanan numunelere ait ortalama eğim ve sapma açıları

Numune No	Numune sayısı	Sapma D (derece)	Eğim I (derece)	α95
GS 1	4	153.0	-62.1	2.1
GS 2	2	156.2	-57.6	8.9
GS 3	4	156.9	-59.0	3.1
GS 4	3	152.9	-64.5	4.5
GS 5	3	158.0	-25.1	3.6
Ortalama		**154.8**	**-60.9**	**3.7**

Gelveri ignimbiriti, AF ve ısıl manyetik temizleme işlemi sonuçlarının temsili örnekleri incelendiğinde (Şekil 4.26), manyetik sertlikli iki mineral fazın varlığı ortaya çıkmıştır. Bileşen ayrımı için AF manyetik temizleme işlemi çok iyi sonuç vermiştir (Çizelge 4.4). Bu durum manyetik sertlik ve farklı unbloking sıcaklığına uyumlu iki mineral fazın varlığını gösterir (Şekil 4.26). İçeriğinde 30 mT'ya kadar AF manyetik temizleme işlemine karşı yüksek dayanım ve 300 °C'lik blocking sıcaklığı değeri açıkça pirotitin varlığını ifade eder. Pirotit yumuşak manyetik fazlı, olasılıkla oksitlenmiş manyetit ile birlikte oluşur. Pirotit, anomali yönünde ancak normal kutuplanmış DKM'nin ikinci bileşenini bulundurur. Örneklerin diğer grubu, pirotitin varlığı için delil göstermez. 550 °C'lik Tc değerli titanomanyetitler ve hematit içerir (Şekil 4.27).

Çizelge 4.4. Gelveri ignimbirit sahasından toplanan numunelere ait ortalama eğim ve sapma açıları

Numune No	Numune sayısı	Sapma D (derece)	Eğim I (derece)	α_{95}
GL 1	2	145.0	-30.8	9.0
GL 3	3	166.5	-33.1	2.4
GL 4	2	168.0	-55.6	5.3
GL 5	3	178.6	-22.2	8.6

GL 6	3	184.0	-38.0	9.9
GL 7	2	193.7	-19.8	12.2
GL 8	2	194.8	-51.4	10.5
Ortalama		**175.7**	**-37.0**	**15.0**

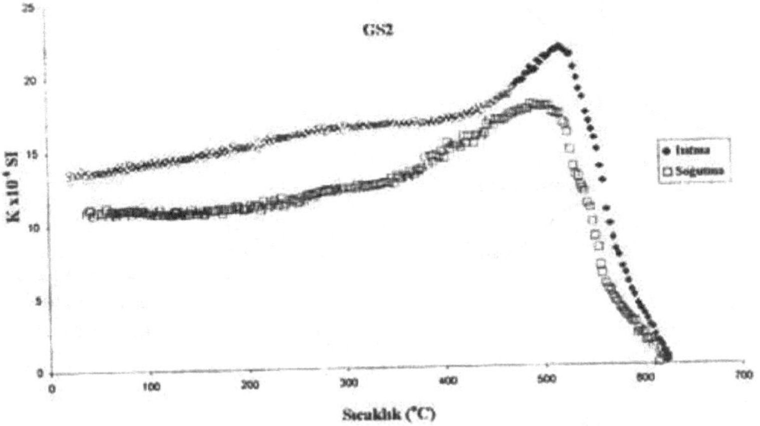

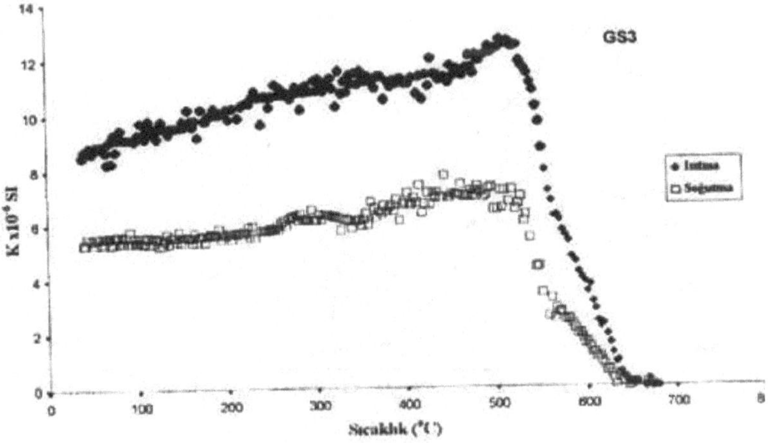

Şekil 4.25. Göstük (GS) ignimbiritinin termomanyetik eğrileri. Mıknatıslanma tipi ferromanyetik olup, olasılıkla düşük titan (Curie sıcaklığı 550°C) ve küçük miktarda hematit/Titanyum-hematit (Curie sıcaklığı 630 °C) içerikli, iri taneli titanomanyetittir.

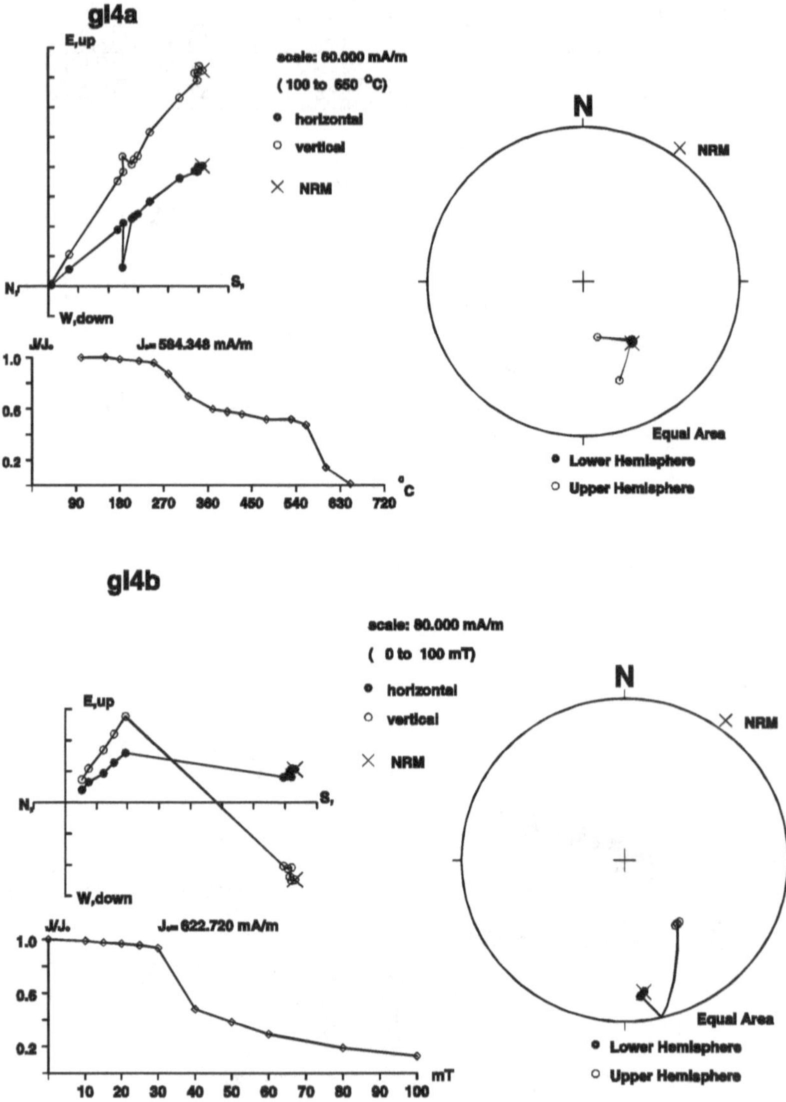

Şekil 4.26. Gelveri ignimbirit serisinin AF ve ısıl manyetik temizleme işleminden elde edilen sonuçlarının temsili olarak gösterilişi.

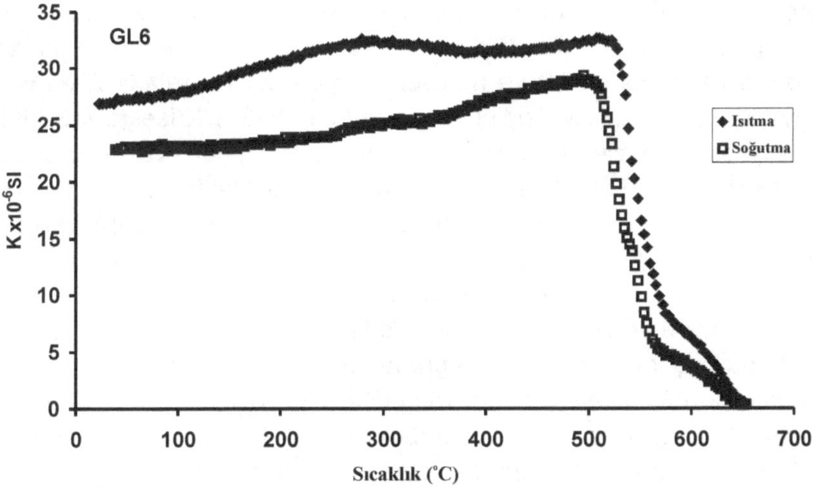

Şekil 4.27. Gelveri (GL) ignimbiritinin GL6 örneğiyle temsili termomanyetik eğrisi

Kızılkaya ignimbiriti, Kızılkaya (KZ) ignimbiritlerinden iki farklı alandan numune alınmıştır. DKM davranışı, manyetik temizleme işlemi sırasında iki bileşenin varlığı ile karakterize edilir. Paleomanyetik olarak yön, genellikle 20 mT'dan sonra ve 180-370°C aralığında sıcaklıklarda yalıtılmıştır. Bağıl olarak AF manyetik temizlemeye karşı DKM'nin yüksek koherzivitesi, tek bölge/yapay tek bölge tane boyutlarında olduğunu ortaya koymaktadır. 550°C'den sonra şiddetin keskin düşüşü düşük titanyum içerikli titanomanyetit varlığını ortaya koyar (Şekil 4.28). ChRM negatif kutupludur (Çizelge 4.5).

Çizelge 4.5. Kızılkaya ignimbirit sahasından toplanan numunelere ait ortalama eğim ve sapma açıları

Numune No	Numune sayısı	Sapma D (derece)	Eğim I (derece)	$\alpha 95$
KZ 1	2	152.6	-29.6	1.7
KZ 2	3	168.2	-27.8	9.6
KZ 4	1	174.6	-46.3	-
KZ 5	3	174.0	-35.3	6.0
KZ 6	3	159.4	-40.5	10.4
Ortalama		**165.4**	**-36.5**	**10.3**

Acıgöl riyolitik ignimbiriti, koherzivitelerin geniş spektrumunun varlığını geniş bir adımla inceleme sırasında yapılan normalleştirilmiş şiddet ve manyetik temizleme davranışı, Zijdervelt diyagramlarından elde edilmiştir (Zijdervelt 1967) (Çizelge 4.6). Isıl manyetik temizleme eğrilerinin konveks şekli ve unbloking sıcaklıkları Tb 650°C'den yüksek oluşu ana içeriklerin hematit ve titanomanyetit olduğunu göstermektedir. Zijdervelt diyagramları iki bileşenin varlığını ortaya koyar. Viskoz kaynaklı mıknatıslanma ise 180°C ve 20 mT'lık manyetik temizleme değeri ortaya koyar (Şekil 4.29). ChRM yönleri sapmalarındaki farklılıklar nedeniyle iki gruptan elde edilmiştir (Çizelge 4.6). A grubunun ortalama sapması, enbüyük manyetik duyarlılık ekseninin yönü (K_{max}) ile aynıdır (328.6 °C dalım açısıyla). Aynı zamanda, indüklem ve kalıntı mıknatıslanma yönlerinin düşeyden sapması olan, anizotropi derecesi (p') %18 daha yüksektir. B grubu yönünün daha güvenilir olduğu düşünülmektedir.

Çizelge 4.6. Acıgöl riyolitik ignimbirit sahasından toplanan numunelere ait ortalama eğim ve sapma açıları

Numune No	Numune sayısı	Sapma D (derece)	Eğim I (derece)	α95
AG 1	3	321.8	49.5	8.5
AG 2	2	319.6	44.6	11.7
AG 3	3	339.3	63.0	9.5
AG 4	2	340.7	76.8	17.0
AG 5	3	335.0	50.4	14.2
Grup A	**Ortalama**	**328.9**	**57.0**	**13.4**
AG 6	2	2.2	50.7	2.6
AG 7	2	3.0	50.1	20.7
AG 8	4	0.1	67.6	2.0
Grup B	**Ortalama**	**2.7**	**56.1**	**15.2**

4.4.6.2. Andezitler

Erdaş Andezitleri, Erdaş bazaltik andezitlerinden 12 numune AF demanyetizasyonu için kullanılmıştır. Vektör çizimleri ve Zijdervelt diyagramları, 10 mT'da silinen yumuşak viskoz bir bileşenin varlığını ve negatif bir bileşeni gösterir (Şekil 4.30). Kalıntı taşıyıcısı muhtemelen iri taneli termomanyetik davranıştan elde edilen sonuçlara göre düşük Ti içerikli titanomanyetitdir (Şekil 4.31). Fisher istatistik çalışmasından elde edilen ChRM ortalama yönleri Çizelge 4.7'de özetlenmiştir.

Çizelge 4.7. Erdaş andezit sahasından toplanan numunelere ait ortalama eğim ve sapma açıları

Numune No	Numune sayısı	Sapma D (derece)	Eğim I (derece)	$\alpha 95$
ER 2	2	135.9	-71.2	5.9
ER 4	1	159.7	-63.7	15.7
ER 5	2	146.6	-60.8	4.0
ER 6	2	158.0	-72.0	13.9
ER 7	2	142.9	-56.9	4.3
ER 8	1	153.8	-56.2	2.9
Ortalama		**149.5**	**-63.7**	**6.5**

Keçikalesi andezitleri, ER ile benzer radyometrik yaş grubunda yer alır. Toplam 9 numune AF ve ısıl manyetik temizleme için kullanılmıştır. Numuneler genel olarak iki bileşenin varlığını ortaya koyar. ChRM 400°C ve 50 mT'dan sonra yalıtılır (Şekil 4.32). KK2a, KK2c, KK7a ve KK7b, çok sığ deklinasyon değerleri elde edildiği için hesaplamalarda kullanılmamıştır (Çizelge 4.8).

Çizelge 4.8. Keçikalesi andezitlerinden toplanan numunelere ait ortalama eğim ve sapma açıları

Numune No	Numune sayısı	Sapma D (derece)	Eğim I (derece)	$\alpha 95$
KK 5a	1	177.2	-49.9	2.5
KK 6	4	159.1	-49.2	3.0
Ortalama		**168.0**	**-50.0**	**25.8**

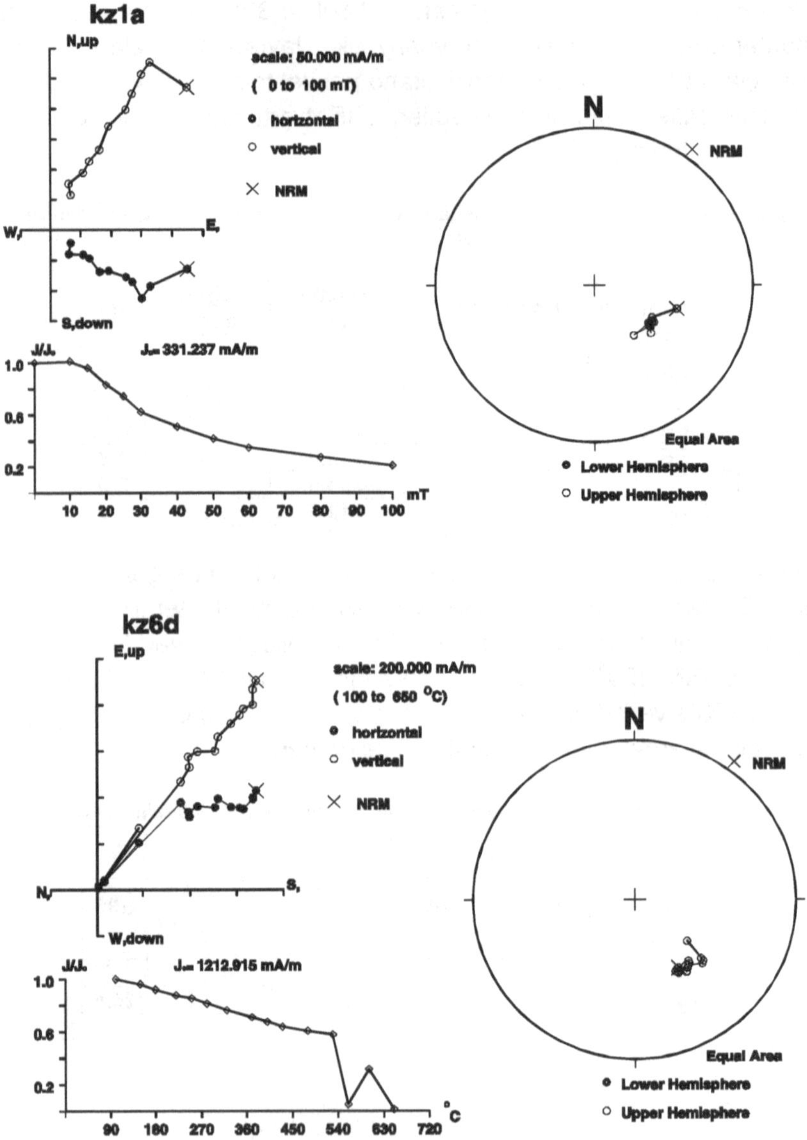

Şekil 4.28. Kızılkaya ignimbirit serisinin AF ve ısıl manyetik temizlemesinden elde edilen sonuçlarının temsili olarak gösterilmesi

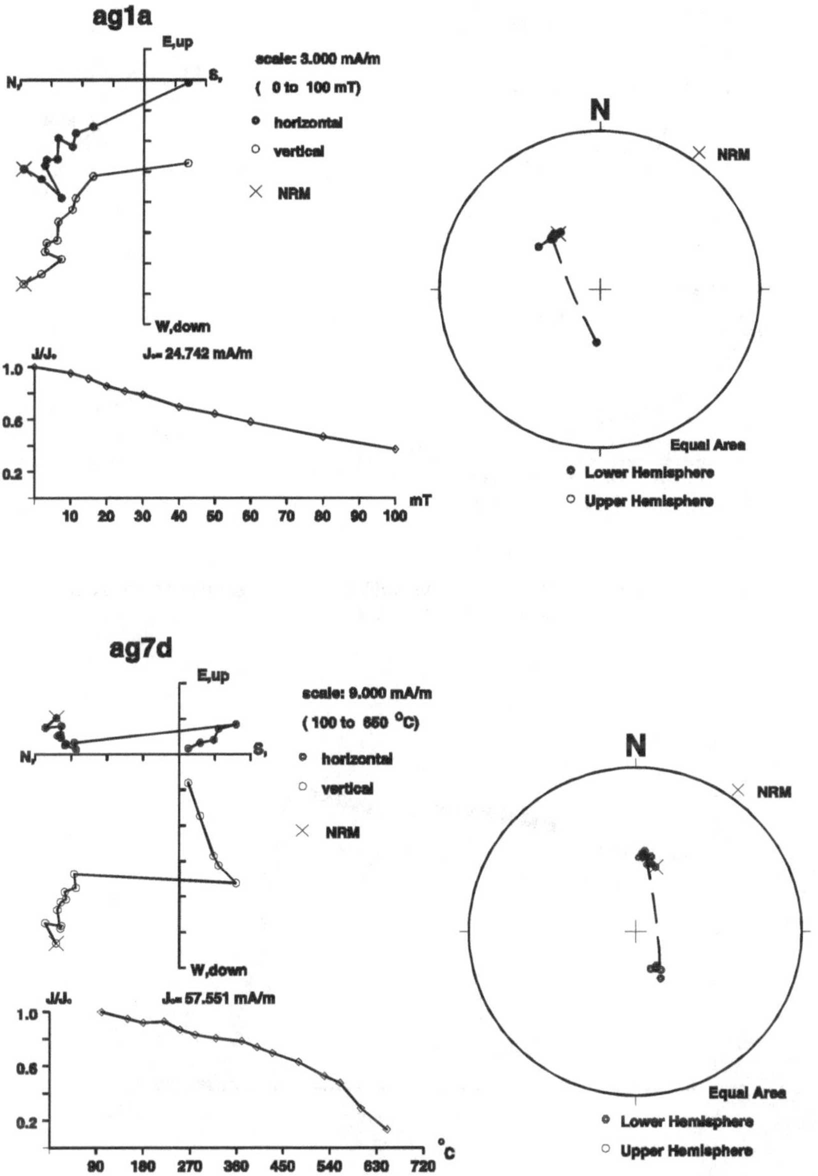

Şekil 4.29. Acıgöl riyolitik ignimbirit serisinin AF ve ısıl manyetik temizleme işleminden elde edilen sonuçlarının temsili olarak gösterilmesi

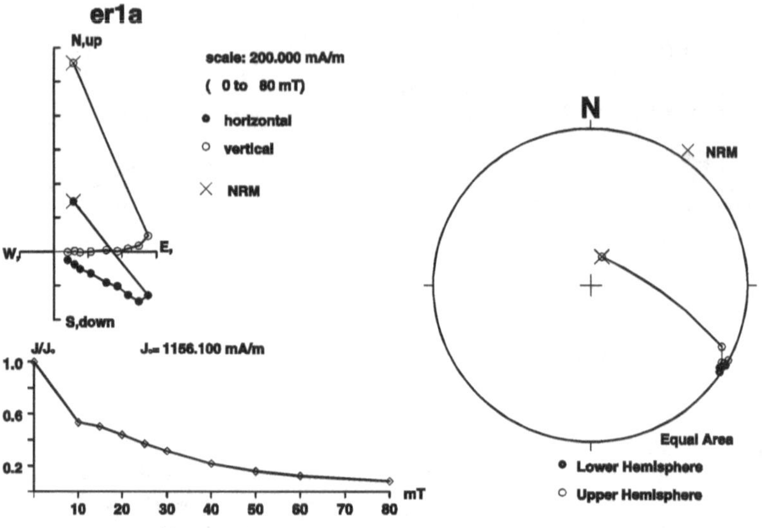

Şekil 4.30. Erdaş andezitlerinin AF manyetik temzileme işleminden elde edilen sonuçlarının temsili olarak gösterilmesi

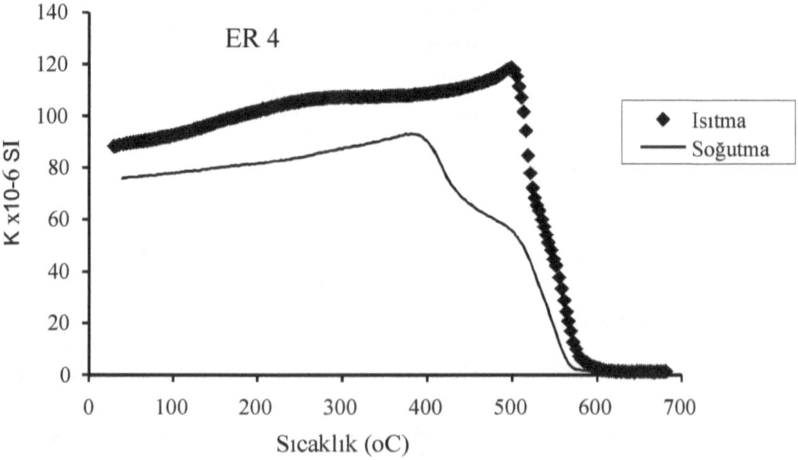

Şekil 4.31. Erdaş andezitleri temsili termomanyetik eğrisi

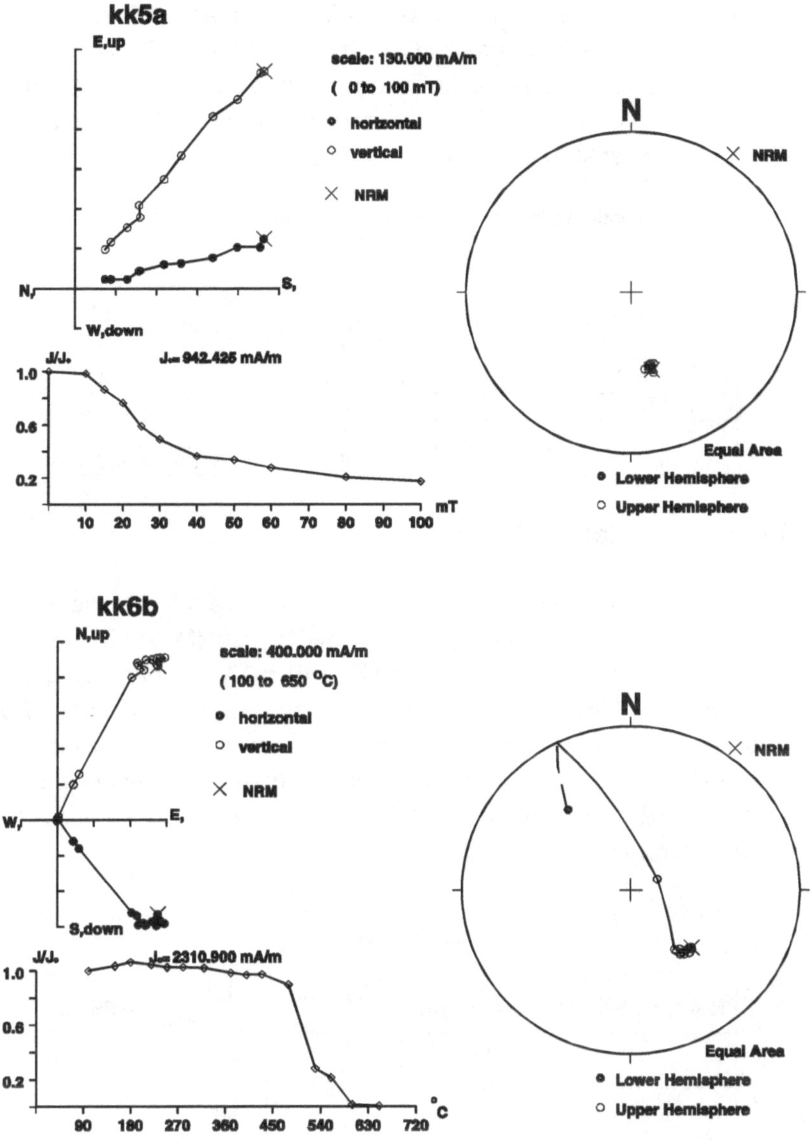

Şekil 4.32. Keçikalesi bölgesinden alınan örneklerin manyetik temizlenmesi sırasındaki yönlü davranışı. Örnekler genellikle iki bileşenin varlığını ortaya koymaktadır. ChRM 400 °C ve 50 mT değerlerinden sonra yalıtılmaktadır

Melendiz dağı andezitleri, karakteristik kalıntıları AF manyetik temizleme işlemi ile elde edilmiştir. Örnekler 2 ya da 3 bileşenden oluşmaktadır (Şekil 4.33). ChRM bileşeni, 30-50 mT'da yalıtılmıştır. Mz5a, 6a, 6b ve 8a numuneleri hesaplamalarda kullanılmamıştır. ChRM ortalama vektörü, negatif yönlüdür (Çizelge 4.9).

Çizelge 4.9. Melendiz andezitlerinden toplanan numunelere ait ortalama eğim ve sapma açıları

Numune No	Numune sayısı	Sapma D (derece)	Eğim I (derece)	$\alpha 95$
MZ 2a	1	171.7	-57.2	2.2
MZ 4	3	166.3	-67.7	2.4
MZ 5a	1	180.6	-68.8	2.4
MZ 7a	1	152.3	-68.8	2.2
Ortalama		**168.1**	**-66.0**	**8.2**

4.4.6.3. Bazaltlar

Kızıltepe bazaltları, Zijdervelt diyagramlarına göre 15 mT manyetik temizleme adımından sonra çok saçılımlı bir ChRM yönü gösterir (Şekil 4.34). Numunelerin bazıları (KT1) 40 mT'ya kadar büyük bir daire boyunca DKM yönünde dereceli bir değişim gösterir. Bu adımdan sonra hemen hemen tüm sinyal manyetik temizlemeye maruz kalmıştır. Fakat kalan yüksek koherziviteli bileşen pozitif polaritelidir. Büyük saçılımdan dolayı, bu alan paleomanyetik analizden çıkarılmıştır (Çizelge 4.10).

Çizelge 4.10. Kızıltepe bazaltlarından toplanan numunelere ait ortalama eğim ve sapma açıları

Numune No	Numune sayısı	Sapma D (derece)	Eğim I (derece)	$\alpha 95$
KT1	3	267.1	28,4	3.2
KT2	2	314.6	74.6	2.5
KT3	1	353.4	5.0	2.9
KT4	1	113.9	-14.5	3.4
KT5	2	342	29.5	7.0
KT6	1	341.6	35.5	6.7
KT7	1	56.9	12.4	2.8
KT8	3	13.8	50.3	4.0
Ortalama		**225.4**	**27.6**	**4.0**

Hasandağı bazaltları, yüksek DKM şiddetiyle karakterize edilmiştir. Zijderveld diyagramları 5-10 mT aralığında, VRM manyetik temizleme işleminden sonra bir ChRM bileşeni üretir (Şekil 4.35). Normal polarite yönleri, H7 numunesi hariç, bütün numuneler için yalıtılmıştır. Fisher istatistiği uygulamasından sonra, nispeten daha sığ eğim açılı şimdiki dipol yer manyetik alanına göre ortalama yön elde edilmiştir (Çizelge 4.11).

Çizelge 4.11. Hasandağı bazaltlarından toplanan numunelere ait ortalama eğim ve sapma açıları

Numune No	Numune sayısı	Sapma D (derece)	Eğim I (derece)	$\alpha 95$
H 1	2	10.4	49.0	8.4
H 2	3	43.3	36.5	5.7
H 3	2	333.2	57.8	6.0
H 5	3	341.7	50.8	5.1
H 6	2	14.3	45.0	3.4
Ortalama		**7.7**	**50.6**	**19.3**

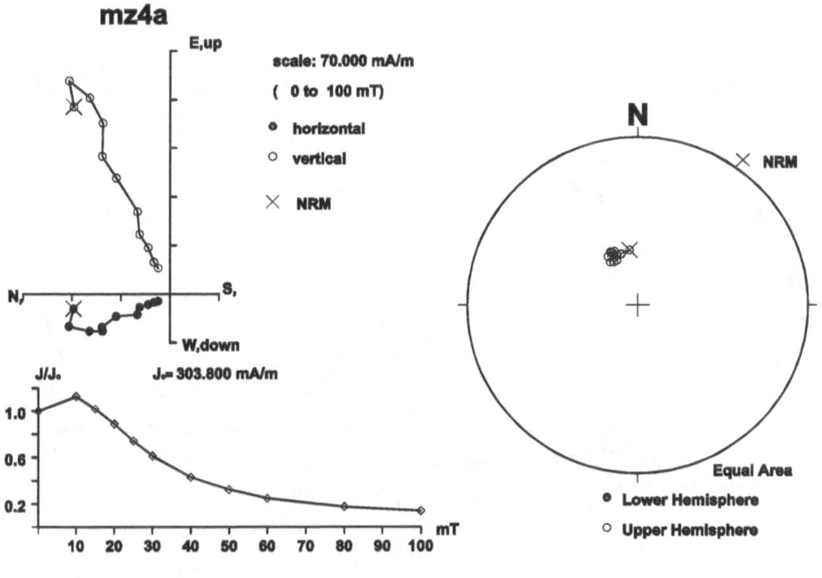

Şekil 4.33. Melendiz andezitlerinin AF manyetik temzileme işleminden elde edilen sonuçlarının temsili olarak gösterilmesi

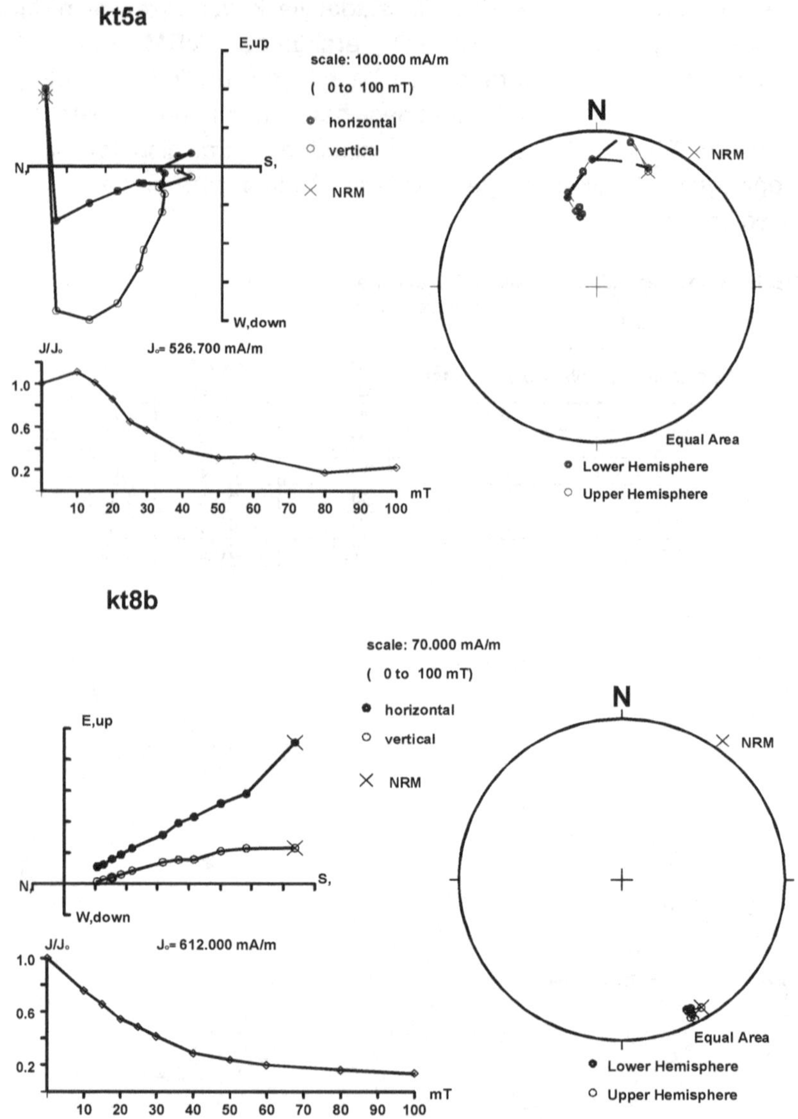

Şekil 4.34. Kızıltepe bölgesinden alınan örneklerin manyetik temizleme işlemi sırasındaki yönlü davranışı

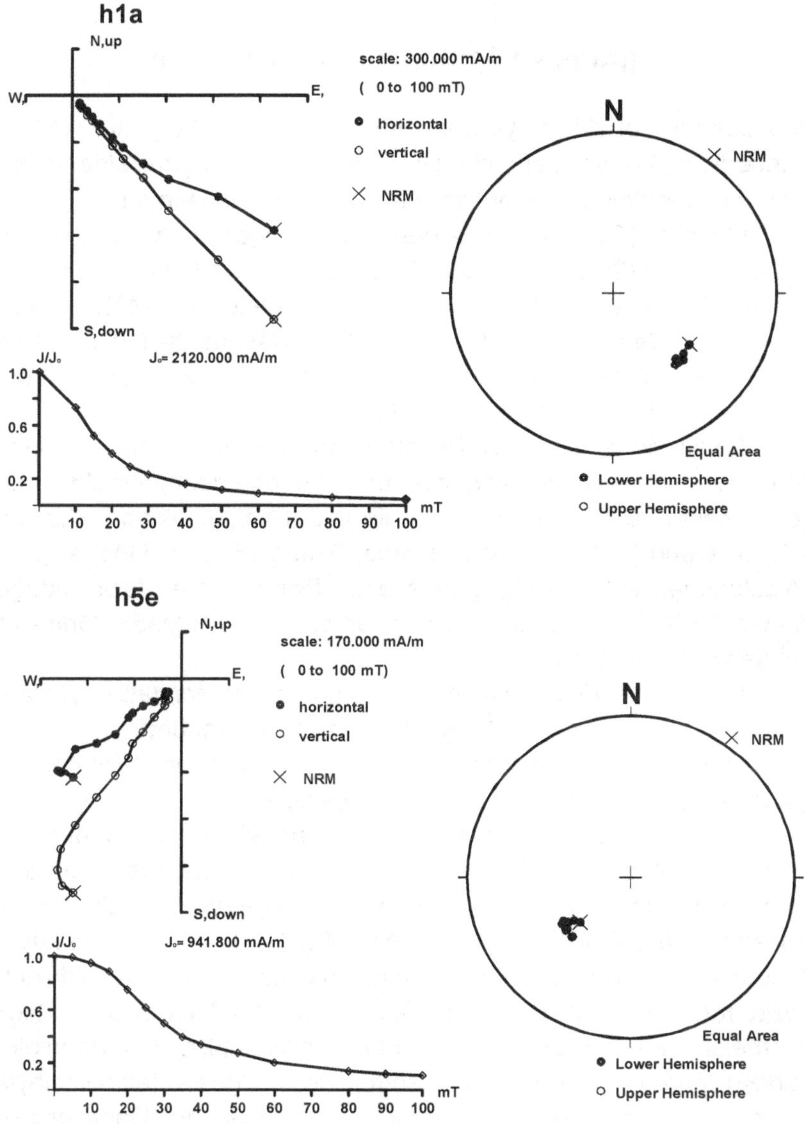

Şekil 4.35. Hasandağı bölgesinden alınan örneklerin manyetik temzileme işlemi sırasındaki yönlü davranışı

4.5. Paleocoğrafik ve Tektonik Değerlendirme

Hesaplanmış ortalama yermanyetik alan kutup konumu (OMK), paleoenlem (λp) ve merkezi dipol alanı hipotezine göre elde edilen blok dönmeler için sonuçlar Çizelge 4.12'de sunulmaktadır.

Gelveri (GL) ve Kızılkaya (KZ) bölgelerinde çok düşük paleoenlemler (20°) elde edilmiştir. Erdaş (ER) ve Göstük (GS) gibi alanlar şimdiki enlemden daha yüksektir. Melendiz (MZ), yüksek paleoenlem değerindedir. Acıgöl (AG) ve Hasandağı (H) bölgeleri şimdiki yer manyetik alana uygun yönler göstermelerine rağmen, düşük paleoenlem hesaplanmaktadır.

Farklı kayaçlar için ChRM'nin sapmasından hesaplanan blok dönmeleri, saatin dönme yönünün tersi yönünde dönmeler olduğunu göstermekte ve önceki çalışmalar ile uyum sağlamaktadır. Çizelge 4.12 incelendiğinde, en fazla dönme, Erdaş (ER) ve Göstük (GS) bölgelerinden elde edildiği görülecektir. Dönmenin en fazla olduğu dönem 8 Ma önceki dönemdir. Bundan sonra hesaplanan dönmeler 15°'den daha düşüktür.

ChRM'nin elde edilen ortalama paleomanyetik yönleri, kullanılarak ortalama yermanyetik alan kutup konumu (OMK) ve dönmelerin konumları hesaplanmıştır. Uygun kutuplar, Şekil 4.36'da gösterilen bir eşit alan diyagramında çizilmiştir.

Bununla beraber Erdaş (ER) bölgesindeki 2 no'lu konum en düşük enlemli ve en fazla saat yönünde dönmeyi yapmıştır. Bundan sonra saat yönünün tersi yönündeki dönme yer almakta olup, Hasandağı (H) 7 no'lu bölgesi ile Acıgöl (AG) 8 no'lu bölgesi kutup konumları, şimdiki kutup konumuna çok yakın oluşmuş oldukları gözlenmektedir (Şekil 4.36). Kutupların konfigürasyonu, blok dönmeler olarak bir diyagram üzerinde açıklanabilir. Blok dönmeler Türkiye haritası üzerinde incelendiğinde, bölgesel tektonizmayla uyum sağlayan sonuçlar elde edildiği görülmektedir. Daha önceki çalışmlardan elde edilen kayaçların yaş bilgileri de göz önüne alındığında, Kapadokya Bölgesi'ndeki paleotektonizma üç bölümde incelenebilir (Şekil 4.37).

Çizelge 4.12. Kapadokya'nın elde edilen blok dönmeleri, paleoenlemler ve hesaplanmış ortalama yermanyetik alan kutup konumu (OMK)

Alan No	Alan	Yaş (Ma)	Man. sapma D (°)	Man. eğim I (°)	α_{95}	Φm (N)	λm (E)	dp/dm	Paleo enlem	Saat yönünün tersi yönünde dönme
1	KK	13.7-12.4	168.0	-50.0	25.8	77.7	271.4	23/34.4	30.7	12
2	ER	13.7 - 6.5	149.5	-63.7	6.5	66.5	331.3	8.2/10.3	45.3	30.5
3	GS	~8	154.8	-60.9	3.7	70.5	322.6	4.3/5.7	41.9	25
4	GL	5 - 8	175.7	-37.0	15.0	71.9	227.2	10.2/17.5	20.6	5
5	KZ	5±0.2	165.4	-36.5	10.3	67.8	253.0	7.0/11.9	20.1	15
6	MZ	6.5 - 5.1	168.1	-66.0	8.2	76.7	358.0	10.9/3.4	48.3	12
7	H	1.151 0.78-0.277	7.7	50.6	19.3	80.8	168.5	17.4/25.9	31.3	0
8	AG	0.4 - 0.019	2.7	56.1	15.2	87.1	165.2	15.7/21.8	36.6	0

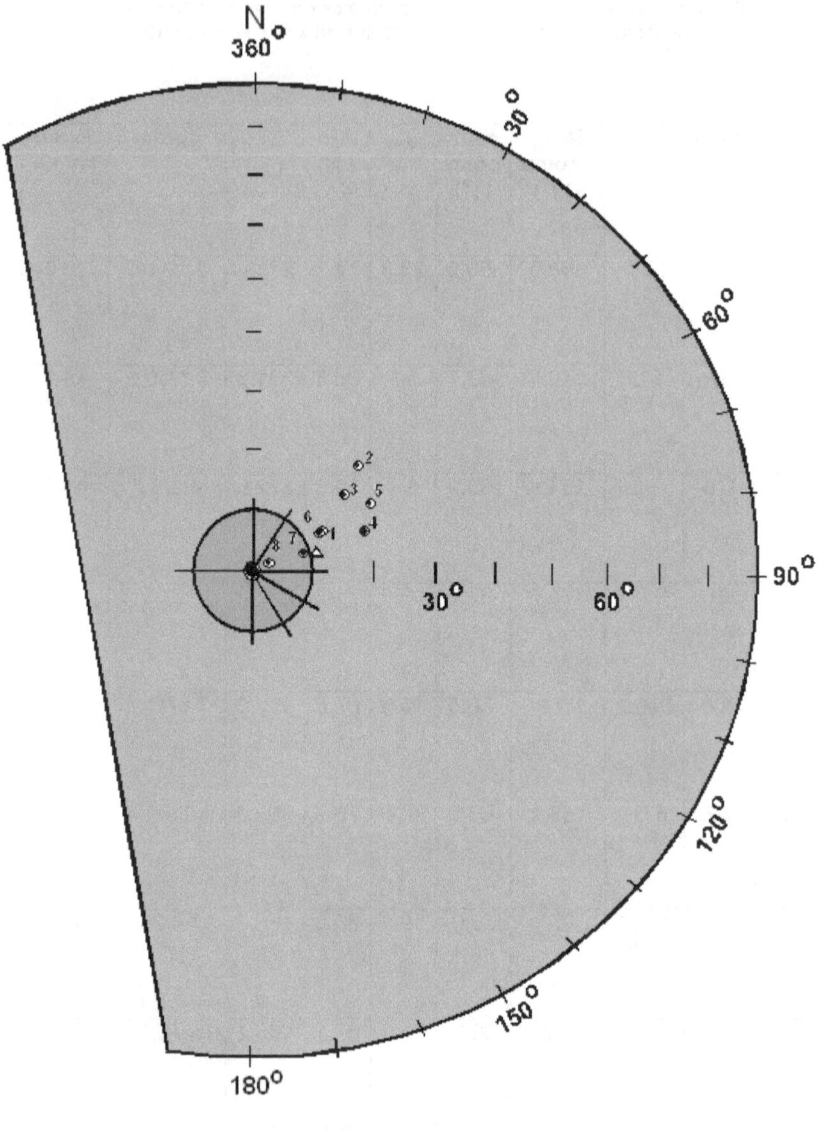

Şekil 4.36. Bir eşit alan stereografik projeksiyonu üzerinde ortalama yermanyetik alan kutup konumu (OMK) hesaplanmış yönleri. İçi boş üçgen şimdiki manyetik kuzey kutbunun yerini temsil etmektedir.

a) Saat yönünde dönme (En düşük enlem)
b) Saat yönünün tersi yönünde dönme (Düşük enlem)
c) Şimdiki kutup konumu

Yaklaşık 13 milyon yıl önce Arap plakasının Anadolu plakasına bindirmesi ile Bitlis-Zagros bindirme kuşağı, Kuzey Anadolu Kırığı ve Doğu Anadolu Kırığı etkinliği başlamıştır. Bu sistemin en yoğun yaşandığı bu dönemde Kapadokya Bölgesi de, tektonizmaya uğramıştır. Bu süreçte saat dönmesinin tersi yönünde 25-30° ye varan dönme hareketinin oluşumu sürmüştür. Yaklaşık olarak 5 milyon yıl öncesi döneme gelindiğinde bu yöndeki dönme etkinliğini yitirmiş ve Anadolu plakasındaki kırık sistemlerinin etkisiyle, özellikle Anadolu plakasının batıya doğru olan hareketi nedeniyle, saat yönünde dönme sürecine geçilmiştir. 5 milyon yıldan günümüze gelinceye kadar olan dönemde 12-15° lik saat yönünde dönme gerçekleşerek, günümüzdeki konuma ulaşılmıştır (Şekil 4.37). Özellikle Kapadokya Bölgesi'nde volkanik etkinliğin yoğun yaşandığı son 1 milyon yıllık dönemde Kapadokya Bölgesi'nde etkin bir tektonik hareketin varlığından söz edilemez. Paleomanyetik çalışmalardan elde edilen sonuçlar, bu dönemdeki konumun, günümüzdeki konum ile aynı olduğu yönündedir.

Bu çalışma çerçevesinde Kapadokya Bölgesi'nin, genel ve bölgesel olarak tektonizmadan etkilenmesinin boyutları ortaya konulmaya çalışılmıştır. Kapadokya Bölgesi'nin yaklaşık 13 milyon yıllık geçmiş dönemi içerisinde sistemli olarak değişim gösterdiği ortaya konulmuştur. Buna göre Kapadokya Bölgesi, bir küre biçimli olarak ele alınmış ve kuzey kısmı 1 numaralı, güney kısmı ise 2 numaralı blok olarak numaralandırılmıştır. Ancak elde edilen sonuçların Kapadokya Bölgesi için somutlaştırılması amacıyla, Türkiye haritası üzerinde Kapadokya'nın konumu yönünden paleotektonizma gösterilmeye çalışılmıştır. Bu sırada 1 numaralı blok, Acıgöl, 2 numaralı blok ise Hasandağı bloğu olarak isimlendirilmiştir. Bu isimler, tamamen simgesel olarak ve her iki bloğun önemli alanları olduğu için seçilmiştir.

Kapadokya Bölgesi'nin bu yapısı içerisinde, her iki bloğun durumuna bakıldığında, Acıgöl bloğunun hareketli, buna karşın

Hasandağı Bloğunun hareketsiz blok olduğu görülmektedir. Her iki bloğun orta kesiminde bir boşluk şeridi vardır. Bu kesim dönme ekseni olarak ele alınabilir. Günümüzde bu kesim sediman birikimi olan bölgedir. Bu durum manyetik anomali haritasında da kendini göstermektedir.

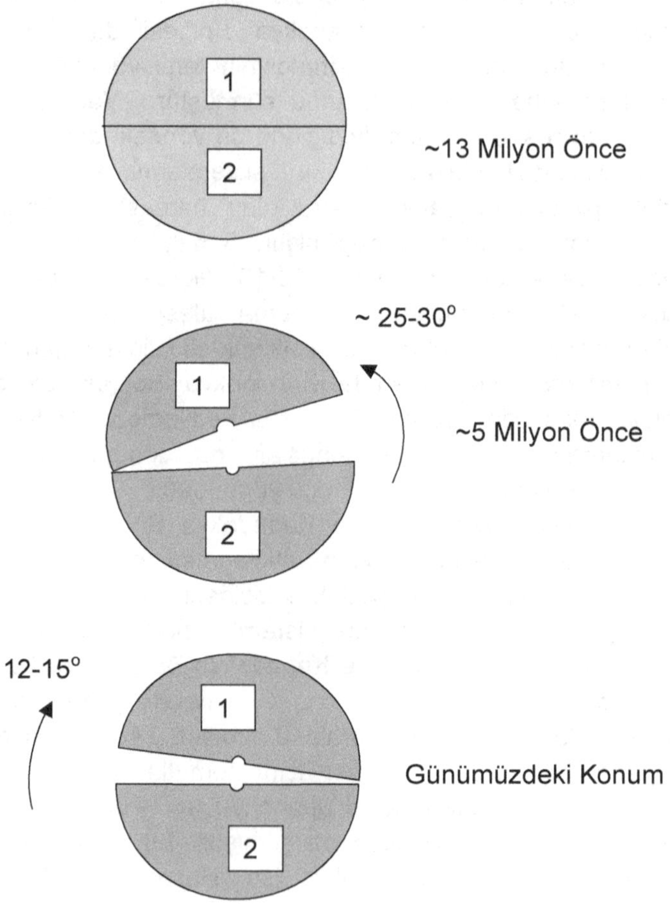

Şekil 4.37. Kapadokya'nın paleotektonik evrimi. 1: Acıgöl Bloğu, 2: Hasandağı Bloğu

5. SONUÇLAR

Kapadokya Bölgesi ve çevresine ait manyetik anomali haritasında gözlenen karmaşık yapı, çevre anomalilere göre farklılıklar göstermektedir.

Güç spektrumu denetimi ile oluşturulan alçak geçişli süzgeçlenmiş manyetik anomali haritası, mıknatıslanmaya neden olan derin kökenli bir yapının varlığını ortaya koymuştur. Yukarı uzanım manyetik anomali haritasından bu yapıda kalıntı mıknatıslanma olduğu anlaşılmaktadır. Kapadokya Bölgesi'nde görülen yoğun volkanik etkinliğe bu mağmatik kütlenin neden olduğu düşünülmektedir.

Manyetik anomalilerde kutupsal kaymalar vardır. Bu kaymaları gidermek için kutba indirgeme işlemi ve analitik sinyal çalışmaları yapılmıştır. Ancak kutupsal sapmalar birçok anomalide giderilememiştir. Bu alanlarda yüksek oranda kalıntı mıknatıslanma vardır.

Kalıntı mıknatıslanmanın varlığını kontrol etmek ve düzeyini belirlemek için çalışma alanında paleomanyetik laboratuvar çalışması yapılmıştır. Bu çalışmaya göre çalışma alanında andezit-bazalt ya da bu iki kayaç grubunun birlikte bulunduğu kayaçlar en yüksek mıknatıslanmayı gösterirler. Mamasın yakınlarında bulunan granitin manyetik duyarlılığı ve kalıntı mıknatıslanması çok düşüktür. Çalışma alanında bulunan ignimbiritlerde yüksek oranda kalıntı mıknatıslanma vardır.

Manyetik anomalilerde görülen kutupsal sapmalar, mıknatıslanma şiddeti yüksek olan Erdaş ve Melendiz bölgelerindeki kalıntı mıknatıslanmanın varlığı ile açıklanamaz. Çünkü bu bölgelerde indüklem mıknatıslanma oldukça yüksek olup kalıntı mıknatıslanma ihmal edilebilecek düzeydedir.

Andezit ve ignimbiritlerde ana manyetik taşıyıcı mineral hematit ya da pirotitin bir parçası olan titanomanyetitdir. Bazaltlarda ise asıl ferromanyetik faz manyetitdir.

Kapadokya Bölgesi'nde manyetik anomaliye sebep olan yapının üst derinliği 5.17 km, taban derinliği 13.7 km'dir.

Genel olarak andezit, bazalt ya da andezit-bazalt, kayaçları ya da gruplarının koherziviteleri yüksek ve duraylı mıknatıslanma gösterirler. Buna karşılık Acıgöl riyolitik ignimbiritleri dışında kalan ignimbiritler düşük koherziviteli olup, genel olarak düşük duraylı mıknatıslanma gösterirler.

Gravite anomalileri Kapadokya Bölgesi'nde negatif değerlidir. Nevşehir'in güneyi ile Hasandağı arasındaki bölge etrafına göre daha düşük gravite değerlikli olup, önceki incelemelerden de anlaşıldığı gibi burada bir kaldera varlığından söz edilebilir.

Kapadokya Bölgesi'nde manyetik duyarlılığın anizotropi göstermesinden bahsedilemez. Yalnızca Acıgöl yöresinde manyetik duyarlılığın anizotropisi ölçülebilmekte, diğer bölgelerde çok düşük anizotropi değerleri ile karşılaşılmaktadır. Dolayısıyla, Kapadokya Bölgesi'ndeki manyetik saçılmanın izlenmesi bu yolla oldukça zordur.

Kapadokya Bölgesi'nden alınan numunelerin paleomanyetik incelemesi sonunda, saatin tersi yönünde olmak üzere yaklaşık 13-12 milyon yıl önce 12°, yaklaşık 6.5-8 milyon yıl öncesinde $25\text{-}30^o$, yaklaşık 5 milyon yıl önce 15° lik dönmeler olduğu hesaplanmıştır. Son 5 milyon yıldan günümüz kutup pozisyonlarına ulaşıncaya kadar elde edilen bulgular ışığında herhangi bir dönme hesaplanamamıştır.

Kapadokya Bölgesi'nde ortaya çıkan geçmiş tektonik gelişim üç aşamada incelenebilir. Birinci dönem 13 milyon yıl ve öncesi dönemdir. Kapadokya Bölgesi'nin yaklaşık olarak günümüz konumunda olduğu düşünülmektedir. 13 milyon yıldan başlayarak 5 milyon yıla kadar olan dönemde kuzeye doğru bir dönme olduğu ve $25\text{-}30^o$ lik saat yönünün tersi yönünde bir hareket olduğu hesaplanmıştır. Üçüncü dönem ise 5 milyon yıldan günümüze kadar olan dönemdir. Bu dönemde daha önceki hareketin tersine bir hareketle yeniden eski konuma dönüş sözkonusudur.

KAYNAKLAR

Ateş A, Kearey P ve Tufan S, 1999. New gravity and magnetic maps of Turkey. Geophysical Journal International, 136, 499-502.

Baldwin RT ve Langell R, 1993. Tables and maps of the DGRF 1985 and IGRF 1990. International Union of Geodesy and Geophsical. Association of Geomagnetism and Aeronomy, IAGA Bulletin No: 54, p. 158.

Baranov V, 1957. A new method for interpretation of aeromagnetic maps: Pseudogravity anomalies. Geophysics, 22, p. 359-383.

Baş H, Güner Y ve Emre Ö, 1986. Erciyes Dağı volkanitlerinin özellikleri. Selçuk Üniversitesi Mim. Fak. Dergisi, 1, 29-44.

Batum İ, 1978a. Nevşehir GB Göllüdağ ve Acıgöl yöresi volkanitlerinin jeolojisi ve petrografisi. Hacettepe Yerbilim. Dergisi, 4/1-2, 50-69.

Batum İ, 1978b. Nevşehir GB Göllüdağ ve Acıgöl yöresi volkanitlerinin jeolojisi ve petrografisi. Hacettepe Yerbilimleri Dergisi, 4/1-2, 70-88.

Besang C, Eckhardt FJ, Harre W, Kreuzer H and Müller P, 1977. Radiometrische Altersbestimmungen an Neogenen Eruptivgsteinen der Türkei. Geol. Jb. B-25, 3-36 (Almanca).

Bigazzi G, Yeğingil Z, Ercan T, Oddone M and Özdoğan M, 1993. Fission track dating obsidians of Central and Northern Anatolia. Bull. Volcanol., 55, 588- 595.

Blakely RJ 1995. Potential theory in gravity and magnetic applications. Cambridge University press, s. 441.

Borradaile G ve Henry B, 1997. Tectonic applications of magnetic susceptibility and its anisotropy, Earth Sci. Rev., 42, 49-93.

Butler R, 1992. Paleomagnetism, Blackwell, Oxford, 319 p.

Büyüksaraç A, Ateş A, Kadıoğlu YK, 1997. Deep Structure of Cappadocia Region, Central Turkey from Potential Field Data, International Geophysical Confererence and Expo. Abstract book, Sh. 251, Istanbul, Turkey.

Collinson DW, 1983. Methods in Palaeomagnetism and Rock Magnetism, Chapman and Hall, London, P. 500.

Creer KM ve Sanver M 1967. Methods in Palaeomagnetism. S: 11-15.

Dearing J 1999. Magnetic suscep., Chapt. 4 in Environmental magnetism: A Practical Guide. Technical Guide No. 6, Quaternary Research Association, London, 243 pp.

Dewey J, Pitman WC, Ryan WBF ve Bonnin J, 1973. Plate tectonics and the evolution of the Alpine system. Bull. Geol. Soc. Am., 84, 3137-3180.

Dunlop D ve Özdemir O, 1997. Rock Magnetism, Fundamentals and Frontiers, Cambridge University Press, 573 p.

Ercan T, Köse C, Akbaşlı A ve Yıldırım T, 1987. Orta Anadolu'da Nevşehir - Niğde - Konya Dolaylarındaki Volkanik Kökenli Gaz Çıkışları. C.Ü. Mühendislik Fakültesi Dergisi, Seri-A Yerbilimleri-C. 4 - S. 1.

Ercan T, Yıldırım T ve Akbaşlı A, 1987. Gelveri (Niğde)-Kızılcin (Nevşehir) arasındaki Volkanizmanın Özellikleri. Jeomorfoloji Dergisi, 15, 27-36.

Ercan T, Yeğingil Z ve Bigazzi G, 1989. Obsidiyen tanımı ve özellikleri, Anadolu'daki dağılımı ve Orta Anadolu obsidiyenlerinin jeokimyasal nitelikleri. Jeomorfoloji Dergisi, 17, 71-83.

Ercan T, Fujitami T, Matsuda JI, Tokel S, Notsu K, Ul T, Can B, Selvi Y, Yıldırım T, Fişekçi A, Ölmez M, Akbaşlı A, 1990. Hasandağı -Karacadağ (Orta Anadolu) dolaylarındaki Senozoyik yaşlı volkanizmanın kökeni ve evrimi. Jeomorfoloji Dergisi, 18, 39-54.

Ercan T, Akbaşlı A, Yıldırım T, Fişekçi A, Selvi Y, Ölmez M, Can B, 1991. Acıgöl yöresindeki Senozoyik yaşlı volkanik kayaçların petrolojisi. MTA dergisi, 113, 31-44.

Fischer R, 1953. Dispersion on a sphere, Proc. R. astr. Soc. A217, 295-305.

Froger JL, Lenat JF, Chorowicz J, Le Pennec JL, Bourdier JL, Köse O, Zimitoğlu O, Gündoğdu NM, Gourgaud A, 1998. Hidden calderas evidenced by multisource geophysical data; Example of Cappadocian Calderas, Central Anatolia. Journal of Volcanology and Geothermal Research, 185, p. 99-128.

Görür N, Oktay FY, Seymen İ ve Şengör AMC, 1984. Paleotectonic evolution of the Tuz gölü basin complex, Central Turkey, sedimentary record of neo-tethy closure: Dixon, J.E. ve Robertson, A.H.F. (Ed). Geol. Soc. London Spec. Pub., 14, 467-482.

Hrouda F, 1982. Magnetic anisotropy of rocks and its application in geology and geophysics. Geophysics Surv. 5, 37-82.

İlkışık M, Gürer A, Tokgöz T, Kaya C, 1997. Geoelectromagnetic and Geothermic investigations in the Ihlara valley geothermal field. Journal of Volcanology and Geothermal Research, 78, 297-308.

Innocenti F, Mazzuoli G, Pasquare F, Radicati Di Brozolo F and Villari L, 1975. The Neogene calcalkaline volcanism Central Anatolia: geochronological data on Kayseri-Niğde area. Geological Magazine, 112 (4), 349-360.

Ising E, 1942. On the magnetic properties of Varved clay. Arkiv Astron. Fysik, 29A(5), 1-37.

Kearey P ve Brooks M, 1991. Introduction to geophysical exploration. Blackwell Scientific Pub.

Kent J, Briden J, Mardia K, 1983. Linear ve planar structure on ordered Multivariate data as applied to prograssive demagnetisation of paleomagnetic remanence. Geophys. J. R. Astr. Soc., 75, 593-621.

Kirschvink J, 1980. The least-squares line and plane and the analysis of the palaeomagnetic data. Geophys. J.R. astr. Soc., 62, 699-718.

Le Pennec JL, Bourdier JL, Froger JL, Temel A, Camus G. ve Gourgaud A, 1994. Neogene ignimbrites of the Nevşehir plateau (Central Turkey): Stratigraphy distribution and source constraints. J. Volc. Geotherm. Res., 63, 59-67.

Le Pennec JL, Chen Y, Diot H, Froger JL, Gourgaud A, 1998. Interpretation of anisotropy of magnetic suceptibility fabric of ignimbrite in terms of kinematic and sedimentological mechanisms: An Anatolian case- study. Earth and Planetary Sceience Letters, 157, 105-127.

Maher B ve Thompson R, (ed) 1999. Quaternary climates, environ. and magnetism, Cambridge Univ. Press.

McKenzie DP, 1972. Active tectonics of the Mediterranean Region. Geophys. J.R. Astron. Soc., 30: 109-185.

Molyneaux L, 1971. A complete result magnetometer for measuring the remanent magnetisation of rocks. Geophysical J. R. astr. Soc., 24, 429-434.

Nabighian MN, 1972. The analytic signal of 2-D magnetic bodies with polygonal cross-section: its properties and use for automated anomaly interpretation. Geophysics, 37 (3), 507-517.

Nagata T, 1961. Rock Magnetism, Naruzen Co., Tokyo.

Nagata T, Carleton B, 1987. Magnetic remanence coercivity of rocks, J. Geomag. Geoelec., 39, 447-461.

Pasquare G, 1968. Geology of the Cenozoic volcanic area of Central Anatolia. Atti Accad. Naz. Lincei, 9, 53-204.

Pasquare G, Poli S, Vezzoli L ve Zanchi A, 1988. Continental arc volcanism and tectonic setting in Central Anatolia, Turkey. Tectonophysics, 146, 217-230.

Platzman ES, Tapirdamaz C, Sanver M, 1998. Neogene anticlockwise rotation of Central Anatolia (Turkey): preliminary palaeomagnetic and geochronological results. Tectonophysics, 299, 175-189.

Read HH, 1962. Rutley's elements of minerology. Twenty-fifth edition, Thomas Murby and Co.

Roest WR, Verhoef J, Pilkington M, 1992. Magnetic interpr. using the 3-D analytic signal. Geophysics, vol. 57, No. 1, P. 116-125.

Sanver M, 1984. Paleomanyetizma. İTÜ Maden Fakültesi Yayınları, Istanbul, 200 s.

Spector A and Grant FS, 1970. Statistical models for interpreting aeromagnetic data, Geophysics, 35, 293-302.

Smith AG, 1971. Alpine deformation and the Oceanic areas of Tethys, Mediterranean and Atlantic. Bull. Geol. Soc. Am., 82, 2039-2070.

Şengör AMC ve Yılmaz Y, 1981. Tethyan evoluation of Turkey: A plate tectonic approach. Tectonophysics, 75, 181-241.

Şaroğlu F, Emre Ö, Kuşçu İ, 1992. Türkiye diri fay haritası. MTA yayını.

Şengör AMC, Yılmaz Y ve Sungurlu O, 1984. Tectonic of the Mediter. Cimmerides: nature and evolution of the western termination of palaeo Tethys: Dixon, J.E. ve Robertson, A.H.F. (Ed). Geol. Soc. London Spec. Pub., 14, 117-152.

Tauxe L ve Kent DV, 1984. Properties of a detrial remanence carried by haematite from study of modern river deposits and laboratory redeposition experiments, Geophys. J. R. Astr. Soc., 77, 543-561.

Temel A, Gündoğdu MN, Gourgaud A, LePennec JL, 1998. Ignimbrites of Cappadocia (Central Anatolia, Turkey): Petrology and Geochemistry. Journal of Volcanol and Geoth. Research, 85, 447-471.

Toprak V, Göncüoğlu MC, 1993. Tectonic control on the development of the Neogene-Quaternary Central Anatolian volcanic province, Turkey. Geological Journal, vol. 28, 357-369.

Toprak V, 1998. Vent distribution and its relation to regional tectonics, Cappadocian volcanics, Turkey. J. Volc. Geother. Res., 85, 55-67.

Von Dobeneck T, 1996. A systematic study of natural magnetic mineral assemblages based on modeling hysteresis loops with corcivity-related hyperbolic basis functions, Geophys. J. Int., 124, 675-694.

Zijdervelt JD, 1967. A.C. demagnetisation of rocks: Analysis of results, In: Methods in palaeomagnetism, ed. D.W. Collinson, K.M. Creer and S.K. Runcorn, Elsevier, Amsterdam, s.254-286.

EKLER

EK-1
Kullanılan Bilgisayar Programları

Programın Adı	Yazarı	Kullanım Amacı
LINEFIND.FOR	Mark Hounslow	AF ve Isıl manyetik temizleme işlemleri sonunda karakteristik kalıntı mıknatıslanma doğrultularının bulunmasını sağlar.
SUNCOMP.FOR	Anonim	Coğrafik kuzeyin bulunması için arazide ölçülen zaman, gölge açısı gibi bilgiler ışığında güneş pusulası hesabı yapar.
ANIMAX.EXE	Bulgar Bilimler Akademisi	Manyetik duyarlılığın anizotropisinin şekil ve şiddet hesaplamasını yapar.
PMAGTOOL.EXE	Lancaster Üniversitesi	Arazide ölçülen azimut ve eğim açıları ile hesaplanan eğim ve sapma açılarının karşılaştırılması yapılarak arazi düzeltme işlemini yapar.
DEMAG.FOR	Mark Hounslow	Manyetik temizleme işleminden sonra eğim ve sapma açılarının düzeltmesini yapar.
MAGSTATS.FOR	Lancaster Üniversitesi	Fischer istatistiği yapar.
POWERS.FOR	R.J. Banks	Güç spektrumu hesaplar.
CONDER.FOR	R.J. Banks	Bu program (N×M) boyutlu bir anomali haritasının Fourier katsayılarını hesaplayarak bu katsayıları, yukarı ya da aşağı uzanım ile ikinci düşey türev hesabı yapar.
FİLTER.FOR	R.J. Banks	Potansiyel alanların alçak, yüksek ve band geçiş filtrelerini hesaplar.
YAPKUP.FOR	F. Bilim	Kutba indirgeme ve yapma gravite dönüşüm işlemleri yapar.
BOLUM1.FOR	F. Bilim	Analitik sinyal hesaplaması yapar.
STEREO.FOR	Mark Hounslow	Stereografik projeksiyon üzerine eğim ve sapma açılarının işaretlenmesini ve paleomanyetik veri işlemlerini yapar.

EK-2
Doğal Kalıntı Mıknatıslanma Ölçüm Çizelgeleri

(a) Acıgöl riyolitik ignimbiritlerinin doğal kalıntı mıknatıslanma ölçüm sonuçları

ACIGOL	D (Der.)	I (Der.)	Ortalama Manyetik Şiddet	Manyetik şiddet bileşenleri		
				Jx	Jy	Jz
ag1a	189.1	57.2	30.3700	-16.2555	-2.6009	25.5211
ag1b	193.8	63.9	46.5013	-19.8317	-4.8767	41.7767
ag1c	0.0	73.4	15.9437	-4.5515	0.0	15.2802
ag2a	194.1	70.8	133.5700	-42.5894	-10.7286	126.1427
ag2b	0.0	69.0	114.9571	-41.2890	0.0	107.2863
ag2c	100.9	3.0	111.4161	-21.1322	109.2370	5.8520
ag2d	0.0	62.4	100.1941	-46.4907	0.0	88.7551
ag3a	169.5	60.9	146.3600	-69.8987	13.0044	127.9308
ag3b	169.0	48.5	120.5865	-78.3515	15.2802	90.3806
ag3c	165.7	52.9	140.1885	-81.9278	20.8070	111.8379
ag3d	184.5	61.0	153.9255	-74.4502	-5.8520	134.5956
ag4a	179.8	40.4	266.1328	-202.543	0.6502	172.6335
ag4b	177.6	32.5	203.6810	-171.658	7.1524	109.3996
ag4c	170.8	32.1	242.9500	-203.193	32.8361	129.0687
ag4d	178.6	42.4	238.1068	-175.884	4.2264	160.4419
ag5a	209.6	65.7	247.7852	-88.7551	-50.3921	225.7890
ag5b	212.0	66.9	234.2161	-78.0264	-48.7665	215.3855
ag5c	208.5	61.0	243.3032	-103.710	-56.2441	212.7846
ag5d	350.1	88.1	230.4655	7.4775	-1.3004	230.3405
ag6a	132.9	65.0	181.7108	-52.3427	56.2441	164.6683
ag6b	122.8	65.7	171.8032	-38.3630	59.4952	156.5405
ag6c	124.1	62.0	189.0585	-49.7419	73.4749	166.9441
ag6d	122.3	65.6	200.2641	-44.2150	69.8987	182.3868
ag7a	139.7	40.3	114.6146	-66.6476	56.5692	74.1251
ag7b	156.5	42.9	81.2470	-54.6185	23.7330	55.2687
ag7c	150.4	49.3	132.9967	-75.4256	42.9145	100.7841
ag7d	164.3	49.2	127.1231	-79.9771	22.4326	96.2326
ag7e	139.3	46.6	116.1040	-60.4705	52.0176	84.3661
ag8a	161.7	43.3	216.2997	-149.550	49.4167	148.2502
ag8b	158.8	42.7	202.7223	-138.822	53.9683	137.5216
ag8c	158.0	42.2	213.1057	-146.299	59.1700	143.2110
ag8d	160.0	41.6	218.5094	-153.452	55.9189	145.1617
ag8e	167.7	45.3	214.6411	-147.600	32.1859	152.4767

(b) Çataltepe bazaltları doğal kalıntı mıknatıslanma ölçüm sonuçları

Ç.TEPE	D (Der.)	I (Der.)	Ortalama Manyetik Şiddet	Manyetik şiddet bileşenleri		
				Jx	Jy	Jz
ct1a	226.1	61.0	7381.7900	-2482.0	-2578.09	6456.2992
ct1b	229.5	57.9	7233.9774	-2499.0	-2923.38	6126.9096
ct1c	230.2	65.5	6934.6202	-1839.7	-2211.18	6309.9172

(c) Erdaş andezitleri doğal kalıntı mıknatıslanma ölçüm sonuçları

ERDAŞ	D (Der.)	I (Der.)	Ortalama Manyetik Şiddet	Manyetik şiddet bileşenleri		
				Jx	Jy	Jz
er1a	348.9	-21.6	1288.5948	1175.729	-229.666	-474.7523
er1b	0.0	-29.2	1658.5398	1447.377	1.2608	-809.8475
er1c	359.2	-28.0	1557.0138	1375.035	-19.5591	-730.1968
er1d	354.3	-27.2	1594.0589	1411.087	-139.742	-728.2375
er2a	341.6	-41.0	875.5907	626.9150	-208.472	-574.6096
er2b	340.1	-44.8	878.3744	586.2973	-211.743	-618.8391
er2c	338.9	-45.4	938.8496	614.6138	-236.822	-669.0319
er2d	334.6	-41.4	1066.5670	722.0869	-343.341	-705.8842
er3a	5.5	-14.2	3402.0543	3282.052	317.7850	-837.3291
er3b	1.9	-14.0	3814.8829	3698.996	120.0127	-925.3964
er4a	328.3	-79.0	1695.3532	274.9185	-169.558	-1664.299
er4b	340.6	-46.0	662.0049	433.5384	-152.486	-476.4901
er4c	323.6	-65.5	1046.8136	348.6912	-257.404	-952.8780
er5a	331.7	-14.3	357.8769	305.1772	-164.583	-88.6295
er5b	337.9	-14.4	297.6043	267.0812	-108.563	-73.8239
er5c	327.2	-6.9	250.7124	209.1193	-134.938	-30.2928
er5d	328.2	-14.1	229.5540	189.1513	-117.423	-55.9344
er5e	333.6	-12.3	321.7422	281.6313	-139.606	-68.6444
er6a	314.6	-84.5	936.3846	62.6302	-63.5161	-932.1262
er6b	18.5	-88.6	811.5448	18.4006	6.1676	-811.3127
er6c	7.8	-85.5	862.1906	66.8555	9.1321	-859.5461
er6d	42.3	-85.8	806.0951	43.4118	39.5613	-803.9525
er7a	68.7	-65.2	290.6289	44.1614	113.5044	-263.8781
er7b	48.6	50.6	158.9854	66.7192	75.6469	122.8921
er7c	79.4	-54.3	200.8495	21.6037	115.2763	-163.0497
er7d	22.1	-52.3	369.9722	209.4260	85.0516	-292.8931
er8a	327.6	23.4	451.1541	349.5431	-222.204	178.8435
er8b	332.0	22.0	457.1273	374.2817	-199.101	170.9892
er8c	324.5	21.6	463.8120	351.1446	-250.384	170.6655

(d) Gelveri ignimbiritlerinin doğal kalıntı mıknatıslanma ölçüm sonuçları

GELVERI	D (Der.)	I (Der.)	Ortalama Manyetik Şiddet	Manyetik şiddet bileşenleri		
				Jx	Jy	Jz
gl1a	192.8	-7.2	212.2855	-205.368	-46.6544	-26.691
gl1b	195.3	-7.0	153.9783	-147.375	-40.4384	-18.836
gl1c	311.6	-65.6	97.0972	26.6401	-29.9872	-88.425
gl1d	306.2	-50.3	85.2408	32.1389	-43.9904	-65.558
gl1e	23.3	-82.7	161.1685	18.7164	8.0603	-159.87
gl1f	196.7	-8.8	168.0540	-159.089	-47.7132	-25.615
gl2a	304.6	15.7	7368.658	4025.87	-5838.63	1999.9
gl3a	302.1	27.8	364.9265	171.7606	-273.471	169.95
gl3b	305.5	28.3	448.1643	229.105	-321.218	212.55
gl3c	306.5	32.8	346.2548	172.886	-233.955	187.79
gl3d	305.2	31.1	368.3712	181.665	-257.658	190.54
gl3e	301.4	27.9	331.6390	152.771	-250.246	154.99
gl3f	308.2	35.4	322.9976	162.915	-206.836	187.09
gl3g	311.5	34.5	330.2286	180.094	-203.865	187.23
gl4a	343.7	27.5	5847.696	4976.75	-1456.84	2702.7
gl4b	342.7	28.9	474.525	3741.36	-1164.92	2160.2
gl5a	348.7	1.0	693.9092	680.348	-135.967	12.227
gl5b	348.9	-0.2	706.6126	693.395	-136.001	-2.9372
gl5c	351.9	-0.5	643.4404	636.938	-91.0888	-5.2939
gl5d	351.0	-3.2	766.9975	756.374	-119.573	-43.409
gl5e	357.8	-3.0	880.0361	878.236	-32.9928	-45.561
gl6a	316.1	23.0	618.0807	410.087	-394.308	241.60
gl6b	321.5	22.8	798.3494	575.939	-458.074	309.56
gl6c	319.6	26.2	569.0063	388.502	-331.089	251.43
gl7a	129.0	-50.5	940.0369	-376.650	464.5971	-725.23
gl7b	127.0	-46.2	719.2230	-299.975	397.4503	-518.97
gl7c	126.4	-48.5	730.7945	-287.884	389.7998	-547.03
gl7d	321.7	24.5	691.6353	493.9695	-390.244	286.46
gl8a	35.8	-19.2	4705.510	3604.171	2600.828	-1545.1
gl8b	34.5	-20.5	4969.149	3834.266	2640.003	-1738.2
gl8c	34.7	-18.9	5260.337	4090.695	2835.569	-1702.0
gl8d	34.4	-19.6	5171.616	4020.133	2751.823	-1735.4

(e) Göstük ignimbiritlerinin doğal kalıntı mıknatıslanma ölçüm sonuçları

GOSTÜK	D (Der.)	I (Der.)	Ortalama Manyetik Şiddet	Manyetik şiddet bileşenleri		
				Jx	Jy	Jz
gs1a	334	-26.6	596.6731	479.495	-233.427	-267.61
gs1b	329.2	-23.1	626.3357	494.7675	-295.473	-245.351
gs1c	337	-28.9	493.9372	398.1783	-168.954	-238.5
gs1d	336	-26.8	609.9052	497.3983	-221.332	-274.939
gs1e	335.6	-25.2	536.5072	441.9117	-200.456	-228.848
gs1f	338.9	-29.6	538.5509	436.9917	-168.681	-265.748
gs2a	334.7	3.7	593.0953	534.9817	-253.175	38.1983
gs2b	333.8	6.5	600.2209	534.9475	-263.596	67.9233
gs2c	336.6	5	580.2813	530.5742	-229.498	50.4813
gs3a	22.4	22.6	532.121	454.4508	187.0283	204.0775
gs3b	26.5	22.2	464.4888	384.8192	191.8458	175.6679
gs3c	26.4	23.3	515.823	424.4183	210.8767	203.6504
gs3d	19.4	19.7	895.6339	795.3317	280.8158	301.2475
gs3e	26	23.8	559.2489	460.0883	224.2358	225.3804
gs3f	27.3	21.5	558.8862	462.1042	238.1417	205.1879
gs3g	24	22.1	435.624	368.795	164.2392	163.6583
gs4a	347.5	-28.8	762.7995	652.4467	-144.252	-367.924
gs4b	164	-28.6	717.3019	-605.502	173.1908	-343.358
gs4c	352.8	-28.7	676.8582	588.8967	-73.9025	-325.386
gs4d	349.3	-30.2	606.2076	514.7208	-97.2042	-305.125
gs4e	162.4	-29.1	641.5836	-534.333	169.7058	-311.959
gs5a	30.5	-47.9	415.2476	239.85	141.3817	-308.081
gs5b	39.7	-46.3	578.1474	307.3633	254.8492	-418.132
gs5c	27	-43.8	433.0108	278.4242	142.0308	-299.676
gs5d	32.8	-48.3	393.0023	219.7942	141.86	-293.287

(f) Hasan Dağı bazaltik andezitleri doğal kalıntı mıknatıslanma ölçüm sonuçları

HASAN DAĞI	D (Deg.)	I (Deg.)	Ortalama Manyetik Şiddet	Manyetik şiddet bileşenleri		
				Jx	Jy	Jz
h1b	122.6	45.4	22958.58	-8687.68	13593.84	16334.869
h1c	121.7	44.5	24556.55	-9195.91	14894	17222.887
h1d	120	42.5	21551.77	-7952.29	13760.86	14556.053
h2b	154.7	70.1	6207.516	-1914.94	903.7068	5835.2006
h2c	109.5	50.4	7165.777	-1521.43	4301.841	5525.1949
h2d	109.5	50.6	6523.299	-1378.6	3902.118	5042.4553
h2e	110.1	51.9	6206.814	-1320.1	3599.466	4881.1608
h2f	113	50.4	6549.686	-1631.9	3844.594	5045.2334
h3a	146.1	41.9	11519.04	-7119.18	4777.717	7692.7839
h3b	143.4	37	9593.87	-6152.4	4569.521	5771.4672

Çizelge Ek-2 (f) (Devam)

h3c	151.1	42	10517.69	-6841.04	3778.246	7038.9446
h3d	149.5	42.3	10969.12	-6993.35	4118.811	7379.0195
h4a	195	9.7	3220.235	-3065.74	-824.285	540.0996
h4b	275.2	-73.6	3025.084	77.4606	-851.74	-2901.667
h5a	230.8	51.7	10526.34	-4124.69	-5059.45	8257.8866
h5b	228.4	54.9	9068.997	-3456.64	-3896.56	7423.9597
h5c	229	52	9733.959	-3927.94	-4525.07	7671.0492
h5d	231.6	50.2	9959.686	-3957.03	-4997.02	7652.9097
h5e	228.7	53.2	9941.108	-3933.49	-4474.74	7958.0128
h5f	230	53.1	9721.3	-3755.69	-4473.43	7770.8981
h6a	126.2	24.4	6725.716	-3616.13	4942.116	2781.0638
h6b	125.9	23.9	6774.701	-3630.52	5020.23	2741.0261
h6c	125.3	24.3	6549.887	-3449.12	4870.212	2699.1909
h6d	125.4	23.9	7165.085	-3796.88	5337.263	2904.4451
h7b	355.3	55.8	5388.906	3016.06	-246.109	4459.0496
h7c	356.7	58.3	5276.753	2771.586	-157.863	4487.4845
h7d	352.8	57.8	5304.042	2800.347	-354.292	4490.5895

(g) Keçikalesi bazaltik andezitleri doğal kalıntı mıknatıslanma ölçüm sonuçları

KEÇİ KALESİ	D (Der.)	I (Der.)	Ortalama Manyetik Şiddet	Manyetik şiddet bileşenleri		
				Jx	Jy	Jz
kk1a	231.4	-76.5	2612.263	-381.646	-477.625	-2539.71
kk1b	220.4	-77.9	1862.544	-296.692	-252.593	-1821.33
kk1c	207.9	-77.3	2478.698	-482.164	-254.863	-2417.96
kk1d	220.3	-80.3	1852.642	-238.65	-202.334	-1826.03
kk2a	213.9	-18	4028.085	-3179.95	-2136.5	-1244.48
kk2b	214	-18.8	3772.27	-2959.13	-1999.34	-1214.98
kk2c	215.5	-15.9	3923.386	-3073.27	-2189.03	-1075.22
kk3a	101.3	-24.9	425.0745	-75.551	378.0791	-178.988
kk3b	105.2	-22.5	442.1816	-107.328	394.2917	-168.936
kk3c	110.2	-14.6	426.3544	-142.347	387.1582	-107.814
kk4a	27.3	0.8	531.7087	472.4367	243.8383	7.7821
kk4b	34.5	4.7	516.434	424.4473	291.1793	41.9908
kk5a	72.4	-44.2	1029.235	223.0861	702.9807	-717.896
kk5b	70.8	-42.2	1029.998	250.9719	720.4903	-691.956
kk6a	203.8	-57	1721.651	-858.622	-378.079	-1443.57
kk6b	210.2	-57.9	2160.217	-993.187	-577.819	-1829.27
kk6c	206.4	-58.9	2273.367	-1050.9	-520.75	-1947.46
kk6d	202.9	-59	2123.454	-1007.45	-425.42	-1820.19
kk6e	207.1	-57.2	2708.544	-1306.74	-669.907	-2275.93
kk7a	133	31.6	10785.49	-6256.14	6720.469	5658.865
kk7b	147.1	60.6	1664.4	-687.092	444.2267	1449.411
kk7c	147.8	45	3648.623	-2182.55	1376.454	2579.595
kk7e	154.6	63.4	3393.898	-1375.16	652.7214	3033.388

(h) Kızıltepe bazaltları doğal kalıntı mıknatıslanma ölçüm sonuçları

KIZILTEPE	D (Der.)	I (Der.)	Ort. Man. Şiddet	Manyetik şiddet bileşenleri		
				Jx	Jy	Jz
kt1a	216.9	-77	79929.43	-14413.7	-10833.9	-77869
kt1b	176.8	-79.8	89311.79	-15749.6	871.1952	-87907.8
kt1c	140.2	-74.6	104724.1	-21391.8	17835.66	-100953
kt1d	184.5	-77.1	76528.12	-17029.9	-1339.19	-74597.2
kt1e	132.4	-78.1	93683.81	-13020.9	14277.21	-91669.4
kt1f	139	-73.1	103635.8	-22776.7	19806.29	-99142.9
kt2a	224.8	60.2	97296.88	-34282.5	-34050.3	84451.01
kt2b	223.2	60.1	102460.4	-37249.3	-35008.3	88797.78
kt2c	221.4	64.3	101972.9	-33130.7	-29181.9	91919.81
kt2d	237.6	58.3	100262.8	-28218	-44522.1	85288.66
kt2e	233.8	58.1	98952.67	-30840.8	-42142.3	84050.6
kt2f	228.6	58	91164.06	-31937.9	-36286	77292.84
kt3a	98.1	-9.9	59771.58	-8346.24	58286.21	-10281
kt3b	100.8	3.6	55647.62	-10360.9	54560.7	3526.877
kt3c	97.2	-7.1	52628.5	-6507.49	51821.15	-6479.21
kt4a	81.5	40.3	102276	11462.02	77128.89	66182.55
kt4b	348.8	55.5	167544.8	93163.95	-18421.1	138030.5
kt4c	358.4	58.2	155780.7	82005.81	-2328.12	132428.2
kt5a	30.4	-21.3	692.5536	556.4599	326.246	-252.084
kt5b	30.9	-18.2	682.8927	556.7888	332.8235	-213.441
kt5c	22.7	-16.1	652.1549	578.1658	241.7246	-180.554
kt5d	31.7	-21.6	713.8534	564.6818	348.9385	-262.608
kt6a	253.2	-84.7	2765.143	-73.3396	-242.382	-2753.52
kt6b	289.1	-74.7	2382.125	204.8904	-592.965	-2298.03
kt6c	289.3	-63.7	2484.61	364.7246	-1039.25	-2227.16
kt7a	105.1	-5.4	58390.06	-15098.7	56140.62	-5445.87
kt7b	106.4	-4.3	60435.84	-17011.8	57815.26	-4526.01
kt7c	105.2	-5	56921.68	-14852.4	54723.16	-4985.94
kt8a	145.5	-10.1	839.4182	-681.433	467.6631	-146.844
kt8b	145.8	-10.3	713.541	-580.797	394.3235	-127.769
kt8c	145	-10.6	753.4503	-606.449	425.238	-138.128
kt8d	146.1	-12.2	730.6208	-592.965	397.9412	-154.408
kt8e	146	-9.5	804.0441	-657.425	443.3262	-133.195
kt8f	145.7	-9.9	753.8542	-613.685	418.0027	-130.235

(i) Kızılkaya ignimbiritlerinin doğal kalıntı mıknatıslanma ölçüm sonuçları

KIZIL KAYA	D (Der.)	I (Der.)	Ortalama Manyetik Şiddet	Manyetik şiddet bileşenleri		
				Jx	Jy	Jz
kz1a	218.1	-38.7	321.3637	-197.496	-154.62	-200.904
kz1b	221.4	-39.3	279.9861	-162.566	-143.08	-177.463
kz1c	230.6	-45.2	281.5037	-125.991	-153.148	-199.791
kz1d	233	-41.7	322.0326	-144.586	-192.017	-214.311
kz1e	227.9	-36.7	298.4666	-160.408	-177.428	-178.524
kz2a	281.4	-48.8	293.6251	38.2185	-189.483	-221.023
kz2b	277.3	-46.2	253.4381	22.1571	-173.935	-182.993
kz2c	278.4	-35.9	227.8023	26.9858	-182.634	-133.456
kz2d	283.3	-35.9	338.892	63.3207	-267.016	-198.849
kz2e	273.1	-39.6	310.5603	12.9107	-238.9	-198.01
kz2f	277	-44	238.1993	20.9585	-170.134	-165.391
kz3a	290.7	-46.2	415.4381	101.5392	-268.968	-299.892
kz3b	292.2	-42.6	408.5808	113.8335	-278.454	-276.485
kz3c	309.7	20.2	400.9178	240.3038	-289.515	138.4563
kz4a	45.1	-14.9	939.4934	641.1867	642.6935	-241.811
kz4b	44.2	-15.6	940.1161	649.6455	630.8787	-252.53
kz4c	44.3	-17.6	937.2589	639.4402	623.9953	-283.197
kz4d	44.9	-18.6	913.1014	612.8653	610.9476	-291.365
kz5a	252.2	-43.3	1039.283	-230.715	-720.5	-712.572
kz5b	246.5	-41.3	1028.879	-307.871	-708.754	-679.32
kz5c	250.3	-42.3	981.5895	-244.927	-683.652	-660.416
kz5d	252.4	-44.1	944.7832	-204.722	-647.18	-657.163
kz5e	247.3	-44	1036.633	-287.769	-687.659	-720.363
kz5f	250.2	-41.8	1020.09	-258.283	-715.706	-679.439
kz6a	81	-39.3	1418.872	172.2913	1084.055	-899.076
kz6b	75.7	-46.6	1217.148	206.777	809.6083	-885.001
kz6c	75.2	-42.9	1163.2	218.0439	824.2313	-791.287
kz6d	82.1	-39.9	1276.253	133.8331	970.5299	-817.913

(j) Mamasın granitlerinin doğal kalıntı mıknatıslanma ölçüm sonuçları

MAMASIN	D (Der.)	I (Der.)	Ortalama Manyetik Şiddet	Manyetik şiddet bileşenleri		
				Jx	Jy	Jz
mm1a	196.53	31.34	3.004	-2.46	-0.73	1.56
mm1b	266.09	69.78	1.487	-0.03	-0.51	1.4
mm1c	142.45	-31.6	2.61	-1.76	1.36	-1.37
mm1d	221.75	53.74	1.2123	-5.35	-4.78	9.78
mm1e	178.66	-11.83	2.4017	-23.5	0.55	-4.92
mm2a	193.49	-13.59	3.9912	-37.72	-9.05	-9.38
mm2b	119.83	0.47	2.429	-1.21	2.11	0.02
mm2c	160.61	0.25	2.8251	-26.65	9.38	0.12
mm2d	213.95	33.86	5.02	-3.46	-2.33	2.8

(k) Melendiz andezitleri doğal kalıntı mıknatıslanma ölçüm sonuçları

MELENDİZ DAĞI	D (Der.)	I (Der.)	Ortalama Manyetik Şiddet	Manyetik şiddet bileşenleri		
				Jx	Jy	Jz
Mz1a	344.3	-44.4	385.2129	264.8239	-74.5877	-269.618
Mz1b	335.7	-45.4	375.7181	240.338	-108.765	-267.529
Mz1c	358.8	-48.4	436.4992	289.7549	-6.1643	-326.398
Mz2a	23.9	-34.6	282.5968	212.7358	94.1421	-160.442
Mz2b	24.2	-32.8	296.5213	227.2903	102.1214	-160.733
Mz2c	27	-36.6	287.1145	205.3044	104.8268	-171.161
Mz3a	206.6	-42.9	224.169	-146.778	-73.6288	-152.6
Mz3b	212.1	-36.5	224.7805	-152.908	-96.0941	-133.833
mz3c	213.4	-39.6	201.491	-129.518	-85.5464	-128.474
mz4a	357.4	-63.2	318.7348	143.6617	-6.5752	-284.447
mz4b	350.4	-68.1	289.2413	106.5049	-17.9791	-268.317
mz4c	346.8	-68	334.2458	121.9498	-28.5611	-309.892
mz4d	349.2	-61.9	320.2364	148.011	-28.1502	-282.58
mz4e	341	-59.5	348.1818	166.8462	-57.5674	-300.131
mz4f	336.8	-61.9	251.9921	108.9706	-46.7115	-222.359
mz5a	356.7	-23.3	175.2091	160.6477	-9.2806	-69.3138
mz5b	346.1	-18.3	193.3181	178.1816	-44.006	-60.7181
mz5c	347.4	-23.4	174.5341	156.4012	-34.8624	-69.1768
mz6a	288.2	26.4	304.3389	85.3066	-258.934	135.2715
mz6b	320.6	-61.8	268.7271	98.0119	-80.6492	-236.862
mz6c	322	-64.3	301.6335	103.2515	-80.5465	-271.724
mz6d	290.5	28	310.4834	95.9571	-256.776	145.8021
mz7a	347	-36.3	193.7877	152.189	-35.1363	-114.707
mz7b	333.1	-42.8	164.44	107.635	-54.588	-111.693
mz7c	334.6	-31.1	135.3402	104.6898	-49.6909	-69.9131
mz8b	333.7	-24.8	409.2239	333.0075	-164.346	-171.932
mz8c		331.2	-30.2	390.0666	295.474	-162.155

EK-3

AF manyetik temizleme deneyi sonuçları ve diyagramları

(a)Acıgöl (AG) bölgesi AF manyetik temizleme deneyi sonuçları

Numune adı	AF adımı (mT)	D (Der.)	I (Der.)	Ortalama Manyetik Şiddet	Manyetik şiddet bileşenleri		
					Jx	Jy	Jz
ag1a	0	182.1	61	24.7419	-11.9877	-0.4471	21.6393
	10	191.3	60.3	23.5884	-11.4718	-2.2993	20.4823
	15	205.4	59.4	22.5405	-10.3762	-4.9179	19.3965
	20	187.9	61.7	21.145	-9.9242	-1.3806	18.6202
	25	186.2	62.2	20.1881	-9.3543	-1.017	17.8612
	30	189.2	60.4	19.4832	-9.487	-1.5427	16.9474
	40	179.4	60.9	17.2142	-8.3717	0.0835	15.0411
	50	190.4	61.1	15.9113	-7.5611	-1.3904	13.9308
	60	184	60.9	14.3753	-6.9666	-0.4864	12.565
	80	189.2	59.9	11.5962	-5.7335	-0.9236	10.0372
	100	183.6	62.2	9.2187	-4.294	-0.2702	8.1531
ag1b	0	184.2	63	32.0117	-14.4951	-1.0593	28.5222
	10	187.4	62.8	29.9601	-13.5984	-1.7688	26.6376
	15	180.8	62.4	28.6758	-13.2732	-0.1872	25.4182
	20	185.7	64.9	26.73	-11.2877	-1.1233	24.2037
	25	187	62.6	25.4577	-11.6178	-1.4239	22.6074
	30	186.4	64.1	24.1781	-10.4846	-1.1726	21.755
	40	181.3	65.2	21.9536	-9.1888	-0.2069	19.937
	50	189.3	63.1	19.8904	-8.8735	-1.4535	17.742
	60	190.9	65.9	17.3077	-6.9519	-1.3401	15.7934
	80	188.4	65.9	13.5166	-5.4689	-0.8031	12.3347
	100	181.8	63.6	10.6611	-4.7397	-0.1478	9.5485
ag2a	0	173.7	75.6	64.265	-15.9322	1.7511	62.2341
	10	169.1	75.8	57.4706	-13.8852	2.6833	55.7034
	15	178.1	73.9	53.6388	-14.8223	0.5031	51.5477
	20	173.6	73.6	48.5704	-13.6336	1.5192	46.593
	25	169.8	75.2	42.4193	-10.6938	1.9188	41.0044
	30	180.5	74.5	38.5179	-10.3091	-0.0937	37.1126
	40	169.6	74.4	31.4124	-8.2966	1.5192	30.2588
	50	173.5	75.9	25.3873	-6.1312	0.7004	24.6258
	60	165	76.7	23.3195	-5.1891	1.391	22.6922
	80	187.6	75.3	19.6472	-4.9375	-0.661	19.0052
	100	189.1	74.7	17.1795	-4.4837	-0.722	16.5685

Çizelge Ek-3a (devam)

ag2b	0	168.9	71.5	59.3579	-18.5226	3.6433	56.2761
	10	164.6	71.4	53.8434	-16.5133	4.5566	51.0457
	15	167.1	68.4	52.1493	-18.7151	4.29	48.486
	20	172.4	69.2	48.113	-16.9527	2.2511	44.971
	25	172.2	68	42.4196	-15.7728	2.1672	39.3185
	30	165.9	69.6	34.9377	-11.8284	2.967	32.7403
	40	173.9	68.3	28.2969	-10.3819	1.1058	26.3004
	50	179.1	67.3	23.4354	-9.0243	0.1382	21.6278
	60	169.8	74.1	20.8676	-5.6229	1.012	20.0702
	80	170.1	73.9	17.2861	-4.7343	0.8244	16.6047
	100	171.3	69.1	15.8328	-5.5785	0.8541	14.7929
ag3a	0	140.8	67.8	68.916	-20.1644	16.4644	63.8102
	10	147.5	59.2	49.2838	-21.2758	13.5351	42.3442
	15	150.8	59.4	45.5709	-20.2286	11.3122	39.237
	20	151.7	63	41.7875	-16.7114	8.9855	37.2315
	25	153.7	62	38.6967	-16.2866	8.042	34.1688
	30	145.2	63.8	35.5834	-12.9226	8.9658	31.9187
	40	151.7	63.4	30.2884	-11.9396	6.4317	27.0826
	50	155.8	65.9	26.9476	-10.0328	4.5101	24.6003
	60	151.9	64.1	25.2842	-9.7463	5.2016	22.743
	80	148.2	63.2	22.2516	-8.5212	5.2807	19.8655
	100	152.3	63.4	19.6874	-7.8049	4.1001	17.6031
ag3b	0	157.7	58.6	60.9259	-29.4177	12.0401	51.9769
	10	158.9	53.1	48.438	-27.167	10.4572	38.7149
	15	158.1	52.4	45.7166	-25.8809	10.383	36.2268
	20	159.9	53.4	41.5629	-23.274	8.528	33.3627
	25	160.7	52.6	39.5841	-22.6754	7.9245	31.4631
	30	162.4	52.2	35.9661	-21.0084	6.678	28.4185
	40	157.9	52.9	28.8046	-16.1112	6.5296	22.9673
	50	160.2	54.1	24.1991	-13.3411	4.8081	19.6085
	60	160.2	53.2	21.5501	-12.1539	4.3778	17.249
	80	161.4	51	18.6188	-11.1052	3.7397	14.4689
	100	163	50.9	16.5198	-9.9675	3.0471	12.8168
ag4a	0	171.9	37.8	210.8096	-164.823	23.3348	129.3431
	10	175.3	47.5	213.6784	-143.892	11.8801	157.52
	15	173.4	47.5	207.3891	-139.059	16.1979	153.0044
	20	176.5	47.5	195.9429	-132.229	8.1261	144.3713
	25	176.1	48.4	169.818	-112.431	7.6266	127.0408
	30	176.5	44	145.831	-104.685	6.405	101.3245
	40	176.1	41	102.182	-76.8892	5.1932	67.0988
	50	176.8	48.6	62.8909	-41.4863	2.29	47.2112
	60	177	45.8	55.8547	-38.8848	2.0377	40.0446
	80	178.1	47.8	45.8683	-30.7834	1.0386	33.9883
	100	173.7	51.4	38.656	-23.9679	2.656	30.2121

Çizelge Ek-3a (devam)

ag4c	0	169.8	29.1	158.3056	-136.112	24.3779	77.0708
	5	169.7	46.8	164.1215	-110.617	20.0561	119.5722
	10	172.1	49.6	169.7028	-108.89	15.1349	129.2784
	15	171	55.1	161.2754	-91.1227	14.3686	132.2873
	20	170.9	53.1	150.3048	-89.1644	14.2154	120.1631
	25	171.1	53.2	138.6235	-82.1317	12.8735	110.9285
	30	169.8	51.8	124.1365	-75.5042	13.5581	97.5969
	35	171.8	51.7	101.6415	-62.4093	9.0149	79.7171
	40	173.6	57	76.237	-41.3179	4.6215	63.9027
	45	172.5	55.1	57.8965	-32.8786	4.3252	47.4583
	60	171.8	54.5	52.0267	-29.9258	4.2946	42.3413
	70	177.7	53.6	45.7162	-27.1317	1.0859	36.7786
	80	174.5	53.9	42.1787	-24.7527	2.379	34.0689
	90	172.9	53	39.4264	-23.5336	2.9466	31.4949
	100	175.4	55.4	36.2939	-20.5524	1.6485	29.8686
ag5a	0	205.1	72.4	215.8443	-59.0624	27.7283	205.7463
	10	173.4	62.9	85.9227	-38.9017	4.4862	76.4803
	15	171	62.5	74.9806	-34.1682	5.4359	66.5212
	20	170.5	62.5	68.6364	-31.2401	5.2083	60.8924
	25	173.4	65.1	63.5129	-26.5214	3.0864	57.628
	30	171.3	64.2	58.9674	-25.3343	3.8679	53.1072
	40	167.1	60.8	53.2099	-25.27	5.7722	46.4694
	50	167.6	63.1	47.5538	-20.9768	4.6247	42.4259
	60	170.7	68.8	43.0778	-15.4024	2.5275	40.1506
	80	160.7	64.8	38.0163	-15.259	5.3369	34.4081
	100	171.9	64.5	34.87	-14.8781	2.1219	31.4651
ag5b	0	198.4	69.7	161.1682	-53.0436	-17.635	151.1641
	10	177.7	61.3	65.1068	-31.2187	1.2763	57.1197
	15	177.5	58.5	57.3392	-29.9177	1.296	48.8983
	20	178.4	61.8	52.1367	-24.6247	0.6777	45.95
	25	175.9	60.4	48.8375	-24.0806	1.7313	42.4527
	30	176.5	59.8	46.5636	-23.3732	1.4444	40.2465
	40	178.6	61.1	41.791	-20.1875	0.4897	36.5884
	50	175.1	62.9	38.3655	-17.4025	1.4791	34.1595
	60	174.3	62	35.8088	-16.7149	1.667	31.6243
	80	175.4	66.8	29.9814	-11.788	0.9399	27.5507
	100	181.7	63.3	26.1046	-11.7237	-0.3512	23.3213
ag6a	0	108.6	63.5	90.4759	-12.8444	38.2653	80.9733
	10	126.5	49.9	70.8124	-27.1275	36.6132	54.203
	15	129.2	47.8	65.6915	-27.8866	34.1773	48.6787
	20	127.1	46.5	60.0149	-24.9	32.9271	43.5613
	25	128.5	45.7	52.9998	-23.0495	28.988	37.9131
	30	130.2	46.3	48.3847	-21.5662	25.5181	34.9972
	40	127.7	44	42.6695	-18.7541	24.2937	29.6442
	50	132.3	46.4	34.6428	-16.0863	17.6591	25.0901
	60	132.5	46.2	29.9501	-14.0108	15.2651	21.626
	80	128.7	41.6	26.4211	-12.3634	15.4194	17.5347

Çizelge Ek-3a (devam)

	100	133.1	47.1	19.5219	-9.0884	9.7006	14.297
ag6b	0	107.8	58.9	81.5125	-12.8515	40.0958	69.7959
	10	129.4	47.2	62.6316	-27.0163	32.9142	45.9292
	15	129.2	46.7	55.8913	-24.2408	29.7175	40.6583
	20	131	45.6	49.6959	-22.8135	26.2332	35.5113
	25	128.5	46.9	45.0385	-19.1756	24.0872	32.8721
	30	132	47.9	39.5812	-17.7779	19.7307	29.3482
	40	128.9	47.8	34.0637	-14.3532	17.8126	25.2395
	50	127.6	44.7	29.206	-12.6483	16.4398	20.5609
	60	129.9	45.2	25.9707	-11.7413	14.041	18.4247
	80	131.1	45.8	19.0987	-8.7527	10.0413	13.6866
	100	129.4	46.4	14.5917	-6.3786	7.7763	10.5716
ag7b	0	143	42.8	44.8658	-26.2993	19.8355	30.4605
	10	153.5	57.8	36.0678	-17.2109	8.5762	30.5142
	15	156.7	57.3	33.7337	-16.7231	7.1956	28.3994
	20	159	60.6	30.3834	-13.9424	5.3613	26.4578
	25	159.3	56.8	28.7735	-14.7522	5.5613	24.0699
	30	157	59.9	26.1377	-12.0691	5.1125	22.6137
	40	149.5	62.3	22.9019	-9.1616	5.3955	20.2843
	50	158.8	63.4	20.1011	-8.4054	3.2539	17.967
	60	160.1	61.4	17.677	-7.9469	2.8782	15.5254
	80	156.3	59.2	14.1318	-6.6151	2.9075	12.1447
	100	155	59.9	11.8189	-5.3669	2.5042	10.228
ag8a	0	153.3	43.5	113.9784	-73.8393	37.1284	78.4877
	10	154.7	41.9	107.8207	-72.641	34.2603	71.9362
	15	157.9	42.4	103.1278	-70.5734	28.6419	69.5297
	20	154	44	96.9581	-62.7352	30.5867	67.3025
	25	155.6	41.8	92.46	-62.7008	28.4995	61.6866
	30	155.3	41.7	87.6372	-59.4889	27.3208	58.266
	40	158.7	41.3	76.0323	-53.2272	20.7251	50.1822
	50	156.4	42.1	67.7124	-46.0323	20.1456	45.3889
	60	156.4	42.2	59.9877	-40.7086	17.798	40.3059
	80	160.1	42.5	47.5881	-32.9784	11.9341	32.1656
	100	157	41.3	39.6744	-27.4288	11.6394	26.1961
ag8b	0	154.3	42.8	99.6211	-65.9053	31.6899	67.6506
	10	153.5	40.9	94.482	-63.8967	31.8327	61.893
	15	154.8	42.2	90.9563	-60.9872	28.6524	61.0955
	20	153.5	41	86.3083	-58.2943	29.0216	56.645
	25	153.5	43.2	80.2362	-52.3816	26.0825	54.8973
	30	154.3	42.2	77.1833	-51.5004	24.7533	51.8869
	40	154.1	42.2	67.5012	-44.9724	21.8487	45.349
	50	153	39.4	59.8639	-41.2013	20.9625	38.0358
	60	153.1	42.3	53.1156	-35.0573	17.797	35.7145
	80	151.5	41.5	42.2899	-27.8302	15.0991	28.0345
	100	154.6	42.3	34.613	-23.1188	10.9736	23.3059

Çizelge Ek-3a (devam)

ag8c	0	155.9	43.1	104.6309	-69.7131	31.24	71.4967
	10	155.8	40.5	101.1581	-70.2297	31.5106	65.634
	15	154.5	42.6	95.4491	-63.4296	30.2264	64.6032
	20	159	42.9	91.5353	-62.6178	24.0463	62.2856
	25	157.8	40.4	87.1424	-61.4369	25.1042	56.4721
	30	156.2	41.9	81.5094	-55.5028	24.4301	54.4646
	40	156.1	41.3	71.852	-49.3276	21.8567	47.4529
	50	157.4	41.4	62.9165	-43.5854	18.1171	41.6
	60	159.1	41.4	55.9887	-39.2505	14.9877	37.0068
	80	158.4	40.9	44.8503	-31.5008	12.4635	29.3924
	100	161	42.7	36.6167	-25.4191	8.7732	24.8532

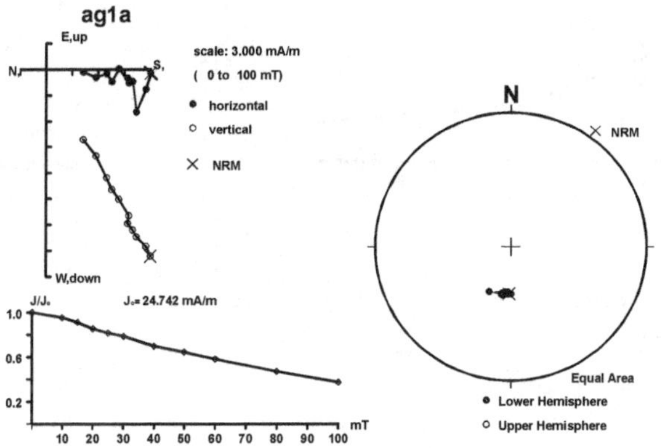

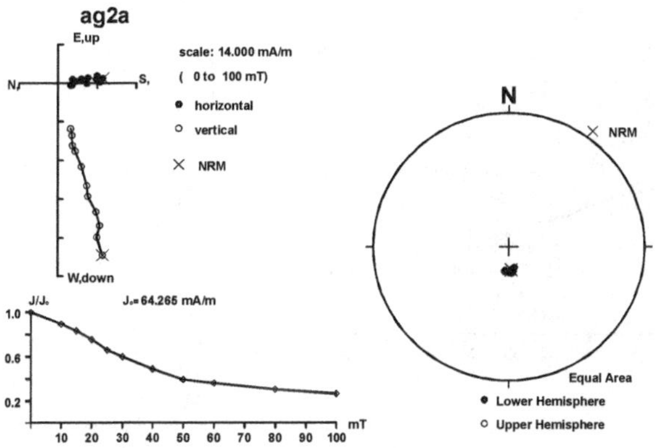

Şekil Ek-3.1. **(a)** ag1a ve **(b)** ag2a numunelerine ait DKM özellikleri: Zijdervelt ve normalleştirilmiş manyetik şiddet çizimi ve eşit alan projeksiyonu

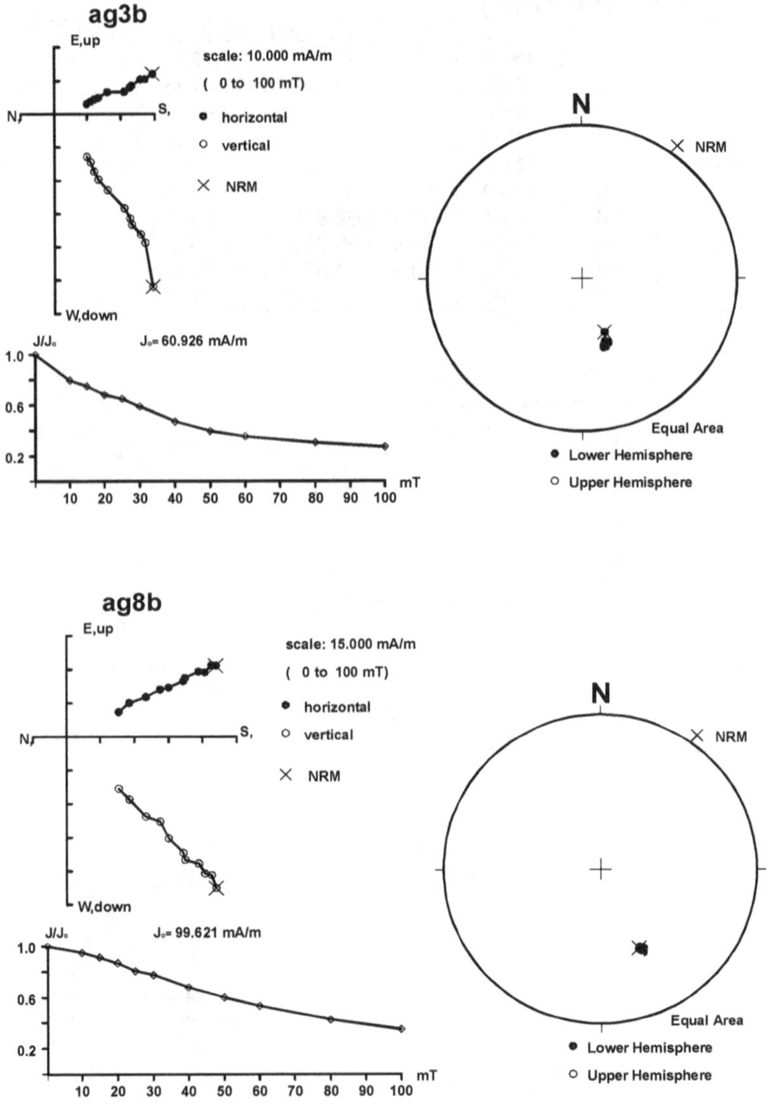

Şekil Ek-3.2. **(a)** ag3b ve **(b)** ag8b numunelerine ait DKM özellikleri: Zijdervelt ve normalleştirilmiş manyetik şiddet çizimi ve eşit alan projeksiyonu.

(b)Çataltepe (CT) Bölgesi AF manyetik temizleme deneyi sonuçları

Numune adı	AF adımı (mT)	D (Der.)	I (Der.)	Ortalama Manyetik Şiddet	Manyetik şiddet bileşenleri		
					Jx	Jy	Jz
ct1b	0	182.6	53.4	378.5559	-225.671	-10.3566	303.7597
	5	239.6	62.8	684.575	-158.312	-270.261	608.7194
	10	235.4	61.9	632.8175	-169.361	-245.822	557.9846
	15	236	59.9	583.9971	-163.719	-242.477	505.4242
	20	235.2	56	543.7326	-173.468	-250.042	450.5917
	25	235.2	59.7	470.1515	-135.246	-194.618	406.0476
	30	241.1	59.7	426.4895	-103.934	-188.359	368.2551
	35	230.3	59.2	385.6743	-126.045	-151.753	331.4035
	40	233.2	61.6	350.7001	-100.048	-133.76	308.3653
	50	234.1	60	300.2652	-88.0586	-121.61	260.0304
	60	229.4	38	369.7104	-189.566	-221.147	227.6941
	70	232.8	59.6	226.8939	-69.4057	-91.3317	195.7606
	80	237.3	61.4	199.1212	-51.5053	-80.0921	174.8763
	90	228.4	60.6	172.8201	-56.255	-63.4103	150.6031
	100	231.2	60.5	149.4249	-46.0824	-57.3102	130.0759

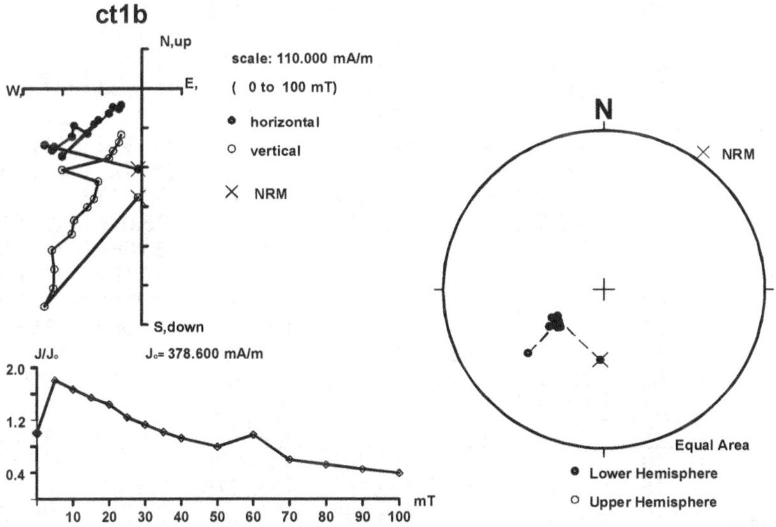

Şekil Ek-3.3. ct1b numunesine ait DKM özellikleri: Zijdervelt ve normalleştirilmiş manyetik şiddet çizimi ve eşit alan projeksiyonu.

(c) Erdaş (ER) Bölgesi AF manyetik temizleme deneyi sonuçları

Numune adı	AF adımı (mT)	D (Der.)	I (Der.)	Ortalama Manyetik Şiddet	Manyetik şiddet bileşenleri		
					Jx	Jy	Jz
er1a	0	344.9	-18.6	1156.088	1057.905	-284.571	-369.318
	10	312.3	59.9	615.7797	207.9899	-228.199	532.776
	15	312.1	67.4	579.1293	149.0298	-164.801	534.8097
	20	308.8	68.4	505.6753	116.8849	-145.288	470.0393
	25	302.2	68	427.571	85.2134	-135.487	396.4833
	30	308	68.6	360.4681	81.003	-103.593	335.6251
	40	305.1	69.8	251.3677	49.8097	-70.8517	235.9761
	50	309.2	73	183.0693	33.8901	-41.6009	175.0291
	60	309.9	69.8	141.0753	31.3018	-37.4053	132.3756
	80	301.3	72.9	93.0712	14.1989	-23.3346	88.9727
	100	315.2	73	61.7309	12.784	-12.715	59.039
er1b	0	359.8	-24.1	1441.231	1316.032	-5.6143	-587.518
	10	332.5	55.2	639.3645	323.9716	-168.613	524.7848
	15	305.3	60.2	647.769	185.8466	-262.442	562.3076
	20	312.6	62.7	587.2852	182.0592	-198.184	521.9975
	25	298.6	66.6	503.6338	95.9236	-175.91	462.0619
	30	295.4	63.5	429.8595	82.2343	-173.266	384.7018
	40	296.3	66.9	313.7118	54.3806	-110.172	288.6519
	50	287.6	64.8	231.0896	29.7301	-93.7501	209.1158
	60	303	65.2	175.2356	40.1121	-61.7277	159.0227
	80	318.4	68.8	115.6348	31.2797	-27.7844	107.8008
	100	318.8	75.2	70.528	13.5853	-11.8871	68.1788
er2a	0	329.9	-41.5	670.6069	434.4289	-251.992	-444.393
	10	324.2	-54.5	742.1964	349.5275	-251.63	-604.457
	15	328.2	-54.5	636.2921	314.004	-194.983	-517.929
	20	325.7	-54.3	532.8348	256.5486	-175.044	-432.961
	25	328.1	-53.1	440.5255	224.7441	-139.664	-352.203
	30	328.6	-53.4	370.907	188.9082	-115.199	-297.683
	40	329.2	-56	262.0053	125.7107	-74.999	-217.299
	50	324.2	-54	204.5879	97.5309	-70.2982	-165.536
	60	336.7	-54.3	156.2222	83.7857	-36.1483	-126.802
	80	333.2	-50.2	104.3943	59.6223	-30.0938	-80.2353
	100	329.8	-50.5	75.9847	41.7912	-24.3121	-58.6182
er2b	0	336.3	-45.3	631.8824	406.6348	-178.479	-449.521
	10	329.6	-51.5	761.6599	409.445	-239.993	-595.722
	15	329.5	-50.4	728.1812	400.5075	-235.47	-560.71
	20	328.9	-48.7	659.3652	372.9864	-224.578	-495.185
	25	327.7	-47.5	585.6658	334.0622	-211.418	-432.099
	30	323.6	-49.2	494.8549	260.1953	-192.008	-374.584
	40	319.6	-46.8	385.3775	200.8616	-170.663	-281.149
	50	320.7	-42.4	315.9304	180.6883	-147.704	-212.949

Çizelge Ek -3c (devam)

	60	311.3	-44.1	246.8935	116.9695	-133.092	-171.933
	80	320	-36.1	187.9683	116.3691	-97.6772	-110.677
	100	303.1	-48.9	101.3515	36.3552	-55.8099	-76.3917
er4c	0	330.1	-59.9	960.3261	417.1127	-239.629	-831.157
	5	336.8	-33.4	630.2502	483.7133	-207.387	-346.738
	10	344.1	-9.3	572.8491	543.6528	-155.281	-92.1166
	15	342.4	-6.5	503.8817	477.2357	-151.451	-56.6158
	20	348	-3.6	424.5637	414.4721	-88.0962	-26.5763
	25	349.8	-4	380.0612	373.1326	-67.0798	-26.8125
	30	345.9	-5.1	268.8881	259.7209	-65.4179	-23.7981
	35	345.1	-2.1	243.3035	234.9322	-62.6617	-8.7733
	40	345.3	-4	198.1751	191.2681	-50.0125	-13.7334
	50	345.1	-5.6	152.6617	146.7816	-39.1848	-15.0095
	60	343.7	-3.4	127.0845	121.7686	-35.5654	-7.6144
	70	345.1	-3.5	101.8098	98.2161	-26.0853	-6.1968
	80	345.7	-0.7	85.2279	82.5747	-21.0706	-1.1081
	90	343.6	0.4	74.9255	71.8593	-21.2088	0.5084
	100	345.6	-0.3	62.7452	60.7835	-15.5624	-0.3751
er5a	0	330.7	-2	294.8549	256.9032	-144.331	-10.4278
	10	332	-9.2	414.3582	361.2014	-191.816	-66.5802
	15	332.2	-7.9	362.0667	317.3262	-166.999	-50.0769
	20	332.3	-8.3	314.503	275.5703	-144.618	-45.373
	25	332.8	-10.4	281.1272	245.9059	-126.392	-50.8716
	30	333.8	-10	250.7491	221.5842	-108.933	-43.6944
	40	333	-8.4	221.7548	195.5344	-99.4507	-32.4199
	50	334.4	-11.3	190.7007	168.6726	-80.6895	-37.4902
	60	333.3	-11.2	175.0687	153.4022	-77.1739	-34.0737
	80	331.9	-6.4	153.8508	134.9232	-71.9303	-17.0826
	100	332.6	-9.7	127.6942	111.7156	-57.9473	-21.6232
er5b	0	318.5	11.4	322.6846	236.7952	-209.671	63.9639
	10	329.2	-6.5	374.5784	319.6586	-190.65	-42.1875
	15	330.3	-9	309.3769	265.505	-151.231	-48.4816
	20	331.9	-8.6	258.9758	225.8376	-120.687	-38.7357
	25	333.5	-12	231.8079	202.8519	-101.285	-48.2437
	30	335	-11.2	213.9487	190.1993	-88.6569	-41.6919
	40	332.1	-12.3	179.305	154.8436	-81.9268	-38.2327
	50	331.3	-12.1	157.5504	135.1635	-73.9576	-32.9124
	60	332.6	-10.6	148.5407	129.6228	-67.1531	-27.4361
	80	333.7	-9.2	127.5246	112.842	-55.8089	-20.3615
	100	332.2	-11.3	103.4123	89.7175	-47.2748	-20.2475
er6a	0	329.7	-80.4	776.1781	111.3226	-64.9217	-765.405
	10	342.6	-84	733.4128	73.2961	-23.0149	-729.378
	15	337.6	-82.1	631.296	79.7651	-32.9187	-625.371
	20	338.5	-80.4	529.649	82.1952	-32.4584	-522.225
	25	322.2	-84.2	434.807	34.7945	-26.9645	-432.573
	30	354.5	-83.6	360.2705	40.1547	-3.8705	-358.005
	40	1.9	-83	258.545	31.5279	1.0691	-256.613

Çizelge Ek -3c (devam)

	50	352.8	-79.7	197.4531	34.8688	-4.4099	-194.3
	60	320.8	-83.6	158.8026	13.8287	-11.2649	-157.798
	80	311.1	-78.2	118.9811	15.957	-18.2684	-116.482
	100	339.1	-83.3	97.0497	10.6264	-4.0684	-96.3803
er6b	0	198.2	-83	643.9805	-74.2229	-24.3745	-639.224
	10	250.6	-84.1	611.1317	-20.7248	-58.792	-607.944
	15	299.2	-80.9	533.6642	41.1722	-73.5445	-526.966
	20	279	-81.7	449.0301	10.0925	-63.8036	-444.359
	25	276.4	-82.1	377.3228	5.7841	-51.2499	-373.781
	30	291.8	-85	310.1247	10.0133	-25.0678	-308.948
	40	270.7	-85.1	225.8723	0.2427	-19.4471	-225.033
	50	284.2	-82.5	177.75	5.6801	-22.3738	-176.245
	60	299.7	-83.9	148.5194	7.8294	-13.7323	-147.676
	80	276.4	-82	109.2384	1.6837	-15.0595	-108.182
	100	300	-83.3	93.3908	5.4127	-9.3744	-92.7613
er7a	0	54.4	-54.2	227.8146	77.5972	108.2053	-184.851
	10	32.6	-21	214.5564	168.7702	108.0049	-76.7205
	15	31.7	-23.4	158.6811	123.8349	76.5953	-63.0696
	20	28	-25.7	118.6735	94.4291	50.1451	-51.4977
	25	26.5	-26.1	100.0901	80.4025	40.1261	-44.0836
	30	26.6	-22.4	82.0057	67.7786	34.0145	-31.2092
	40	23.3	-24.5	71.2399	59.563	25.5986	-29.531
	50	28.8	-23	55.0807	44.4343	24.4464	-21.4908
	60	31.3	-24.4	53.3764	41.5288	25.2479	-22.0669
	80	35	-22.9	45.0148	33.9644	23.7951	-17.5082
	100	18.5	-25.6	41.6007	35.5675	11.9226	-17.9841
er7b	0	7.1	35.3	162.2586	131.4111	16.3769	93.7591
	10	29.8	-13.4	202.1325	170.6959	97.6677	-46.7064
	15	26.1	-18.5	174.637	148.7776	72.7313	-55.4391
	20	27.1	-22.2	152.4287	125.6718	64.2212	-57.5913
	25	28.5	-19.9	142.8108	117.9533	64.1223	-48.6854
	30	25.2	-23	102.8862	85.6943	40.2743	-40.2496
	40	27.8	-28.8	82.0381	63.578	33.5455	-39.5322
	50	25.4	-22.3	76.6177	64.0728	30.3789	-29.0183
	60	30.2	-22.4	66.0566	52.792	30.6758	-25.2086
	80	32.7	-25.2	60.5226	46.0632	29.5873	-25.8023
	100	29.5	-26.4	59.8017	46.6074	26.3713	-26.6187
er8a	0	337.1	24.8	403.1654	337.2184	-142.332	169.02
	10	31.9	-18.7	264.1111	212.3491	132.3779	-84.4902
	15	31.1	-21.4	183.1951	146.0488	88.0589	-66.9017
	20	32.7	-24.1	140.168	107.6248	69.1266	-57.3192
	25	33.2	-22	111.4195	86.4552	56.5396	-41.7501
	30	33	-26.1	96.5373	72.6853	47.1898	-42.5371
	40	29.4	-24.3	78.1842	62.0684	34.9642	-32.2147
	50	29.5	-27.9	67.8817	52.179	29.5493	-31.8138
	60	30.5	-26.9	55.9728	42.9826	25.3669	-25.3372
	100	29.5	-21.9	38.698	31.2371	17.7048	-14.4331

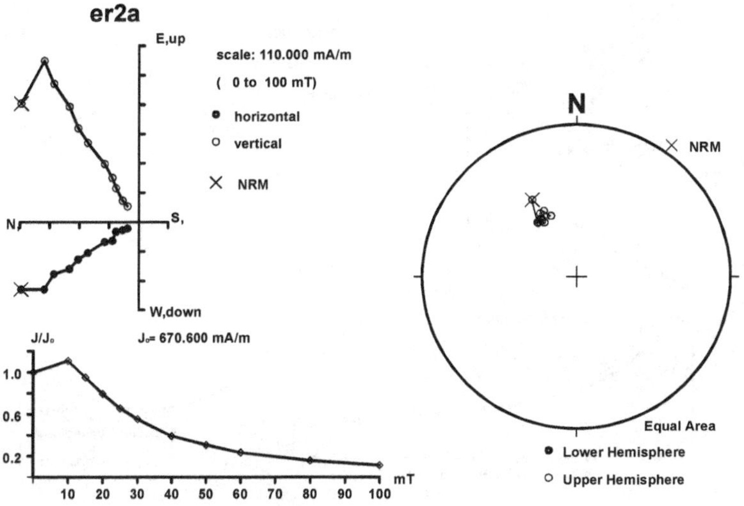

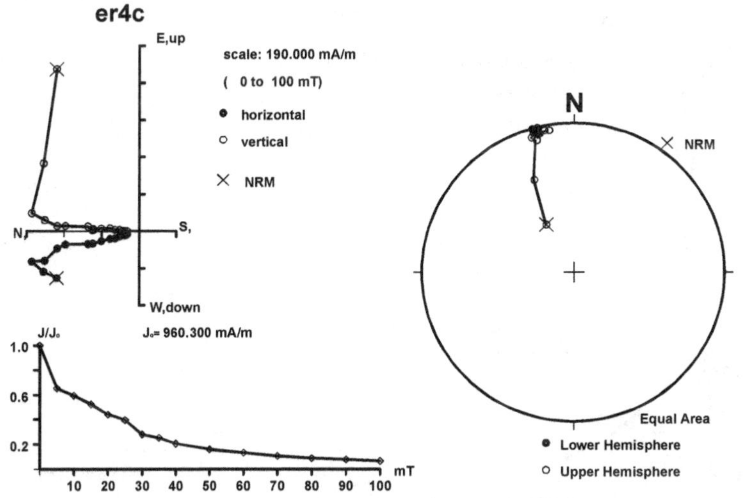

Şekil Ek-3.4. **(a)** er2a ve **(b)** er4c numunelerine ait DKM özellikleri: Zijdervelt ve normalleştirilmiş manyetik şiddet çizimi ve eşit alan projeksiyonu

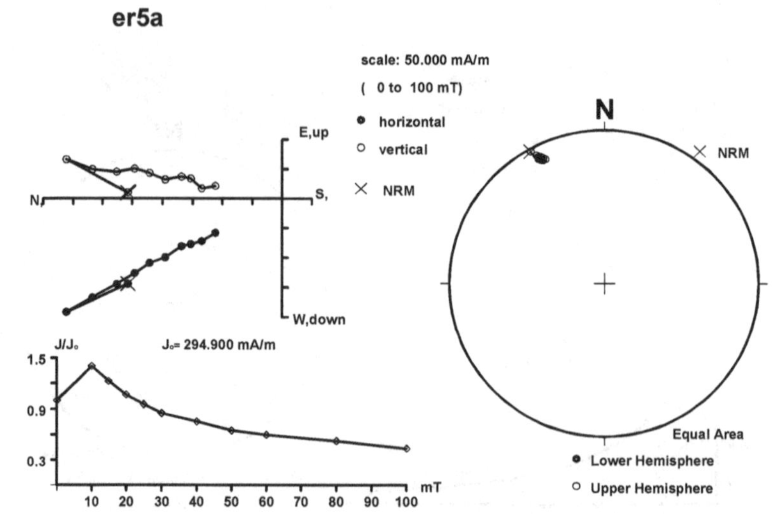

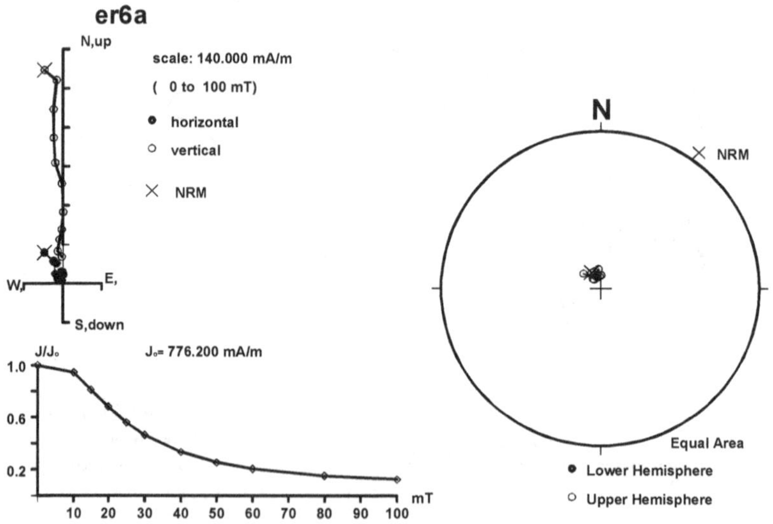

Şekil Ek-3.5. (a) er5a ve **(b)** er6a numunelerine ait DKM özellikleri: Zijdervelt ve normalleştirilmiş manyetik şiddet çizimi ve eşit alan projeksiyonu

(d) Gelveri (GL) Bölgesi AF manyetik temizleme deneyi sonuçları

Numune adı	AF adımı (mT)	D (Der.)	I (Der.)	Ortalama Manyetik Şiddet	Manyetik şiddet bileşenleri		
					Jx	Jy	Jz
gl1b	0	257.8	-50.2	76.3352	-10.3663	-47.7839	-58.6199
	10	259.9	-48.2	91.2886	-10.6811	-59.9369	-68.0227
	15	260.7	-46.4	83.4707	-9.3011	-56.8575	-60.3993
	20	260.6	-49.4	67.4677	-7.1949	-43.344	-51.1998
	25	260.4	-45.9	54.2925	-6.2847	-37.2288	-39.0154
	30	263.1	-45.6	41.4777	-3.5006	-28.8088	-29.6344
	40	260.8	-44.8	26.1759	-2.9729	-18.3214	-18.457
	50	266.1	-48.7	18.3864	-0.828	-12.1142	-13.8065
	60	276.7	-48.5	16.3085	1.254	-10.7343	-12.2135
	80	273.9	-45.8	8.882	0.4261	-6.1782	-6.367
	100	285.1	-46.3	8.5257	1.5349	-5.6843	-6.1661
gl1c	0	313.4	-62.3	92.2739	29.452	-31.1422	-81.7143
	10	312.2	3.2	84.7882	56.8787	-62.6972	4.7864
	15	313.2	2.6	78.9306	54.018	-57.4421	3.5358
	20	310.1	4	75.5506	48.5395	-57.6509	5.3085
	25	311.5	2.6	61.0368	40.4188	-45.6496	2.8146
	30	312.6	4.1	55.9867	37.8009	-41.1036	4.0118
	40	303.5	2.2	33.7408	18.6163	-28.1115	1.2701
	50	314.3	2	20.4036	14.2452	-14.59	0.7164
	60	312.5	0.7	17.2815	11.6808	-12.7347	0.1991
	80	335.7	5.2	11.369	10.316	-4.6674	1.0248
	100	324.2	5.4	12.8055	10.3354	, -7.465	1.1972
gl3a	0	306.3	27.6	380.8392	199.8693	-271.852	176.5991
	10	351.6	41.6	332.8693	246.3952	-36.176	220.8679
	15	352.8	41.6	319.3445	237.0026	-29.9078	211.9345
	20	355.7	43	294.512	214.8013	-16.0205	200.8509
	25	350.4	45	262.725	183.2755	-31.0982	185.654
	30	349.9	44.2	240.6624	169.8547	-30.1993	167.7968
	40	350.6	45	197.8778	138.0081	-22.8961	139.9469
	50	351.7	45.8	172.4928	119.0625	-17.2887	123.6082
	60	354.3	43.9	143.0858	102.5124	-10.2527	99.2957
	80	354.2	42.8	102.2633	74.6018	-7.5559	69.5361
	100	355.2	42.8	75.5255	55.1896	-4.6404	51.3485
gl3b	0	306.7	28.4	449.7438	236.3899	-317.432	213.6029
	10	343.2	39.1	389.3811	289.2952	-87.1353	245.6285
	15	344.1	39.6	372.7404	276.3166	-78.8131	237.4301
	20	346.3	40.9	339.2408	248.9722	-60.5836	222.3214
	25	350	41.6	307.885	226.6311	-40.0753	204.5129
	30	350.8	41.1	279.9153	208.352	-33.8832	183.8313
	40	351.6	40.4	234.6247	176.7475	-25.9573	152.1029
	50	356.2	42	204.2085	151.5332	-10.0064	136.5236

Çizelge Ek-3d (devam)

	60	353.7	43.9	166.2527	119.0371	-13.0777	115.3218
	80	353	44.7	133.1562	93.9714	-11.5916	93.6246
	100	358.4	43.1	99.6402	72.7201	-1.9815	68.0884
gl3c	0	308.4	31	365.5215	194.3674	-245.546	188.5055
	10	344.6	42.6	331.144	235.2178	-64.5907	223.9575
	15	351.9	43.6	314.4919	225.6699	-31.9417	216.6978
	20	349.5	43.9	283.4082	200.7636	-37.3815	196.5117
	25	353.4	43.5	275.4772	198.5925	-22.8573	189.5423
	30	347.2	44.5	235.9098	164.2017	-37.3571	165.214
	40	353.9	44.6	198.8786	140.8321	-15.0121	139.6197
	50	352.7	41	178.6578	133.6602	-17.11	117.3064
	60	346.1	44	146.6907	102.4455	-25.3211	101.8918
	80	344.8	46.4	101.0831	67.2302	-18.2175	73.2531
	100	350.3	43.5	76.8215	54.9209	-9.3673	52.8913
gl5a	0	349.6	0.8	701.2919	689.7636	-126.267	9.6424
	10	349.8	-1.4	698.0679	686.8709	-123.433	-16.4794
	15	350	-1.5	647.5727	637.6072	-111.867	-17.1262
	20	350	0.2	579.598	570.7207	-101.032	2.0302
	25	349.9	-0.5	517.5588	509.5082	-90.8376	-4.1332
	30	350.3	-0.3	460.8317	454.2411	-77.6143	-2.6287
	40	351.5	0.6	372.0881	367.9825	-54.9813	3.9369
	50	351	0.7	314.9781	311.1163	-49.0311	3.7165
	60	350.5	0	270.798	267.0809	-44.7138	-0.063
	80	351.2	0.1	199.7109	197.3501	-30.6135	0.4167
	100	352.4	0.4	160.0066	158.5817	-21.2812	1.0345
gl5e	0	357.8	-3	880.0361	878.2364	-32.9928	-45.5615
	5	358.7	-2.4	898.6018	897.611	-19.8176	-37.2423
	10	358.6	-5.4	870.1195	865.9406	-21.1388	-82.5098
	15	358.3	-4.1	808.1635	805.7687	-24.2147	-57.2595
	20	358.7	-2.8	732.406	731.3494	-17.2303	-35.3517
	25	358.1	-4.2	660.8387	658.6848	-21.7443	-48.6753
	30	1.1	-4.4	589.005	587.1315	11.0958	-45.6115
	35	0.5	-3.7	531.8978	530.7441	4.2766	-34.7514
	40	359	-4.2	506.0264	504.5787	-8.6564	-37.2578
	50	354.1	-23.2	438.3925	400.7804	-41.0734	-172.847
	60	4.9	-15.5	379.2304	364.135	31.1508	-101.247
	70	356.9	-0.6	281.8386	281.4106	-15.2711	-2.806
	80	358	-1.8	235.4222	235.1578	-8.2279	-7.5295
	90	355.9	-1.7	202.4574	201.8614	-14.3827	-5.839
	100	356.7	-0.5	174.161	173.861	-10.1084	-1.4931
gl6a	0	316.6	22.5	629.9759	423.3354	-399.683	240.6455
	10	318.7	21.5	589.9933	412.2605	-362.355	216.4075
	15	320.1	21.6	548.9086	391.506	-327.364	202.1296
	20	320.3	23.1	448.9236	317.7236	-263.53	176.4548
	25	321	21.3	419.9147	304.2287	-245.966	152.5583
	30	322.3	20.5	375.9385	278.7759	-215.141	131.6355

Çizelge Ek-3d (devam)

	40	322.1	22	301.6976	220.9082	-171.696	112.8789
	50	319.6	22.8	225.3287	158.0739	-134.66	87.4773
	60	322.8	20.2	222.9035	166.5972	-126.42	77.1317
	80	321.7	22	158.2104	115.1792	-90.8876	59.1923
	100	321.3	23.4	130.5809	93.5368	-74.9729	51.7814
gl7a	0	129.6	-50.6	944.1135	-382.191	461.9672	-729.292
	10	125.1	-52.3	918.4856	-323.173	460.1244	-726.265
	15	128.5	-51.5	844.5287	-327.607	411.584	-660.682
	20	130	-50.5	757.396	-309.223	368.8444	-584.794
	25	125.5	-52.4	662.2599	-234.723	328.57	-524.915
	30	129.6	-51.4	589.2943	-234.553	283.5208	-460.292
	40	127.2	-53.1	469.4896	-170.443	224.8765	-375.234
	50	131.9	-51	402.9674	-169.335	189.0074	-313.025
	60	126.7	-48.5	357.0847	-141.576	189.7561	-267.317
	80	132.9	-52	273.0897	-114.293	123.2058	-215.257
	100	126.4	-50.3	227.1584	-86.0238	116.8411	-174.783
gl8a	0	35.7	-20.4	466.5861	355.1241	255.015	-162.962
	10	35.5	-18.5	461.4945	356.2938	254.1865	-146.36
	15	36.6	-20.9	452.1651	339.1427	251.9347	-161.135
	20	35.4	-19.4	426.2404	327.5527	233.0875	-141.634
	25	34.2	-18.2	394.736	310.1189	210.7214	-123.448
	30	34.2	-18.5	363.2551	284.8772	193.775	-115.111
	40	33.6	-17.4	306.5285	243.6053	161.8414	-91.7797
	50	35.8	-17.8	224.3262	173.295	124.8098	-68.6556
	60	35.9	-10.6	122.6651	120.5891	-0.5313	-22.4661

gl3a

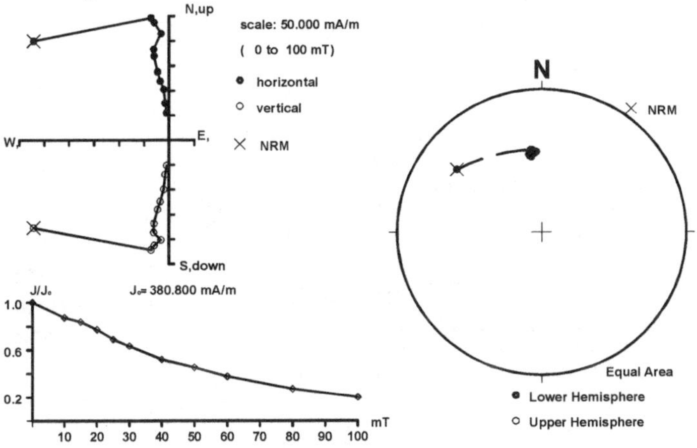

Şekil Ek-3.6. gl3a numunesine ait DKM özellikleri: Zijdervelt ve normalleştirilmiş manyetik şiddet çizimi ve eşit alan projeksiyonu

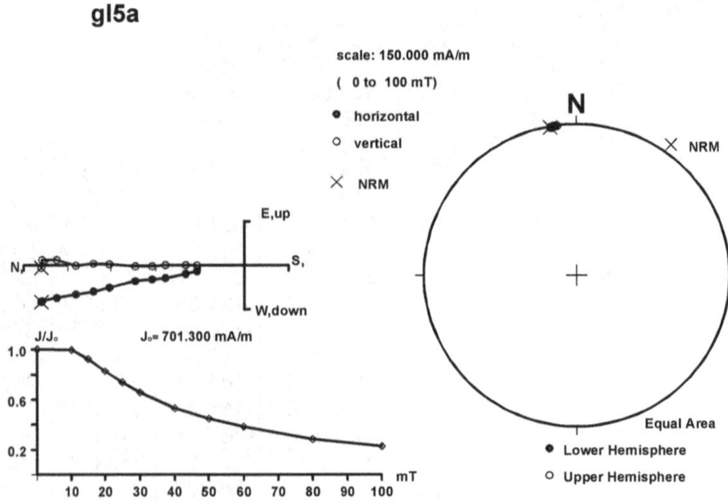

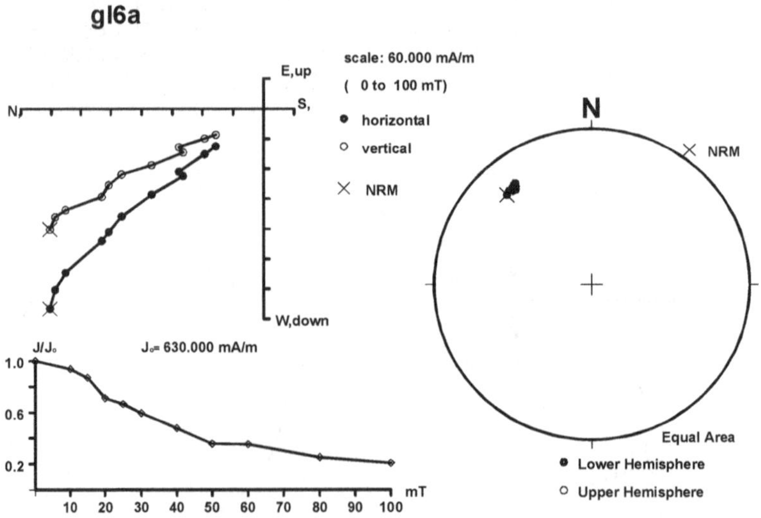

Şekil Ek-3.7. (a) gl5a ve (b) gl6a numunesine ait DKM özellikleri: Zijdervelt ve normalleştirilmiş manyetik şiddet çizimi ve eşit alan projeksiyonu.

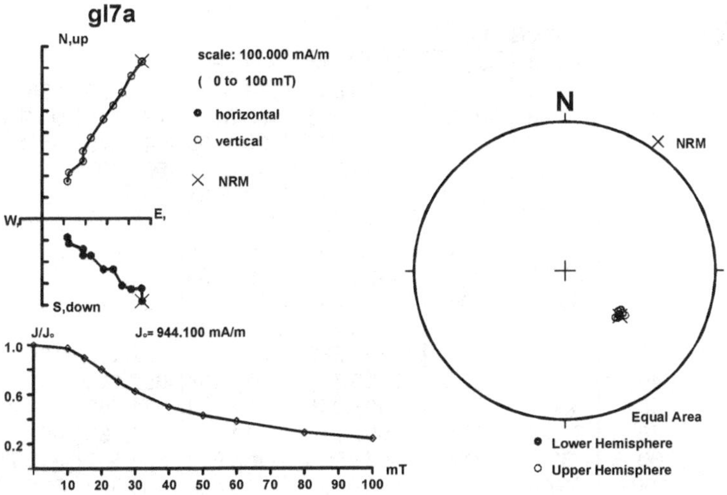

Şekil Ek-3.8. gl7a numunesine ait DKM özellikleri: Zijdervelt ve normalleştirilmiş manyetik şiddet çizimi ve eşit alan projeksiyonu.

(e) Göstük (GS) Bölgesi AF manyetik temizleme deneyi sonuçları

Numune adı	AF adımı (mT)	D (Der.)	I (Der.)	Ortalama Manyetik Şiddet	Manyetik şiddet bileşenleri		
					Jx	Jy	Jz
gs1a	0	331.8	-26.7	603.6016	475.4293	-254.66	-271.017
	5	331.6	-26.8	601.5121	472.0005	-255.624	-271.457
	10	334.4	-27.3	589.9649	473.0954	-226.255	-270.274
	15	332.5	-28.5	539.3971	420.6067	-218.669	-257.338
	20	333.6	-28.9	437.1181	342.723	-170.056	-211.41
	25	334.5	-28.5	373.6419	296.2956	-141.259	-178.502
	30	335.1	-30.5	290.3434	226.9821	-105.444	-147.173
	35	335.6	-29.5	244.4057	193.7172	-87.6792	-120.5
	40	335.6	-29.5	220.761	175.0803	-79.3458	-108.566
	50	333.9	-28.9	181.1374	142.3645	-69.89	-87.5127
	60	335.3	-31.3	161.6029	125.4369	-57.5787	-84.0582
	70	336.7	-30.1	153.5256	121.9619	-52.5211	-77.0517
	80	338.2	-28.7	150.3999	122.4702	-49.0315	-72.2295
	90	337.8	-30.1	142.3106	114.0153	-46.613	-71.2744
	100	336.6	-30.3	139.4322	110.528	-47.7779	-70.3119
gs1b	0	327.4	-24.6	623.3891	477.5534	-305.025	-259.84
	10	329.3	-25.9	597.7174	461.9931	-274.798	-261.37
	15	330.7	-25.3	537.979	423.9351	-238.386	-229.94
	20	329.2	-27.3	452.1811	345.0037	-205.639	-207.732
	25	330.4	-27.1	368.9837	285.573	-162.511	-167.891

Çizelge Ek-3e (devam)

	30	332.4	-28.1	298.0614	233.0552	-121.903	-140.234
	40	334.1	-29	219.4867	172.6861	-83.6923	-106.534
	50	329.8	-31.2	181.1939	133.8517	-78.0175	-93.9586
	60	333.7	-30.6	167.716	129.3659	-64.0049	-85.4194
	80	333.3	-31.1	145.8281	111.6193	-56.0897	-75.2391
	100	335	-30.6	139.0454	108.4551	-50.5574	-70.8172
gs1c	0	336.2	-29.1	4974.581	3977.766	-1750.33	-2420.78
	10	336.1	-31.2	4868.34	3805.706	-1685.78	-2524.97
	15	337.7	-30.7	4488.682	3569.898	-1462.21	-2294.78
	20	335.9	-30.5	3818.435	3004.357	-1343.26	-1936.48
	25	337	-31.9	3186	2490.076	-1058.84	-1681.96
	30	335.9	-30.4	2661.873	2094.997	-937.138	-1348.45
	40	338.3	-31.4	2086.712	1655.454	-657.116	-1087.22
	50	336.7	-31.1	1807.256	1422.194	-611.553	-932.492
	60	336.4	-31.6	1683.771	1314.831	-574.183	-881.259
	80	336	-31.5	1551.794	1208.617	-538.562	-810.716
	100	337.4	-29.6	1467.056	1175.494	-489.302	-728.733
gs2a	0	333.1	5.6	597.6118	530.2824	-269.268	58.6131
	10	334.6	2.7	584.4349	527.1513	-250.865	27.2507
	15	335.1	2.5	561.4668	508.8662	-236.01	24.4809
	20	335	1.7	484.6595	439.1322	-204.582	14.2865
	25	334.6	1.5	414.0483	373.8908	-177.542	10.9735
	30	335	2.4	353.7493	320.402	-149.176	15.0901
	40	334.8	2.4	317.4275	286.9235	-135.118	13.3501
	50	335.7	2.8	260.2956	237.0426	-106.796	12.6202
	60	335.9	2.1	244.0214	222.6161	-99.5358	9.0098
	80	336.1	1.3	228.3548	208.74	-92.4528	5.0997
	100	334.4	1.2	223.2087	201.1704	-96.5866	4.8613
gs3a	0	22.7	20.4	543.2016	469.6731	196.9211	188.9373
	10	21.9	19.3	535.3377	468.7231	188.7355	176.8165
	15	20.6	18.6	486.7905	431.925	162.3429	155.0827
	20	20.9	20.6	416.3845	364.3092	138.8248	146.2277
	25	20.8	19.1	348.0282	307.3893	116.9851	113.798
	30	20.3	18.9	291.5402	258.6598	95.7804	94.4293
	40	21.2	20	219.6122	192.4714	74.5068	75.0532
	50	21.7	19.3	186.2555	163.3371	64.9627	61.5788
	60	20.6	18.2	171.586	152.6117	57.2694	53.5876
	80	22.5	21.6	151.9906	130.5457	54.07	55.9946
	100	23.6	22.3	140.4602	119.0475	52.0716	53.3415
gs3b	0	25.5	23.1	461.3012	382.825	182.874	181.1102
	10	24.8	22.4	454.5331	381.4622	176.3354	173.1842
	15	25.7	23.8	411.068	339.0278	163.1696	165.5681
	20	24	22.9	353.1776	297.0804	132.4397	137.613
	25	24.6	21	297.451	252.4172	115.584	106.7847
	30	24.1	23.8	247.0068	206.3224	92.3914	99.5352
	40	24.2	20.7	194.5585	165.9199	74.724	68.8471
	50	23.9	21.9	170.0092	144.2328	63.8411	63.4376

Çizelge Ek-3e (devam)

	60	24.1	21.2	151.345	128.7842	57.7158	54.6703
	80	24.5	22.5	136.8639	115.0674	52.3186	52.4785
	100	22.1	21.8	127.2351	109.4587	44.4713	47.2215
gs3c	0	26.8	19.7	529.7111	444.9752	225.1895	178.5515
	10	25.3	21.4	511.8705	431.1433	203.4181	186.4079
	15	26	20.1	472.0167	398.4715	194.2913	162.0837
	20	24.7	20.2	414.1576	353.2138	162.113	143.1289
	25	25	21.1	355.2621	300.3243	140.107	128.0096
	30	25.1	21.3	299.4814	252.7311	118.3698	108.6494
	40	24.9	20.7	236.2935	200.3644	93.2027	83.6778
	50	25.8	21.7	205.9425	172.3342	83.2258	76.0705
	60	24.8	20.3	188.5011	160.5642	74.0795	65.2996
	80	24.9	20.4	166.2332	141.3187	65.5194	58.049
	100	25.4	20.7	148.7485	125.7182	59.7395	52.462
gs4a	0	346.9	-30	749.8509	632.3988	-147.539	-374.941
	10	346.2	-29.5	730.6527	617.5217	-152.001	-359.744
	15	348.5	-31.4	676.8953	566.0316	-115.534	-352.771
	20	346.8	-31.1	604.7674	504.2482	-118.325	-312.212
	25	347.1	-29.8	562.2689	475.5657	-109.104	-279.428
	30	345.8	-30.7	469.42	391.2085	-98.9371	-239.839
	40	346.2	-30	390.069	328.0368	-80.8206	-194.971
	50	348.8	-31	338.1091	284.3067	-56.1521	-174.168
	60	347.1	-29.8	308.4994	261.0021	-59.981	-153.141
	80	348.6	-29.5	277.1142	236.4505	-47.5931	-136.449
	100	351.3	-28.8	250.4312	216.8872	-33.1252	-120.741
gs5a	0	31.8	-46.6	419.9619	245.1978	152.0942	-305.145
	10	55.8	-46.6	419.6547	162.1559	238.1786	-305.101
	15	57.8	-47.4	400.3873	144.6446	229.374	-294.577
	20	59.1	-46.9	352.0919	123.4843	206.399	-257.138
	25	54	-46.3	312.9976	127.2115	174.9911	-226.192
	30	60.5	-47.5	271.0076	90.1491	159.4167	-199.761
	40	55.2	-45.2	223.6212	89.9779	129.354	-158.676
	50	53.8	-47.6	205.1182	81.6576	111.7204	-151.407
	60	53.7	-45.5	200.4552	83.081	113.1731	-143.079
	80	57.2	-47.6	185.5494	67.761	105.2979	-136.928
	100	55.6	-45.6	182.3233	72.1095	105.2783	-130.225
gs5b	0	40.5	-45.6	579.2658	308.3815	263.1807	-413.746
	10	55.9	-46.3	563.2051	217.9652	322.1992	-407.282
	15	56.8	-43.7	535.8771	211.9664	323.9851	-370.497
	20	54.9	-44.4	474.8388	195.1788	277.5365	-332.191
	25	57.4	-45	407.6694	155.3749	242.7723	-288.296
	30	58.9	-44.5	351.5008	129.6038	214.4374	-246.52
	40	58.9	-44.9	270.1878	98.8909	163.8347	-190.736
	50	55.1	-45.8	231.8799	92.6378	132.5689	-166.169
	60	55.2	-43.9	210.9218	86.6782	124.7549	-146.325
	80	53	-43.9	184.2432	79.8477	106.0248	-127.784
	100	54.9	-42.8	171.9088	72.5425	103.1624	-116.824

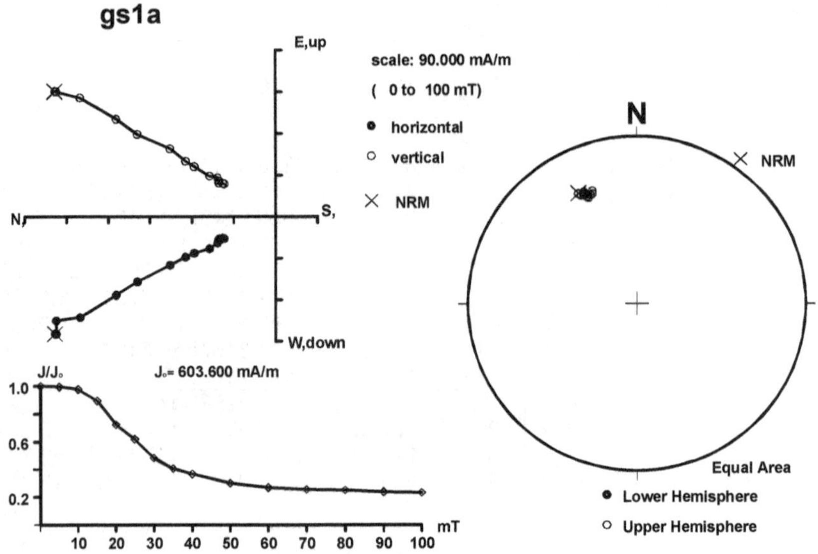

Şekil Ek-3.9. gs1a numunesine ait DKM özellikleri: Zijdervelt ve normalleştirilmiş manyetik şiddet çizimi ve eşit alan projeksiyonu.

(f) Hasandağı (H) Bölgesi AF manyetik temizleme deneyi sonuçları

Numune adı	AF adımı (mT)	D (Deg.)	I (Deg.)	Ortalama Manyetik Şiddet	Manyetik şiddet bileşenleri		
					Jx	Jy	Jz
h1a	0	123.9	42.8	2119.96	-867.744	1289.94	1441.286
	10	124.8	42.9	1553.034	-649.136	935.2339	1056.35
	15	131.1	42.2	1106.137	-538.451	617.0403	743.5521
	20	133.9	39.9	824.4342	-438.681	455.0718	529.3016
	25	135.7	40.9	619.8229	-335.27	327.4745	405.6292
	30	136.5	40.9	495.0161	-271.198	257.7783	324.1034
	40	136.3	41.9	341.9736	-183.968	176.0538	228.2688
	50	137	40.9	246.9858	-136.526	127.3539	161.6903
	60	136.9	43.1	186.5545	-99.4417	92.9779	127.5502
	80	139.7	41	125.0203	-72.0015	60.9866	82.0152
	100	136.4	43.3	92.7767	-48.9582	46.5535	63.5875
h1b	30	131.1	42.4	5538.383	-2689.21	3080.618	3735.185
	40	135.1	40.1	4023.42	-2179.49	2175.45	2589.433
	50	133.7	42.1	2795.419	-1433.41	1498.151	1874.896
	60	136.3	41.9	2247.916	-1210.04	1154.481	1502.036

Çizelge Ek-3f (devam)

	80	132.9	41.5	1497.883	-764.036	821.5081	992.4854
	100	135.9	34.2	1248.75	-741.633	719.4819	701.2161
h5e	0	227.3	55.7	941.7781	-360.424	-390.239	777.6593
	5	231.7	53.9	931.0114	-340.008	-430.358	752.309
	10	233.1	51.2	892.3426	-335.571	-447.293	695.4107
	15	231.8	48.2	831.1962	-342.477	-434.973	619.996
	20	236.2	49.2	704.7382	-256.414	-382.322	533.6086
	25	232.6	48.2	579.1457	-234.342	-306.319	432.0447
	30	229.8	48.4	470.2474	-201.674	-238.326	351.6546
	35	233.6	50.5	371.7572	-140.512	-190.496	286.6554
	40	234.8	47.5	318.5791	-124.2	-175.844	234.8319
	50	234.3	48.7	258.0123	-99.5254	-138.307	193.7427
	60	229.8	47.2	190.2682	-83.4539	-98.6784	139.6424
	80	223.4	47.6	130.9602	-64.2123	60.72229	96.6445
	90	230.6	47.6	110.7949	-47.3553	57.70854	81.8701
	100	223.7	47.1	100.2569	-49.2847	-47.154	73.4777

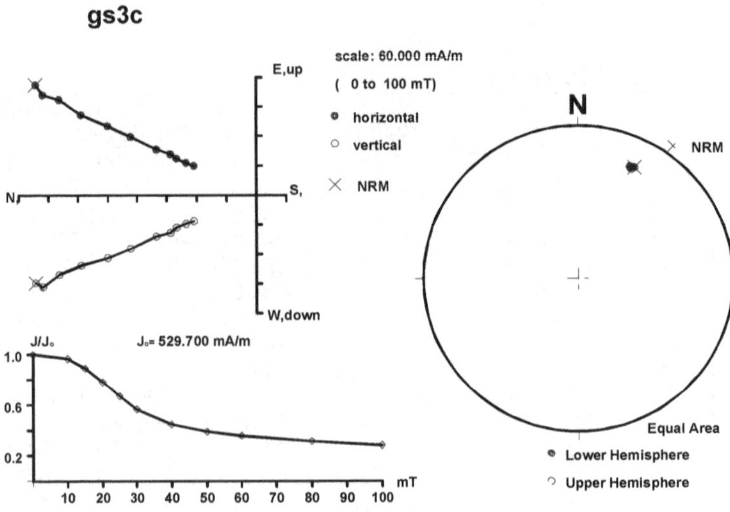

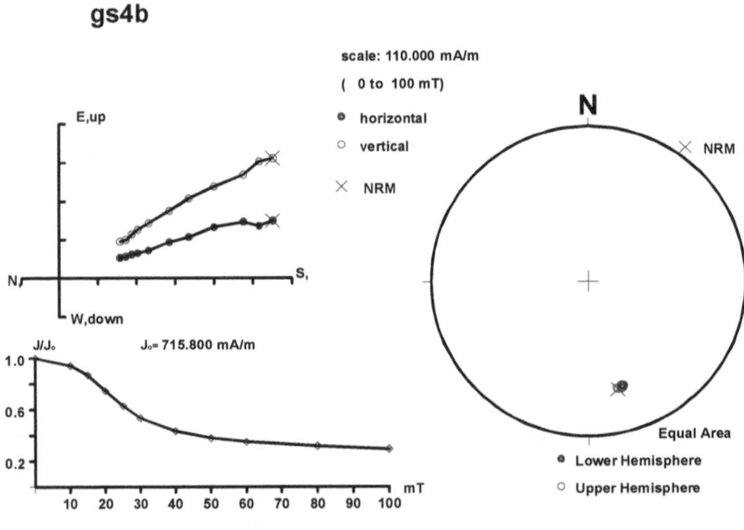

Şekil Ek-3.10. (a) gs3c ve **(b)** gs4b numunelerine ait DKM özellikleri: Zijdervelt ve normalleştirilmiş manyetik şiddet çizimi ve eşit alan projeksiyonu.

(g)Keçikalesi (KK) AF manyetik temizleme deneyi sonuçları

Numune adı	AF adımı (mT)	D (Der.)	I (Der.)	Ortalama Manyetik Şiddet	Manyetik şiddet bileşenleri		
					Jx	Jy	Jz
kk5a	0	71.1	-47.1	942.4247	207.5374	607.0614	-690.34
	10	72.1	-48.5	926.9364	189.3673	584.6582	-693.921
	15	71	-47.6	814.6334	178.5602	519.6658	-601.408
	20	69.9	-50	718.9731	158.5752	433.714	-551.061
	25	69.4	-49.6	555.0668	126.6075	336.9601	-422.525
	30	69	-48.2	461.6889	110.1906	287.5288	-344.009
	40	67.5	-49.3	342.9358	85.6476	206.8052	-259.81
	50	72.2	-45.7	316.7872	67.6839	210.7548	-226.617
	60	73.6	-50.1	260.0724	47.0338	160.0447	-199.527
	80	67.8	-49.8	191.5484	46.6728	114.5578	-146.25
	100	66.3	-48.2	162.0328	43.4812	98.8575	-120.794
kk6a	0	201.9	-57.6	1756.962	-873.228	-350.666	-1483.72
	10	220.6	-61.3	1856.565	-676.288	-580.44	-1628.67
	15	224.9	-60	1796.769	-636.022	-632.782	-1556.74
	20	220.4	-57.8	1644.459	-667.211	-566.97	-1391.98
	25	222.3	-59.3	1485.507	-561.409	-510.138	-1277.23
	30	219	-59	1260.89	-504.141	-408.78	-1081.01
	40	227	-58.5	1065.202	-379.666	-406.817	-908.3
	50	221.7	-58.9	890.263	-343.992	-306.114	-761.926
	60	231.8	-58	758.7616	-248.79	-315.807	-643.497
	80	231.2	-60.2	579.2956	-180.635	-224.628	-502.49
	100	234.6	-57.4	471.7816	-147.012	-207.191	-397.539
kk6c	0	208.8	-59.3	2386.808	-1068.73	-586.524	-2051.99
	10	221.8	-57.8	2509.57	-996.15	-890.9	-2124.13
	15	221.7	-60.2	2362.021	-875.505	-779.62	-2050.57
	20	224.4	-59	2190.679	-806.685	-790.959	-1876.89
	25	223.8	-61.6	1903.161	-653.904	-627.56	-1673.5
	30	223.4	-57.5	1697.582	-663.456	-627.487	-1431.04
	40	224.3	-55.1	1402.235	-573.186	-559.967	-1150.72
	50	228.3	-57.1	1077.746	-389.217	-437.012	-905.023
	60	228.4	-53.9	936.5018	-365.918	-412.568	-756.92
	80	230.5	-51	722.5206	-288.95	-351.036	-561.531
	100	225.4	-49.5	577.587	-263.46	-267.257	-439.056
kk6d	0	211	-54.4	2255.227	-1125.56	-676.431	-1833.47
	10	220.3	-57.2	2348.969	-969.23	-822.363	-1975.34
	15	219.7	-57	2253.559	-945.061	-785.243	-1889.12
	20	220.8	-56.8	2058.595	-852.178	-735.805	-1723.43
	25	218.1	-58.3	1820.249	-753.042	-590.241	-1548.5
	30	222	-57.4	1508.253	-603.607	-543.605	-1270.82
	40	215.7	-58.3	1266.943	-540.092	-388.12	-1078.34
	50	217.4	-56.4	1045.991	-459.808	-351.799	-871.155
	60	217.6	-55.3	879.697	-397.18	-305.77	-722.924
	80	222.4	-56.3	635.8441	-260.883	-238.146	-528.701
	100	221.1	-59.2	511.7788	-197.337	-171.886	-439.808

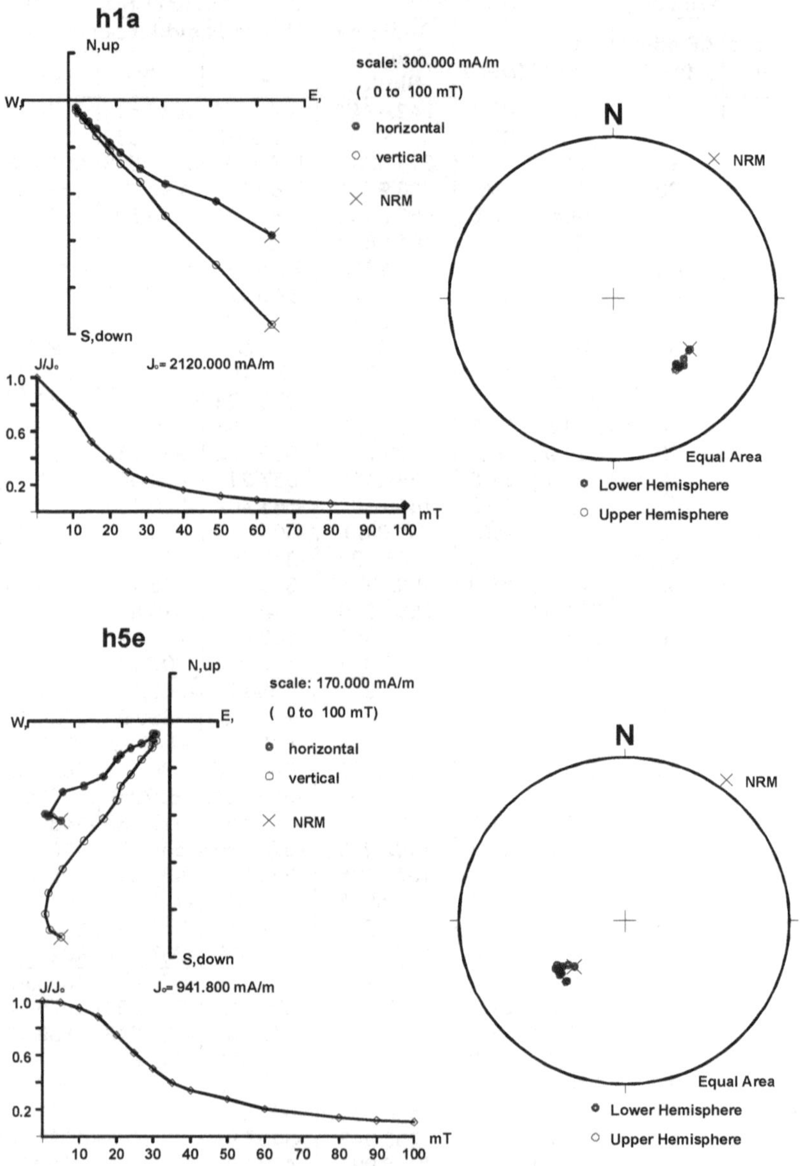

Şekil Ek-3.11. (a) h1a ve **(b)** h5e numunelerine ait DKM özellikleri: Zijdervelt ve normalleştirilmiş manyetik şiddet çizimi ve eşit alan projeksiyonu

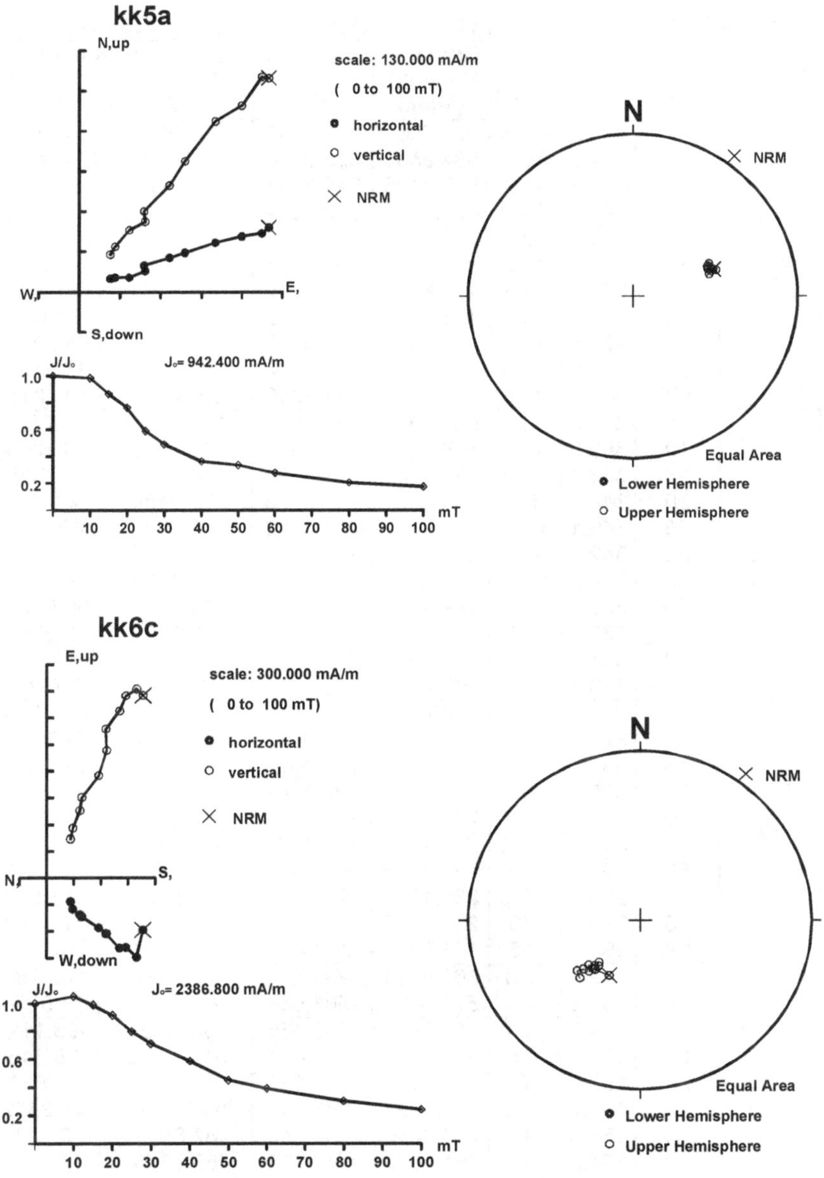

Şekil Ek-3.12. **(a)** kk5a ve **(b)** kk6c numunelerine ait DKM özellikleri: Zijdervelt ve normalleştirilmiş manyetik şiddet çizimi ve eşit alan projeksiyonu

h) Kızıltepe (KT) AF manyetik temizleme deneyi sonuçları

Numune adı	AF adımı (mT)	D (Der.)	I (Der.)	Ortalama Manyetik Şiddet	Manyetik şiddet bileşenleri		
					Jx	Jy	Jz
kt5a	0	23.9	-19.9	526.7069	453.0346	200.3278	-179.021
	10	341.6	39.8	584.9568	426.0316	-142.06	374.8207
	15	344.2	48.3	533.3105	341.5561	-96.568	398.0378
	20	346.3	52.1	451.0672	269.4924	-65.5562	355.7215
	25	348.3	50.7	340.9025	211.4928	-43.6467	263.7807
	30	347.4	46.7	298.7718	200.0591	-44.5894	217.3769
	40	342.9	36.9	198.8139	151.988	-46.8193	119.3087
	50	352.9	26.3	163.6896	145.6832	-18.0527	72.421
	60	357.6	19.2	169.1866	159.6408	-6.7305	55.6201
	80	23.4	17.9	89.6162	78.2569	33.8601	27.5757
	100	13.2	5.2	115.2303	111.7319	26.1363	10.5316
kt5b	0	25.4	-13.6	523.6903	459.6531	218.7066	-123.036
	10	342.3	44.7	608.7291	412.6457	-131.339	427.8139
	15	345.1	52.2	529.5247	313.3774	-83.5788	418.5757
	20	344.4	52	433.784	257.3276	-71.7189	341.771
	25	346.1	49.5	344.9912	217.3792	-53.6697	262.4591
	30	342.1	43.5	281.3815	194.1222	-62.8392	193.7611
	40	344.5	36.2	182.722	142.0698	-39.4652	107.9166
	50	332.2	20.3	169.4414	140.5695	-74.0584	58.8724
	60	332.3	15.3	133.9205	114.4339	-59.9607	35.2746
	80	325.7	4.7	112.2571	92.3822	-63.0935	9.2942
	100	340.8	4.9	79.8925	75.167	-26.2017	6.7971
kt6a	0	247.9	-79.9	2709.432	-178.94	-441.388	-2667.24
	10	323.3	-40	532.0197	326.9152	-243.254	-342.051
	15	337.3	2.5	327.0153	301.4865	-125.844	14.4298
	25	338.8	7.7	240.8706	222.5967	-86.1368	32.4008
	30	333.3	-5	210.9152	187.6458	-94.5651	-18.2125
	40	317.8	-35.2	202.426	122.4128	-111.149	-116.779
	50	304.6	-50	224.3655	81.9663	-118.597	-171.919
	60	295.1	-57.3	234.1794	53.6975	-114.683	-196.988
	80	295.2	-56	212.3519	50.6723	-107.529	-175.964
	100	291.5	-55	181.7337	38.1455	-96.9431	-148.91
kt8a	0	149.1	-7.8	760.0694	-646.04	387.0054	-102.787
	10	153.8	-9.4	573.3335	-507.568	249.6616	-93.5676
	15	154.2	-10.6	517.7943	-458.185	221.6561	-95.111
	20	155.5	-9.6	471.004	-422.404	192.8802	-78.848
	25	152.9	-10.6	355.3063	-310.923	158.941	-65.631
	30	153.7	-9.3	279.8992	-247.631	122.3792	-45.2302
	40	154.3	-8.5	204.8446	-182.543	87.8941	-30.23
	50	154.5	-6.2	161.2553	-144.732	68.9295	-17.4569
	60	155.2	-2.3	133.5546	-121.129	56.0059	-5.2807
	80	155.7	1.8	106.9609	-97.4656	43.9343	3.296
	100	154.1	5.3	97.6405	-87.4349	42.521	8.9874

Çizelge Ek-3h (devam)

kt8b	0	148.3	-7.6	611.9687	-516.188	318.4777	-81.409
	10	153.6	-10	463.2754	-408.695	202.7893	-80.428
	15	152.7	-10.6	401.6923	-350.999	180.8391	-73.847
	20	152.7	-9.5	333.1777	-292.057	150.6524	-54.9011
	25	152	-10.5	296.5777	-257.573	136.678	-54.1628
	30	153.6	-11.1	253.4344	-222.864	110.4103	-48.6829
	40	152.4	-9.8	175.8912	-153.575	80.3973	-29.8111
	50	152.6	-8.3	145.0632	-127.394	66.1624	-20.8951
	60	152.6	-6.5	121.3721	-107.053	55.5296	-13.6831
	80	153.6	-5.2	98.896	-88.225	43.783	-8.9339
	100	152.5	-3	83.6595	-74.0923	38.602	-4.3737
Kt8c	0	147.7	-7.5	654.3159	-548.318	346.7942	-84.9162
	10	151.8	-11.1	493.5308	-426.694	229.0241	-95.1452
	15	151.7	-12.8	426.0919	-365.929	196.8882	-94.2636
	20	152	-11.2	357.5178	-309.599	164.8546	-69.2137
	25	151.8	-11.1	291.678	-252.221	135.2639	-56.2505
	30	151.6	-12.3	240.7714	-206.864	112.0768	-51.1552
	40	152.2	-9.5	179.9211	-157.015	82.7212	-29.5831
	50	151.6	-6.3	142.2573	-124.368	67.2665	-15.6514
	60	152.1	-2.2	120.6326	-106.557	56.3655	-4.5485
	80	155.1	2.9	94.9342	-86.0175	39.8734	4.8577
	100	157.8	4.6	80.5544	-74.3295	30.3676	6.4778

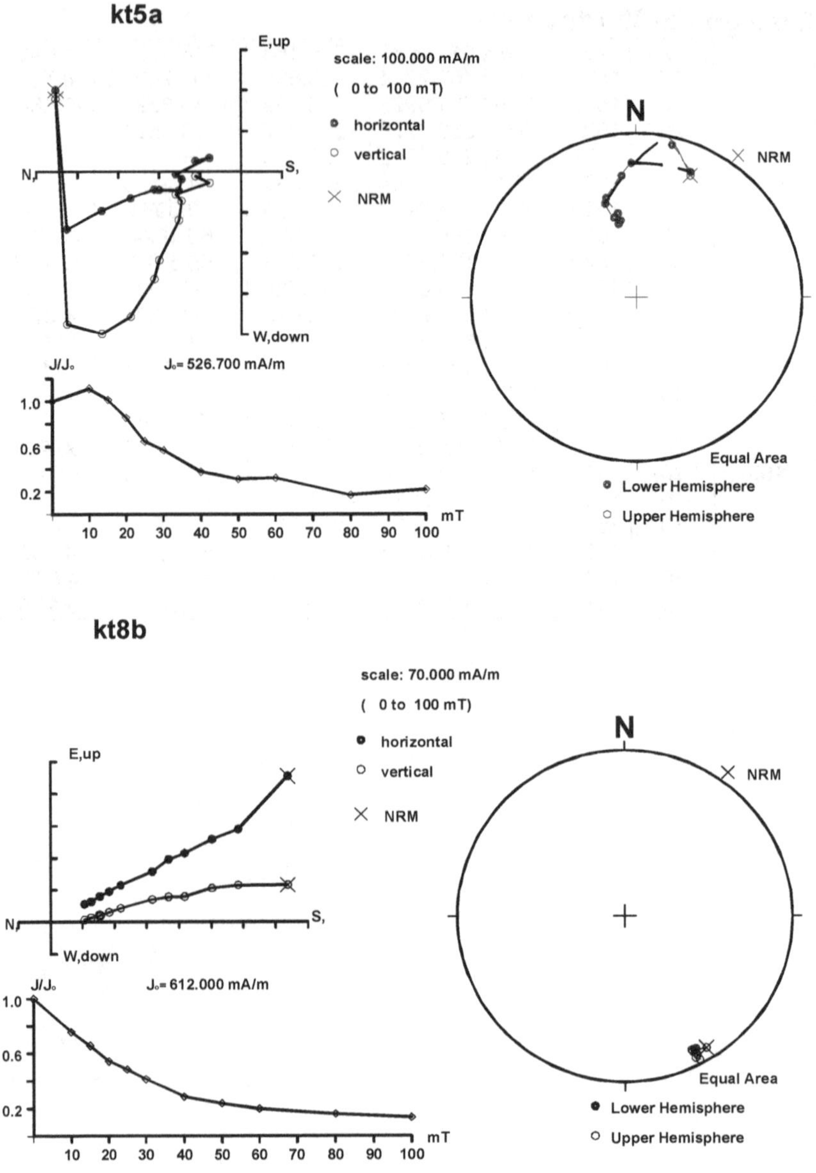

Şekil Ek-3.13. (a) kt5a ve **(b)** kt8b numunelerine ait DKM özellikleri: Zijdervelt ve normalleştirilmiş manyetik şiddet çizimi ve eşit alan projeksiyonu (ı) Kızılkaya (KZ) AF manyetik temizleme deneyi sonuçları

Numune adı	AF adımı (mT)	D (Der.)	I (Der.)	Ortalama Manyetik Şiddet	Manyetik şiddet bileşenleri		
					Jx	Jy	Jz
kz1a	0	223.2	-36.9	331.2371	-193.159	-181.362	-198.786
	10	238.8	-42.9	334.8679	-127.027	-209.86	-227.946
	15	243.1	-39.5	318.0129	-111.156	-218.731	-202.32
	20	240.3	-41.2	275.9461	-102.759	-180.297	-181.879
	25	239.6	-40.4	246.4859	-95.1382	-161.949	-159.614
	30	243	-41.7	206.8575	-70.064	-137.627	-137.622
	40	244.8	-36.4	169.6756	-58.1254	-123.627	-100.636
	50	243.1	-40.8	138.5609	-47.3835	-93.5555	-90.561
	60	243.6	-40.1	116.3455	-39.5481	-79.7703	-74.8928
	80	255.1	-39.5	91.3653	-18.1572	-68.1443	-58.0887
	100	243.1	-45.7	70.0373	-22.1139	-43.6465	-50.1117
kz1b	0	224.3	-37.5	282.6391	-160.534	-156.472	-172.134
	10	242.8	-43.7	260.9626	-86.2315	-167.98	-180.135
	15	241.9	-41.5	237.0386	-83.6219	-156.698	-156.973
	20	241.3	-40.4	206.1222	-75.3078	-137.715	-133.602
	25	243.4	-39.2	174.1476	-60.4503	-120.655	-110.07
	30	243	-38.2	148.955	-53.0338	-104.287	-92.1911
	40	243.4	-40.5	110.6958	-37.7005	-75.2539	-71.8963
	50	247.3	-39.7	92.9773	-27.6353	-66.0274	-59.3418
	60	242.2	-40.2	77.2074	-27.5274	-52.1313	-49.8553
	80	245	-38.8	66.56	-21.911	-46.9907	-41.7374
	100	244.4	-39.4	50.4331	-16.8392	-35.1597	-31.9959
kz2a	0	280.2	-47	306.524	37.1501	-205.863	-224.048
	10	269.7	-62.5	252.2945	-0.5895	-116.525	-223.772
	15	270.3	-58.3	234.8021	0.7271	-123.373	-199.776
	20	272.7	-57.4	195.3953	4.9324	-105.039	-164.687
	25	277.3	-56	156.9843	11.1175	-87.0634	-130.155
	30	278.1	-55.2	131.8069	10.5329	-74.3984	-108.291
	40	276.7	-54.2	99.4086	6.8189	-57.7884	-80.5982
	50	272	-57	79.3482	1.5279	-43.1387	-66.5798
	60	270.4	-58.1	66.2809	0.2702	-35.0523	-56.2532
	80	269.7	-55.9	54.3713	-0.1719	-30.4786	-45.0252
	100	262.9	-61.1	44.7764	-2.6774	-21.503	-39.1839
kz2b	0	277.7	-46.8	255.6754	23.5726	-173.348	-186.453
	10	271	-58.2	225.9575	2.0246	-119.003	-192.07
	15	270.9	-58.5	190.108	1.5528	-99.4061	-162.04
	20	273.6	-60.9	149.1901	4.5209	-72.3199	-130.411
	25	270	-57.4	120.9837	-0.0049	-65.111	-101.969
	30	265.5	-60.2	96.0762	-3.7592	-47.5777	-83.3838
	40	275.3	-60	66.336	3.086	-33.0174	-57.4525
	50	278.1	-59.7	56.3501	4.0148	-28.1427	-48.6539
	60	278.6	-58	48.6177	3.8673	-25.4498	-41.2435
	80	271.9	-57.7	39.2524	0.6978	-20.9731	-33.1722

	100	263.1	-47.7	37.5133	-3.0565	-25.0763	-27.7324

Çizelge Ek-3ı (devam)

kz2c	0	278.2	-35.8	232.7784	26.7963	-186.867	-136.193
	10	269.4	-45.8	204.9946	-1.4253	-142.853	-147.016
	15	267.5	-46.5	170.2044	-5.0329	-117.025	-123.488
	20	266	-48.5	131.0139	-6.0601	-86.6162	-98.1099
	25	268.7	-47	101.3842	-1.5531	-69.1878	-74.0905
	30	265.8	-49.5	82.0192	-3.873	-53.0766	-62.4101
	40	262.3	-46.7	61.546	-5.6915	-41.8361	-44.7801
	50	266.5	-48.8	48.7191	-1.9611	-32.0406	-36.6484
	60	268.6	-48.1	40.8695	-0.6488	-27.2682	-30.4359
	80	267.8	-45.7	35.5863	-0.9388	-24.8156	-25.4890
	100	269.6	-47.8	27.6159	-0.142	-18.549	-20.4585
kz4a	0	43.2	-18.8	921.816	636.0638	597.1322	-297.659
	10	43.6	-17.6	895.1386	618.2845	588.0851	-270.469
	15	43.6	-17.3	743.5577	514.2586	489.3006	-221.362
	20	43.6	-18.7	576.5465	395.7329	376.449	-184.628
	25	43.1	-16.9	432.4859	301.939	282.9846	-125.685
	30	43.5	-19.8	323.4779	220.9093	209.3006	-109.683
	40	42.7	-17.4	206.6891	145.0865	133.6499	-61.709
	50	45	-16.2	149.3717,	101.3658,	101.4396,	-41.7957
	60	42.1	-15	107.169	76.7717	69.4161	-27.7974
	80	43.1	-15.5	70.332	49.5078	46.2823	-18.802
	100	45	-16.1	45.9965	31.2515	31.2466	-12.7543
kz5b	0	247.5	-39.7	1047.529	-308.127	-744.5246,	-669.371
	10	251.9	-38	1018.861	-249.642	-762.882	-627.508
	15	249.9	-39	868.4521	-231.477	-633.7990,	-546.742
	20	250.1	-38.5	676.8985	-180.561	-497.6940,	-421.77
	25	249.1	-37.6	526.2861	-148.883	-389.6423,	-320.92
	30	250.5	-39.5	402.4609	-103.797	-292.6798,	-256.007
	40	248.7	-36.5	258.1951	-75.2467	-193.359	-153.672
	50	249.5	-38.8	169.3645	-46.2186	-123.662	-106.094
	60	252.2	-38	122.5818	-29.4615	-92.0038	-75.456
	80	250.9	-38.4	69.4575	-17.7665	-51.4234	-43.1779
	100	251.5	-43	44.6785	-10.3654	-30.9782	-30.4808
kz5d	0	248.2	-40	964.8274	-273.962	-686.292	-620.355
	5	249.4	-38.3	1026.87	-283.823	-754.412	-636.215
	10	255.2	-39.5	948.4169	-186.595	-707.328	-603.626
	15	254.9	-41.4	805.5702	-157.475	-583.373	-532.749
	20	255.6	-39.8	644.1675	-122.799	-479.53	-412.218
	25	250.8	-38	495.8138	-128.255	-369.229	-305.045
	30	252.8	-38.3	444.2198	-103.199	-332.834	-275.505
	35	252.1	-39.8	295.5427	-69.9515	-216.054	-189.138
	40	250.9	-39.1	238.4487	-60.564	-174.862	-150.377
	50	251.1	-38.5	159.1531	-40.3498	-117.8	-99.1202
	60	249.4	-37.5	112.8969	-31.5385	-83.8027	-68.7615
	70	254.6	-41.7	78.6795	-15.587	-56.6227	52.3582
	80	261.7	-13	276.8833	-38.9083	-266.939	-62.4024

	100	256.4	-39.8	43.7816	-7.912	-32.6844	-28.0349

Çizelge Ek-3ı (devam)

kz6a	0	78.9	-44.6	1374.978	189.1769	961.1821	-964.834
	10	64.2	-37.4	861.055	297.6385	615.8477	-523.028
	15	61.1	-39.4	721.1647	269.1876	488.0229	-457.657
	20	63.6	-39.9	569.2916	194.0017	391.0836	-365.39
	25	63	-37.2	447.6187	161.9088	317.4058	-270.927
	30	59	-39.3	353.5711	140.6432	234.527	-224.118
	40	62.5	-38.9	247.8864	89.2068	171.1986	-155.502
	60	62.9	-39.9	146.3595	51.0816	99.9997	-93.8714
	80	63.9	-39.5	101.7055	34.5522	70.4892	-64.664
	100	65.3	-39.7	72.3662	23.2418	50.5937	-46.2273
Kz6b	0	76.6	-47.1	1221.183	193.1002	809.2574	-893.926
	10	56.6	-40.8	765.5111	319.1297	483.9094	-499.995
	15	57.7	-45.2	626.1851	236.1062	372.9796	-444.126
	20	55.5	-41.1	501.4563	214.364	311.4812	-329.372
	25	57.3	-46.9	379.0089	139.778	218.1019	-276.661
	30	52.4	-43.3	306.0392	135.9315	176.388	-209.928
	40	57.1	-45.3	205.9343	78.7037	121.7096	-146.292
	50	53.5	-40.9	151.4253	68.057	92.0873	-99.0848
	60	55.8	-43.1	115.8547	47.5674	69.9358	-79.1746
	80	57.1	-42.2	86.1838	34.6622	53.5639	-57.9404
	100	57	-40.8	58.6473	24.2177	37.2215	-38.3089

kz1b

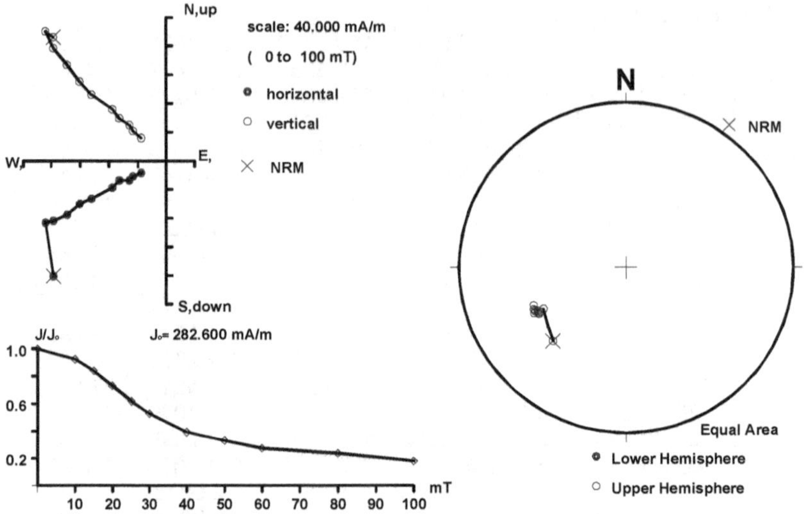

kz2c

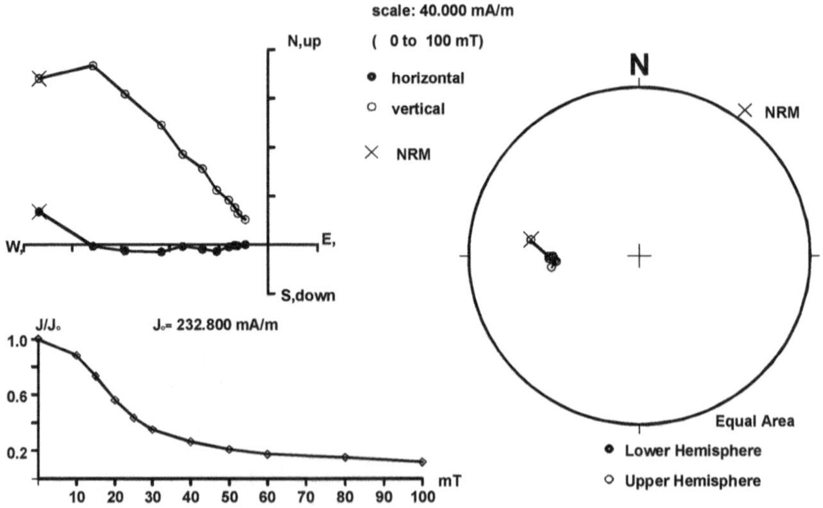

Şekil Ek-3.14. (a) kz1b ve **(b)** kz2c numunelerine ait DKM özellikleri: Zijdervelt ve normalleştirilmiş manyetik şiddet çizimi ve eşit alan projeksiyonu

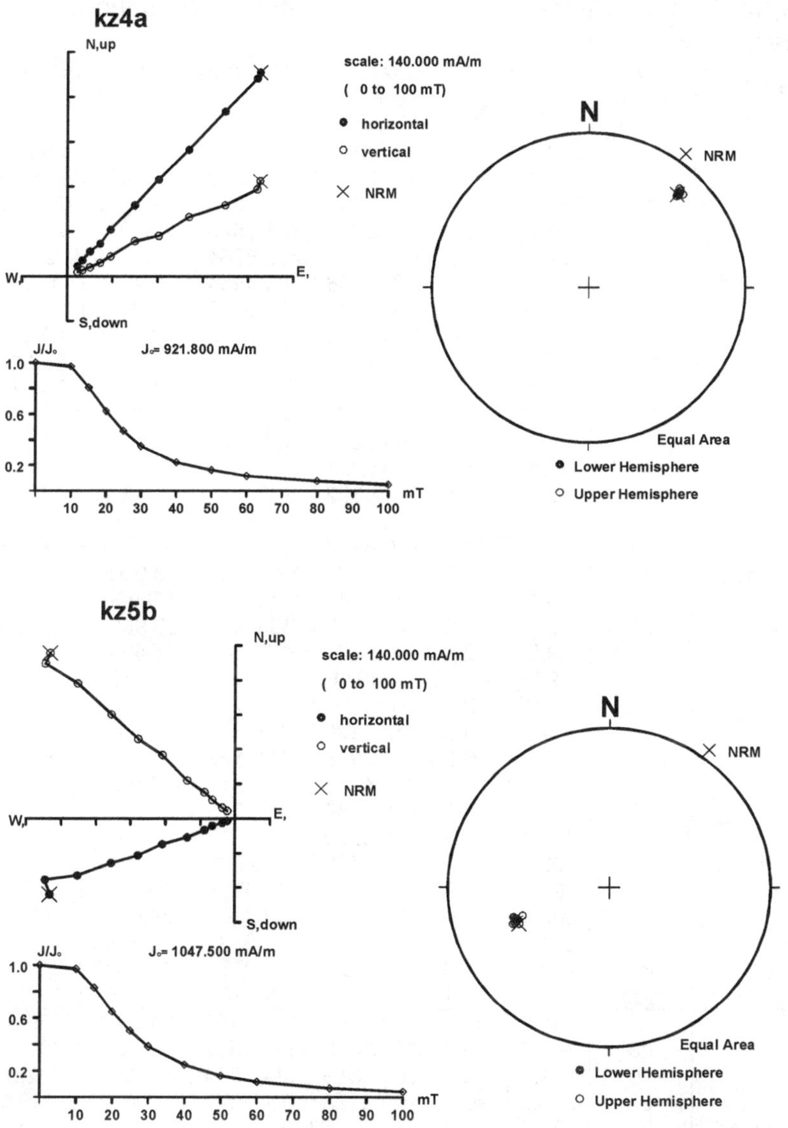

Şekil Ek-3.15. **(a)** kz4a ve **(b)** kz5b numunelerine ait DKM özellikleri: Zijdervelt ve normalleştirilmiş manyetik şiddet çizimi ve eşit alan projeksiyonu

(i) Melendizdağı (MZ) Bölgesi AF manyetik temizleme deneyi sonuçları

Numune adı	AF adımı (mT)	D (Der.)	I (Der.)	Ortalama Manyetik Şiddet	Manyetik şiddet bileşenleri		
					Jx	Jy	Jz
mz1a	0	341.2	-42.4	377.183	263.6146	-89.5387	-254.474
	10	334.1	-42.2	409.8642	273.2803	-132.494	-275.231
	15	332.1	-42	403.9207	265.1958	-140.132	-270.529
	20	329.4	-39.9	381.3219	251.7829	-149.015	-244.554
	25	326.1	-39.5	349.5144	223.8764	-150.546	-222.206
	30	333.8	-40.4	293.4348	200.4954	-98.4658	-190.29
	40	326.8	-45.7	208.7875	122.0202	-79.7144	-149.496
	50	333.6	-37.6	176.4752	125.2619	-62.1378	-107.666
	60	331.3	-45.7	115.9644	71.0599	-38.8262	-83.0106
	80	320.9	-38.9	85.4349	51.5997	-41.8944	-53.6791
	100	345.6	-38.8	57.8831	43.6541	-11.2469	-36.3082
mz2a	0	22.3	-37.2	266.8029	196.632	80.8252	-161.205
	10	28.8	-36.9	318.0221	222.8931	122.3609	-191.009
	15	26.2	-37.6	291.4352	206.991	102.0612	-177.968
	20	27.4	-37.8	250.2083	175.5454	91.1743	-153.216
	25	25	-38.8	210.4254	148.607	69.1514	-131.958
	30	25.9	-35.9	178.2476	129.8413	63.0904	-104.561
	40	28.4	-34.5	152.7746	110.7219	59.908	-86.555
	50	22.4	-39.8	81.7835	58.0951	23.9851	-52.328
	60	19.8	-42.1	61.7168	43.1045	15.4987	-41.3613
	80	19.2	-41.4	41.6071	29.4584	10.2793	-27.5261
	100	12.9	-43.2	31.0377	22.0328	5.065	-21.2659
mz3a	0	204.8	-38.5	236.9825	-168.412	-77.7459	-147.491
	10	202.6	-36.8	269.2935	-199.162	-83.0147	-161.127
	15	200.1	-38.5	257.4076	-189.213	-69.0825	-160.265
	20	202.8	-38.2	228.6757	-165.646	-69.7604	-141.378
	25	201.1	-37.8	195.6279	-144.261	-55.6937	-119.821
	30	199.6	-38.1	183.1426	-135.802	-48.3164	-112.98
	40	199.3	-38.9	111.1805	-81.6588	-28.6569	-69.7978
	50	202.1	-36.6	81.4912	-60.5986	-24.6442	-48.593
	60	201.9	-35.1	60.1279	-45.6396	-18.3685	-34.5687
	80	200.5	-41.3	39.8755	-28.0587	-10.4977	-26.3166
	100	210.6	-41.1	29.8814	-19.3804	-11.4797	-19.6346
mz4a	0	351.2	-62.7	303.7791	137.8156	-21.3379	-269.876
	10	342.1	-63.7	342.5356	144.4559	-46.7318	-307.049
	15	335	-65.9	309.9619	114.8214	-53.4519	-282.905
	20	330.9	-66	269.8173	95.7535	-53.2973	-246.56
	25	333.7	-61.4	225.8836	96.9958	-48.004	-198.27
	30	337.3	-63.5	186.4363	76.7305	-32.1689	-166.842
	40	327.4	-65.1	130.6612	46.4374	-29.6645	-118.473
	50	336.3	-61.2	98.1061	43.2944	-18.9731	-85.9676
	60	333.9	-62.7	75.3862	31.0514	-15.1865	-66.9945

Çizelge Ek-3i (devam)

	80	332.6	-60.8	52.8928	22.9343	-11.8688	-46.1605
	100	328.5	-62.2	42.4787	16.9027	-10.3571	-37.5695
mz4b	0	347.4	-66.2	282.5568	111.299	-24.8624	-258.52
	10	340.8	-64.9	329.4288	131.7554	-45.9982	-298.409
	15	337.2	-64.2	301.965	121.2299	-50.9737	-271.823
	20	333.8	-62.6	263.125	108.4665	-53.4115	-233.703
	25	338.2	-62.7	220.449	93.7249	-37.5409	-195.97
	30	333.6	-64	182.8968	71.8148	-35.6077	-164.396
	40	338	-63.4	128.7868	53.3965	-21.5205	-115.203
	50	334.9	-60.1	97.4706	43.9751	-20.5863	-84.5158
	60	331.8	-61.6	74.8695	31.3915	-16.8647	-65.8452
	80	334.9	-59.2	53.029	24.5977	-11.5046	-45.5486
	100	335.2	-58.9	42.8431	20.0868	-9.2616	-36.6917
mz4e	0	349.7	-63.9	333.8177	144.4907	-26.1733	-299.786
	5	339.6	-61.5	355.2565	159.0506	-59.0061	-312.135
	10	334.2	-63.4	377.2811	152.1029	-73.5491	-337.337
	15	332.9	-62.9	337.8023	137.2073	-70.1515	-300.605
	20	327.8	-62.5	284.513	111.2951	-69.9617	-252.322
	25	341	-65.4	234.8335	92.378	-31.8495	-213.539
	30	330.2	-60.9	205.0981	86.6374	-49.5967	-179.163
	35	328.7	-59.7	183.0926	78.9709	-48.0268	-158.05
	40	337.1	-64.4	129.5425	51.5295	-21.7585	-116.844
	50	34.3	-52.8	102.702	51.3769	34.9859	-81.7564
	60	329.5	-59.6	74.5121	32.4971	-19.1646	-64.255
	70	330	-60.8	56.1042	23.7112	-13.7164	-48.9624
	80	328.1	-62.7	48.1854	18.7706	-11.6779	-42.815
	90	331.2	-61	42.6683	18.124	-9.9603	-37.3215
	100	324.3	-59.9	37.5479	15.3106	-11.0067	-32.4697
mz5a	0	356.9	18.2	170.8365	162.021	-8.651	-53.4742
	15	348.1	-18.4	191.8906	178.1491	-37.4759	-60.6667
	20	346.9	-18.8	170.3626	157.146	-36.452	-54.7704
	25	346.8	-19.1	141.8128	130.4589	-30.6081	-46.4166
	30	347	-19.2	117.0746	107.6976	-24.924	-38.5548
	40	346.6	-19.8	80.4776	73.6781	-17.5067	-27.2341
	50	347.4	-19	57.2199	52.7999	-11.7977	-18.6306
	60	348.5	-32.7	54.804	45.1679	-9.2204	-29.6366
	80	348.1	-17.9	30.3961	28.3055	-5.9488	-9.3452
	100	346.3	-17.5	24.512	22.7113	-5.5492	-7.3648
mz6a	0	293.9	29	313.1275	110.9348	-250.378	151.8335
	10	289.2	25.3	333.9538	99.051	-285.21	142.7221
	15	287	23.6	322.5273	86.5379	-282.492	129.3573
	20	288.6	24.8	295.3662	85.4589	-254.244	123.6852
	25	286	20.2	264.4076	68.3102	-238.509	91.4258
	30	287.9	22	229.2387	65.2931	-202.213	86.0059
	40	288.9	19.2	183.8433	56.2866	-164.259	60.4077
	50	282.6	15.7	138.3195	29.1174	-129.967	37.3246
	60	291.7	16.7	94.916	33.6681	-84.4699	27.2092

Çizelge Ek-3i (devam)

	80	291.7	16.5	59.218	21.0251	-52.74	16.829
	100	279.4	12.3	35.5691	5.6996	-34.2825	7.5753
mz6b	0	317.8	-63.5	238.9045	79.1387	-71.6388	-213.73
	10	317.8	-65	299.359	93.8345	-85.028	-271.258
	15	325.9	-66.7	298.201	97.784	-66.1285	-273.842
	20	320.1	-62.7	288.4608	101.5589	-84.7937	-256.331
	25	315.3	-61.1	263.9251	90.7727	-89.8801	-230.951
	30	316.7	-60.4	236.5743	85.0829	-80.2308	-205.649
	40	316.6	-63.4	169.5269	55.1727	-52.2356	-151.548
	50	318.3	-60.7	120.8761	44.1821	-39.4248	-105.379
	60	325.1	-57.4	93.7211	41.4194	-28.8979	-78.9493
	80	305.6	-55.2	45.9062	15.2393	-21.3181	-37.6919
	100	311.2	-64.1	23.2036	6.6772	-7.6147	-20.8768
mz7a	0	346.9	-35	114.055	90.978	-21.238	-65.4256
	10	338.7	-35.5	148.7236	112.8767	-43.9203	-86.3051
	15	335.7	-33.8	147.3889	111.6284	-50.3212	-82.0389
	20	336	-34.7	131.8171	99.0157	-44.0664	-75.032
	25	335.1	-34.5	115.1229	86.0411	-39.9031	-65.2529
	30	336.9	-34.9	99.8317	75.281	-32.131	-57.1555
	40	334.6	-36.5	75.3073	54.7036	-25.9392	-44.7868
	50	334.8	-33.9	63.4275	47.6453	-22.3967	-35.3746
	60	333.9	-37.1	54.0748	38.7411	-19.007	-32.5875
	80	333	-34.8	46.735	34.2093	-17.4366	-26.643
	100	333.1	-34.6	40.4064	29.6708	-15.0263	-22.9462
mz8a	0	329.8	-27.4	414.7186	318.2764	-185.423	-190.552
	10	333.3	-21.5	368.6426	306.3359	-154.14	-135.265
	15	332.1	-19.7	354.8109	295.323	-156.229	-119.447
	20	313.5	-14.4	182.8905	121.8607	-128.573	-45.4751
	25	319.4	-14.1	175.6658	129.4357	-110.749	-42.8906
	30	322.8	-18.5	175.3874	132.556	-100.5	-55.5827
	40	329.9	-17.5	168.4856	139.01	-80.5526	-50.7435
	50	332.8	-17.1	151.5719	128.8504	-66.2855	-44.4731
	60	337.5	-18.6	135.24	118.3931	-49.1163	-43.1337
	80	339.6	-16.6	123.9629	111.3489	-41.3478	-35.4768
	100	341	-18	118.2494	106.3336	-36.6649	-36.4937

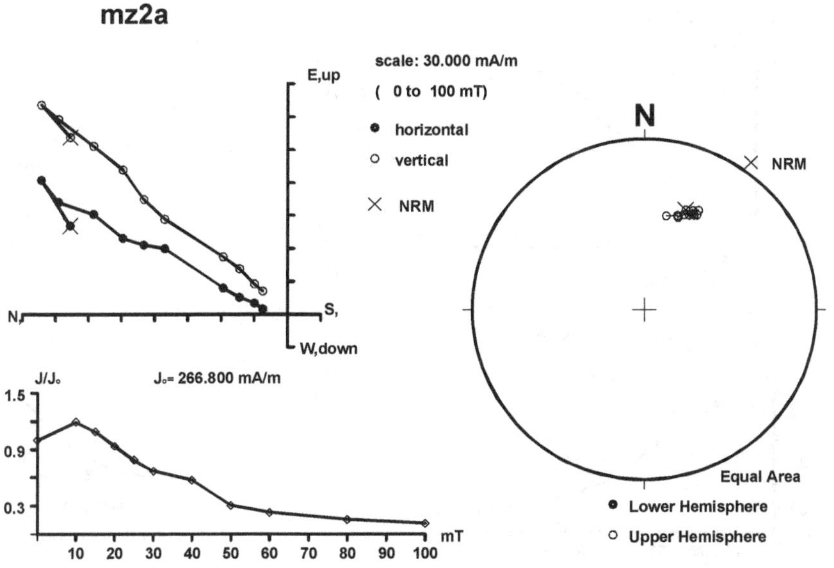

Şekil Ek-3.16. mz2a numunesine ait DKM özellikleri: Zijdervelt ve normalleştirilmiş manyetik şiddet çizimi ve eşit alan projeksiyonu.

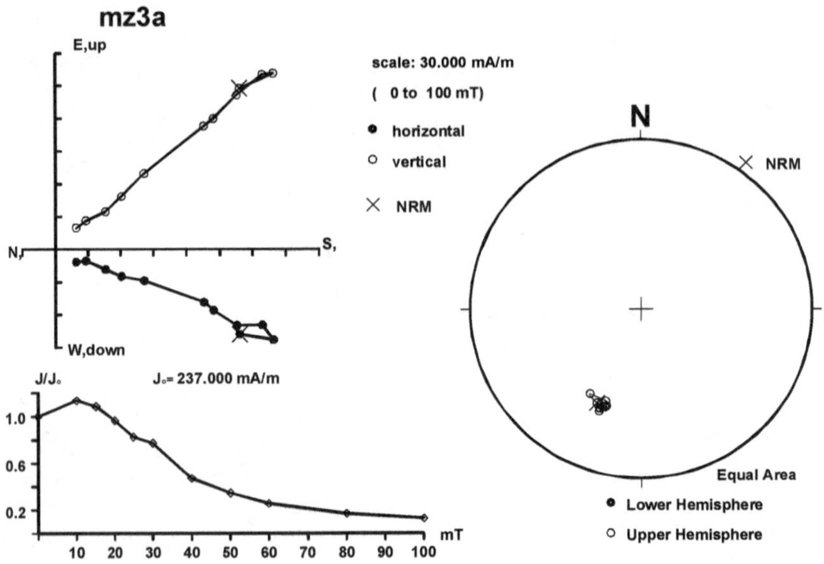

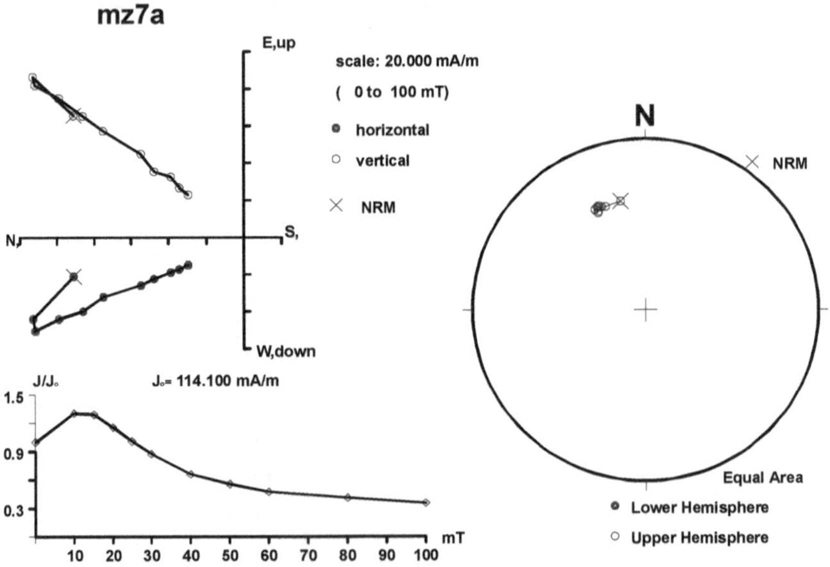

Şekil Ek-3.17. **(a)** mz3a ve **(b)** mz7a numunelerine ait DKM özellikleri: Zijdervelt ve normalleştirilmiş manyetik şiddet çizimi ve eşit alan projeksiyonu

(j) Mamasın (MM) Bölgesi AF manyetik temizleme deneyi sonuçları

Numune adı	AF adımı (mT)	D (Der.)	I (Der.)	Ortalama Manyetik Şiddet	Manyetik şiddet bileşenleri		
					Jx	Jy	Jz
mm1c	0	130.3	-19.8	1.525	-0.93	1.09	-0.52
	5	142.3	-20.7	2.49	-1.84	1.43	-0.88
	10	138.9	-11.6	2.42	-1.79	1.56	-0.49
	15	138.4	-6.3	2.665	-1.98	1.76	-0.29
	20	139.2	0.2	2.397	-1.82	1.57	0.01
	25	135.3	-41.9	2.225	-1.18	1.17	-1.49
	30	155.4	-0.1	1.6277	-1.48	0.678	-0.03
	35	136	-2.7	1.1894	-0.855	0.825	-0.055
	40	171.8	-1.4	0.998	-0.988	0.142	-0.025
	50	113.7	-37.3	0.783	-0.25	0.57	-0.475
	60	135.5	-23.1	0.9611	-0.63	0.62	-0.378
	70	128.3	11.9	1.3555	-0.82	1.04	0.28
	80	108.1	32.5	1.1025	-0.29	0.885	0.59
	90	116	49.4	1.0937	-0.313	0.64	0.83
	100	97.6	20.3	0.7423	-0.093	0.69	0.258
mm2a	0	195.1	-16.9	4.1486	-3.83	-1.038	-1.2
	5	193.6	-17	3.8027	-3.535	-0.852	-1.113
	10	189.5	-20.4	3.3742	-3.12	-0.52	-1.175
	15	187.3	-21.7	3.3639	-3.1	-0.395	-1.245
	20	176.7	-24.3	3.2951	-2.998	0.172	-1.357
	30	186.9	-25.5	3.1721	-2.843	-0.345	-1.365
	35	188.1	-26.7	2.8729	-2.54	-0.363	-1.293
	40	198.5	-23.4	2.9096	-2.533	-0.848	-1.155
	50	201.4	-33.6	2.4061	-1.868	-0.73	-1.33
	60	173.3	-37.9	1.6273	-1.275	0.15	-1
	70	185.1	-36.1	1.6032	-1.29	-0.115	-0.945
	80	189.5	-18.3	1.7812	-1.667	-0.28	-0.56
	90	213.4	-25	1.3719	-1.038	-0.685	-0.58
	100	211.3	-21.4	1.5267	-1.215	-0.738	-0.557

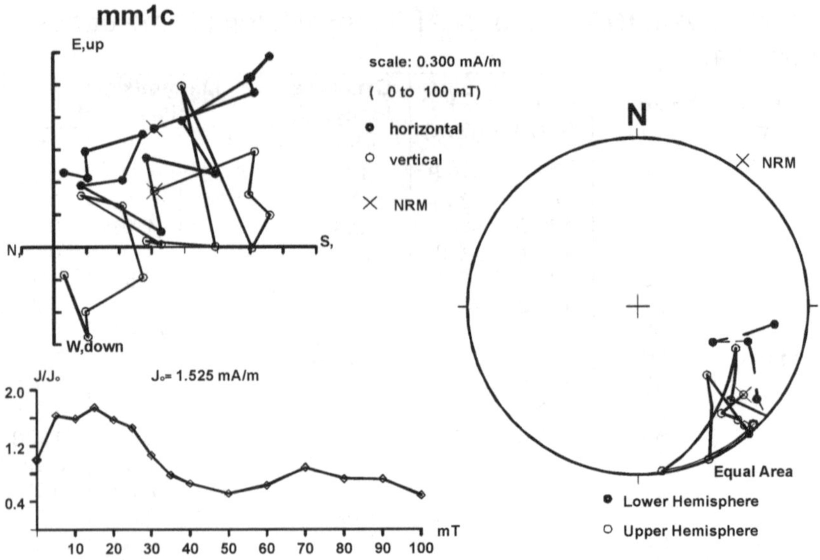

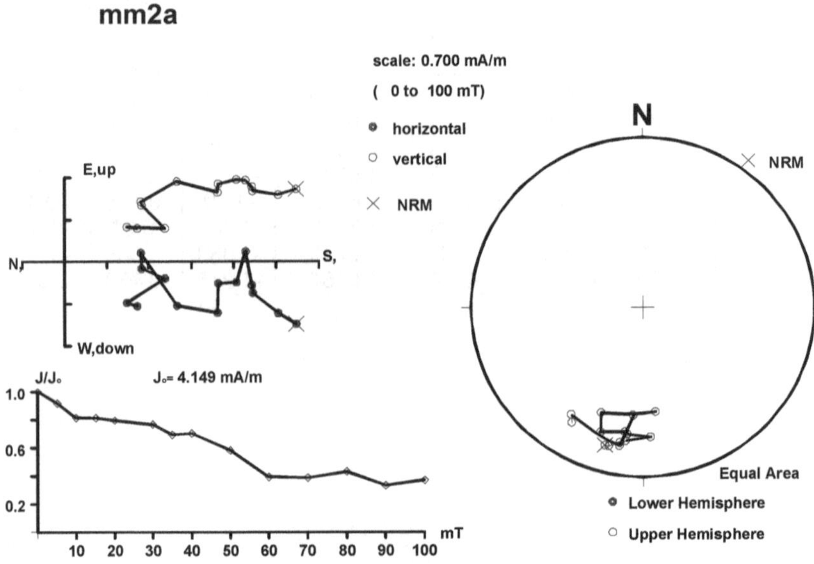

Şekil Ek-3.18. (a) mm1c ve **(b)** mm2a numunelerine ait DKM özellikleri: Zijdervelt ve normalleştirilmiş manyetik şiddet çizimi ve eşit alan projeksiyonu.

EK-4

Isıl manyetik temizleme deneyi sonuçları ve diyagramları

(a) Acıgöl (AG) Bölgesi ısıl manyetik temizleme deneyi sonuçları

Numune adı	TH adımı (°C)	D (Der.)	I (Der.)	Ortalama Manyetik Şiddet	Manyetik şiddet bileşenleri		
					Jx	Jy	Jz
ag1c	20	0	73.4	15.9437	-4.5515	0	15.2802
	100	181.9	64.9	11.0514	-4.6851	-0.1516	10.008
	150	174	65.9	11.8764	-4.8265	0.511	10.8394
	180	180.8	69	10.4174	-3.7259	-0.0517	9.7282
	220	180.3	67.5	10.5718	-4.0537	-0.0207	9.7637
	250	170.9	67	10.7264	-4.1447	0.6626	9.8711
	280	181.6	66.9	10.0856	-3.9477	-0.1071	9.2802
	320	181.8	66.9	9.881	-3.8785	-0.1244	9.0871
	370	182	70.9	10.325	-3.3797	-0.1209	9.7555
	400	188.1	65.6	9.722	-3.9822	-0.5652	8.851
	430	182.4	70	10.8083	-3.6907	-0.1538	10.1575
	480	176.9	68.4	11.254	-4.1363	0.225	10.4639
	530	186	67.4	9.4139	-3.5965	-0.3778	8.6916
	560	186.1	69.9	9.6474	-3.298	-0.3508	9.0594
	600	168.7	72.8	5.9764	-1.7303	0.3461	5.71
	650	190.3	71.8	2.0368	-0.6252	-0.1137	1.9351
ag3c	20	165.7	52.9	140.1885	-81.9278	20.807	111.8379
	100	165.9	58.2	63.9914	-32.7169	8.2041	54.38
	150	161.9	57.1	63.6379	-32.8951	10.7256	53.4103
	180	157.6	57.2	60.9565	-30.5618	12.5885	51.2171
	220	156.7	59.8	59.0605	-27.3239	11.7725	51.0192
	250	159.4	57.7	59.9521	-29.9546	11.2436	50.7006
	280	159.4	55.5	57.4983	-30.4546	11.4249	47.4135
	320	161.6	56.7	54.6085	-28.4668	9.4682	45.6298
	370	156.7	58.9	48.3613	-22.9275	9.8921	41.4161
	400	162.3	57.4	43.5195	-22.3479	7.1296	36.6563
	430	157.5	55.7	34.6408	-18.0348	7.4716	28.6165
	480	156.9	59.3	28.0806	-13.191	5.615	24.1451
	530	165.3	58.4	21.684	-11.0011	2.8913	18.4611
	560	161.7	58.7	19.8807	-9.7936	3.2478	16.9935
	600	159.4	64.3	11.7752	-4.7736	1.7965	10.6133
	650	159.5	64	4.6639	-1.917	0.7182	4.1906

Çizelge Ek-4a (Devam)

ag5c	20	208.5	61	243.3032	-103.71	-56.2441	212.7846
	100	207.2	68.8	171.1364	-55.0284	-28.3404	159.5505
	150	206.3	67	170.5906	-59.8052	-29.5054	157.0157
	180	193	71.2	165.7362	-52.0388	-11.9942	156.8967
	220	204.1	71.3	165.2434	-48.3029	-21.5751	156.5462
	250	203.8	69.1	164.0836	-53.438	-23.5681	153.3374
	280	196.4	73.1	160.5157	-44.7256	-13.1234	153.5991
	320	205.7	71.7	157.5028	-44.6602	-21.5393	149.4947
	370	206.5	71.8	150.918	-42.2019	-20.9985	143.3677
	400	190.4	73.3	143.0766	-40.3663	-7.4147	137.0638
	430	203.5	71.7	132.4372	-38.1642	-16.5712	125.7318
	480	200.4	74.5	112.1629	-28.1287	-10.4371	108.0757
	530	205.9	73.1	74.0205	-19.3124	-9.3892	70.8372
	560	186.7	75.4	65.7009	-16.4898	-1.9397	63.5683
	600	204.4	77.5	39.3281	-7.766	-3.5267	38.3921
	650	219.9	75.6	22.4282	-4.2888	-3.586	21.7203
ag7d	20	164.3	49.2	127.1231	-79.9771	22.4326	96.2326
	100	150.7	54.3	57.5513	-29.2868	16.4238	46.7407
	150	147.8	59.8	54.6737	-23.2927	14.6465	47.2456
	180	151.4	56.3	52.9028	-25.7765	14.0717	44.003
	220	155.1	57.5	53.338	-26.0124	12.0939	44.9671
	250	151.1	60.6	49.9369	-21.4659	11.8613	43.4997
	280	151	61.3	47.8422	-20.1161	11.1699	41.9458
	320	154.7	61.7	46.3432	-19.8645	9.406	40.7998
	370	153.2	63.4	45.0589	-18.0182	9.0932	40.286
	400	158.1	62.4	42.5127	-18.3035	7.3525	37.6596
	430	149	63.8	40.14	-15.1713	9.1155	36.0272
	480	151.9	63.6	36.4279	-14.2679	7.6189	32.64
	530	146.8	67.1	30.4568	-9.9282	6.5029	28.0493
	560	157.7	69.9	27.3897	-8.701	3.5686	25.7245
	600	151.4	69.1	16.7464	-5.2519	2.8652	15.6413
	650	148.8	70.1	7.7156	-2.2477	1.359	7.2547
ag8d	20	160	41.6	218.5094	-153.452	55.9189	145.1617
	100	153.2	45.3	104.4229	-65.5907	33.1875	74.166
	150	152.6	43	101.2749	-65.8105	34.0537	69.0357
	180	150	42.4	97.8941	-62.6171	36.1636	65.989
	220	153.3	43.5	97.1029	-62.8953	31.6939	66.848
	250	153.1	42.4	92.3344	-60.776	30.8264	62.3029
	280	153.2	42.3	89.8104	-59.272	29.9548	60.4604
	320	153.8	41.9	86.7342	-57.8928	28.4772	57.968
	370	153.8	41.1	84.6386	-57.1978	28.1837	55.6577
	430	151.6	41.3	77.323	-51.1295	27.5904	51.0235
	480	153.2	43.1	69.384	-45.2148	22.8619	47.4035
	530	153.7	41.6	43.4087	-29.0743	14.386	28.8451
	560	154.1	44.9	31.9324	-20.3541	9.8788	22.5344
	600	152.1	50	11.8691	-6.7481	3.5675	9.0891
	650	152.9	60	2.0907	-0.9301	0.4754	1.8111

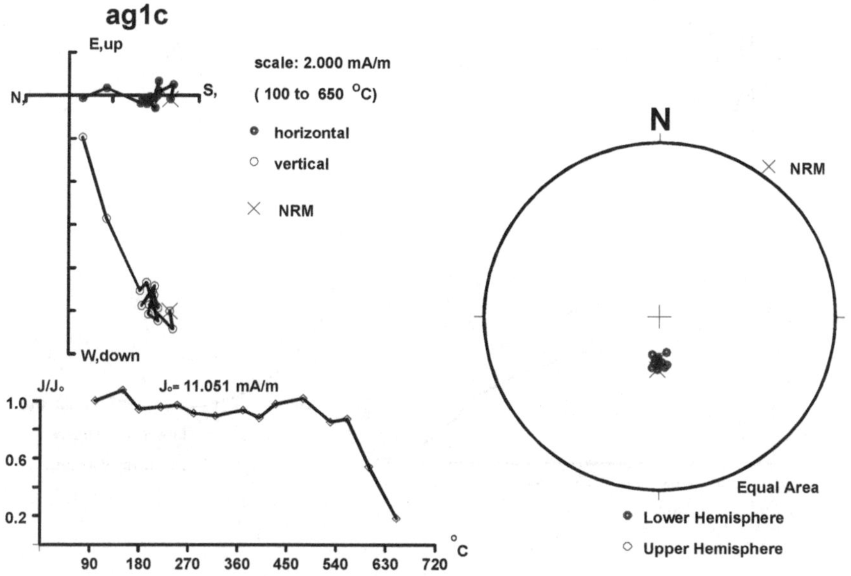

Şekil Ek-4.1. ag1c numunesine ait DKM özellikleri: Zijdervelt ve normalleştirilmiş manyetik şiddet çizimi ve eşit alan projeksiyonu

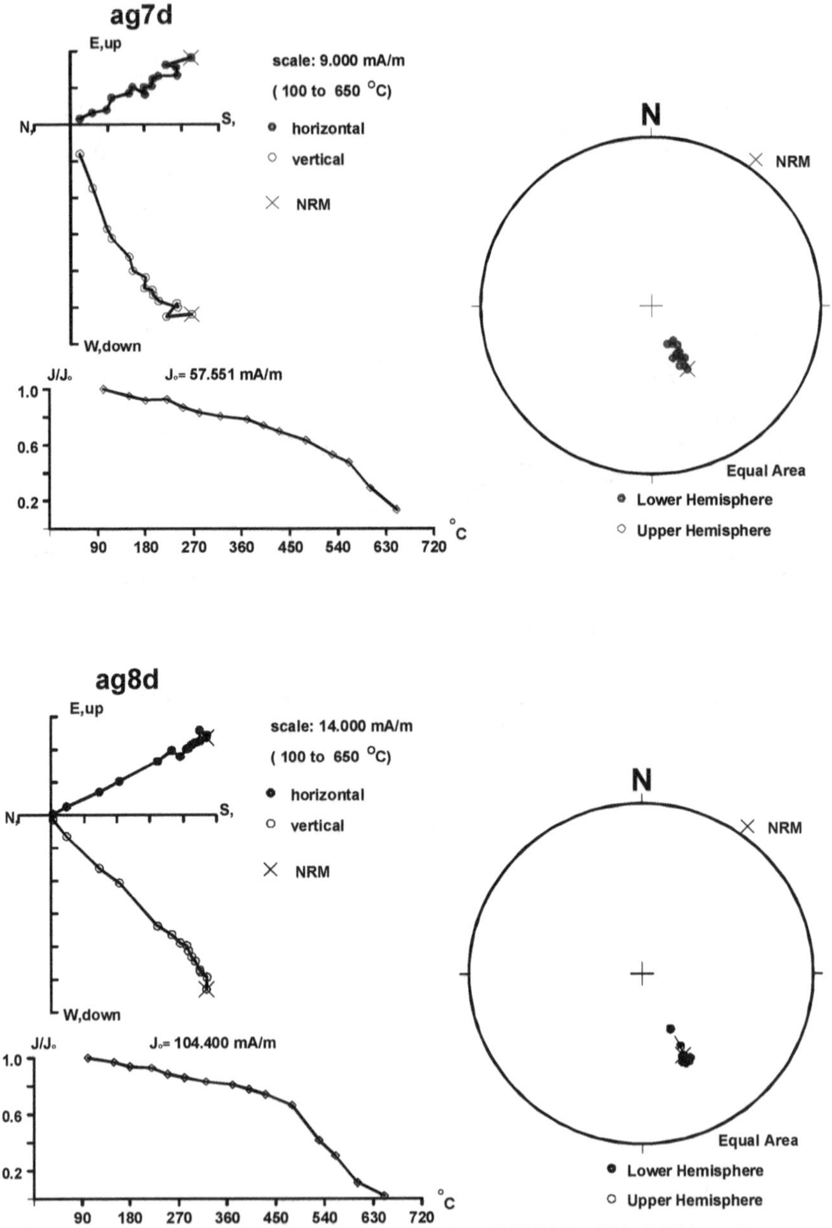

Şekil Ek-4.2. (a) ag7d ve **(b)** ag8d numunelerine ait DKM özellikleri: Zijdervelt ve normalleştirilmiş manyetik şiddet çizimi ve eşit alan projeksiyonu

(b) Gelveri (GL) Bölgesi ısıl manyetik temizleme deneyi sonuçları

Numune adı	TH adımı (°C)	D (Der.)	I (Der.)	Ortalama Manyetik Şiddet	Manyetik şiddet bileşenleri		
					Jx	Jy	Jz
gl1f	20	196.7	-8.8	168.054	-159.089	-47.7132	-25.6155
	100	197.8	-11.3	135.325	-126.389	-40.4794	-26.4599
	150	206.9	-16.4	131.931	-112.913	-57.2248	-37.172
	180	207.6	-23.6	103.233	-83.775	-43.867	-41.4064
	220	213.7	-27	94.4499	-70.0212	-46.6214	-42.945
	250	218.9	-30.7	98.2571	-57.2881	-46.2869	-43.6732
	280	227.7	-29.4	97.7046	-57.2584	-62.9773	-47.9741
	320	233	-44.7	71.5335	-30.6157	-40.6396	-50.2806
	370	246.5	-46.2	67.7265	-18.7185	-42.9852	-48.875
	400	256.6	-46.5	69.201	-11.0201	-46.322	-50.2156
	430	257.5	-41.5	86.0423	-13.9262	-62.9614	-56.9666
gl3e	20	301.4	27.9	331.639	152.7709	-250.247	154.9909
	100	313.3	30.6	340.0368	200.9039	-212.991	172.9092
	150	319.4	32.9	338.5025	215.9913	-184.88	183.7144
	180	325.2	37	324.1395	212.5538	-147.651	195.1576
	220	335.6	34.9	318.5008	237.9938	-107.998	182.0392
	250	333.4	38.2	314.7529	221.4072	-110.708	194.7826
	320	342	38.3	278.3282	207.7917	-67.7091	172.3504
	370	344.2	39.7	263.1403	194.7922	-55.131	168.1052
	400	353	41.5	252.8512	187.8497	-22.9195	167.6928
	430	342.4	36.2	231.2453	177.8302	-56.4483	136.6178
	480	2.8	38.9	209.9758	163.2772	7.8576	131.7901
gl4a	20	343.7	27.5	5847.696	4976.753	-1456.84	2702.795
	100	345.4	26.5	584.3481	506.0121	-131.963	260.7684
	150	346.3	25.7	585.0498	512.129	-125.209	253.6331
	180	345.3	26	576.295	501.1244	-131.352	252.4619
	220	346	25.7	568.3295	497.0701	-123.768	246.1733
	250	345.5	26.9	559.6662	483.9549	-124.692	253.6858
	280	344.7	25.8	509.7307	442.4685	-121.282	222.1206
	320	345.7	24.7	407.5528	358.7797	-91.1821	170.4766
	370	345.6	25.7	349.5382	305.0195	-78.299	151.6882
	400	345.8	25.3	337.3364	295.7835	-74.7668	143.9371
	430	345.6	25.6	326.6789	285.5032	-73.1709	140.9008
	480	345.2	23.5	302.187	275.9066	25.0899	120.6773
	530	345.6	24.5	302.6176	266.6205	-68.6765	125.5964
	560	346.3	24.7	276.8115	244.2504	-59.6835	115.7767
	600	346.4	24.5	83.3998	73.7707	-17.7998	34.5915
	650	347.8	47.1	7.3273	4.8721	-1.0499	5.3712

Çizelge Ek-4b (Devam)

gl5b	20	348.9	-0.2	706.6126	693.3949	-136.001	-2.9372
	100	350.4	0.3	725.5893	715.3783	-121.252	3.4429
	150	350.8	-3.1	725.5043	715.1976	-115.379	-39.1981
	180	351.3	-1.7	726.7429	717.9911	-110.361	-21.552
	220	350.3	-2.1	718.1985	707.5347	-120.465	-26.3037
	250	349.8	1.7	721.5112	709.8645	-127.313	21.4988
	280	350.1	-0.5	684.0954	673.8509	-117.782	-6.2371
	320	351.2	-1.3	649.7982	641.9722	-99.4984	-14.4742
	370	351.8	-0.8	585.1314	579.0214	-83.9512	-8.0699
	400	352.1	-0.7	551.6789	546.3837	-75.9257	-7.0528
	430	350.4	-1.4	518.2503	510.8212	-86.5409	-12.48
	480	351	-0.5	474.8676	468.9431	-74.6835	-3.7437
	530	353.1	2.7	429.3903	425.8044	-51.5714	20.1761
	560	351.7	-3	35.7161	35.294	-5.1406	-1.8852
	600	351.5	-0.3	216.0611	213.693	-31.886	-1.0004
	650	347.4	15.5	100.6687	94.6899	-21.1071	26.8792
gl6b	20	321.5	22.8	798.3494	575.9392	-458.074	309.5549
	100	322.1	20.3	824.7634	610.177	-475.272	286.418
	150	323.2	21.9	825.7825	613.099	-459.071	308.6751
	180	350.5	32.5	696.2232	579.1107	-96.9281	374.1157
	220	323	23	794.9562	584.4901	-440.16	310.7827
	250	323.9	22.4	793.8864	593.1831	-432.695	301.9353
	280	323.5	22.9	763.0603	565.0929	-417.74	297.3618
	320	324.3	21.6	712.1406	538.1015	-385.985	261.9282
	370	323.4	23.5	636.4117	468.3932	-347.856	254.2118
	400	325.6	21.6	605.3002	464.2414	-318.073	222.9305
	430	322.5	22.5	564.1265	413.211	-317.619	215.9023
	480	324.5	22.7	506.7365	380.2619	-271.705	195.8545
	530	326.1	23.6	462.9966	352.2314	-236.328	185.6023
	560	325.3	24.8	38.3381	28.6081	-19.8001	16.1043
	600	329.2	23.5	253.4004	199.6068	-119.142	100.8669
	650	328.9	33.6	101.588	72.4553	-43.7193	56.2047
gl7c	20	126.4	-48.5	730.7945	-287.884	389.7998	-547.028
	100	132.5	-47.8	744.085	-337.887	368.3075	-551.221
	150	129.6	-44.9	760.6364	-343.647	415.2711	-536.679
	180	132.9	-46.9	740.6846	-344.559	370.5706	-540.898
	220	128.8	-50.4	724.8972	-290.032	360.1768	-558.238
	250	134.3	-50.5	723.4742	-321.129	329.585	-558.269
	280	126.4	-48.6	702.8973	-276.066	374.4935	-526.884
	320	128.2	-50.3	671.9349	-265.079	337.1402	-517.268
	370	127.5	-46.9	594.8417	-247.157	322.2483	-434.634
	400	125.7	-49	560.9938	-214.907	298.9554	-423.267
	430	125.8	-49.5	539.6478	-204.929	284.4362	-410.268
	530	131.7	-46.2	431.2685	-198.376	222.7831	-311.46
	560	124.1	-48.4	30.6396	-11.4247	16.8537	-22.8957
	600	129.4	-47.9	140.6862	-59.9118	72.9269	-104.33
	650	113.2	31.3	15.5841	-5.2496	12.2422	8.0891

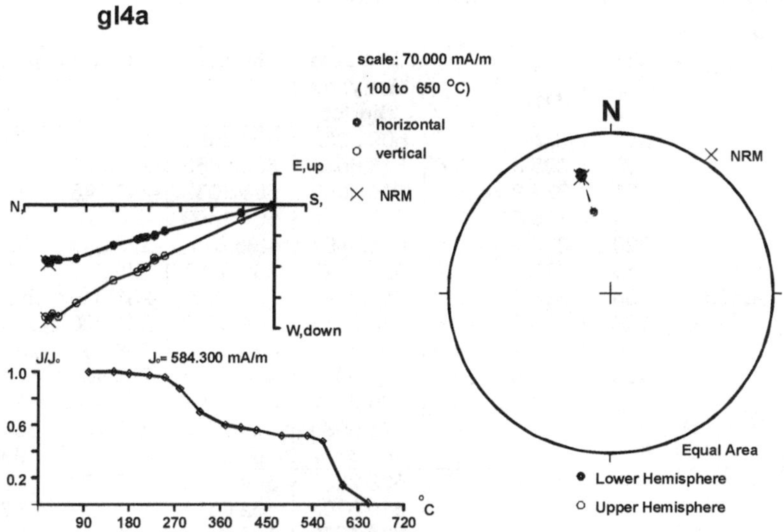

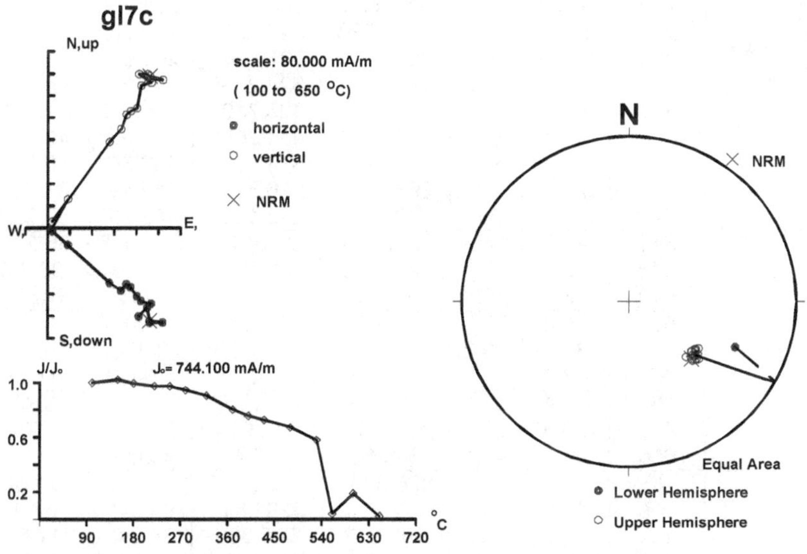

Şekil Ek-4.3. (a) gl4a ve **(b)** gl7c numunelerine ait DKM özellikleri: Zijdervelt ve normalleştirilmiş manyetik şiddet çizimi ve eşit alan projeksiyonu

(c) Göstük (GS) Bölgesi ısıl manyetik temizleme deneyi sonuçları

Numune adı	TH adımı (°C)	D (Der.)	I (Der.)	Ortalama Manyetik Şiddet	Manyetik şiddet bileşenleri		
					Jx	Jy	Jz
gs1d	20	336	-26.8	609.9052	497.3983	-221.332	-274.939
	100	335.8	-26.8	616.8958	502.1469	-225.397	-278.577
	150	333.9	-25.8	625.9062	505.8939	-247.848	-272.766
	180	336.8	-27.7	619.5432	504.1609	-215.84	-288.217
	220	335.8	-29.9	614.9497	486.311	-218.847	-306.22
	250	336	-26.7	621.2413	506.8487	-225.615	-2790.58
	280	334.2	-27.7	610.8249	486.807	-235.619	-283.919
	320	336.3	-26.4	614.7177	504.0052	-221.226	-273.708
	370	335.9	-27.6	576.4591	466.2748	-208.339	-267.372
	400	335.9	-28.1	568.5311	458.0604	-204.466	-267.585
	430	334.3	-28.7	535.2712	423.0969	-203.984	-256.7
	480	335.1	-29.5	478.6588	377.7936	-175.727	-235.598
	530	337.3	-29.6	403.6777	323.666	-135.46	-199.616
gs2b	20	333.8	6.5	600.2209	534.9475	-263.596	67.9233
	100	333.9	6.7	619.6201	552.4385	-271.121	72.3464
	150	334.6	4.7	629.1572	566.3049	-269.247	51.4144
	180	334.6	3.7	624.1202	562.6856	-267.077	39.7577
	220	334.5	7.7	620.5076	555.037	-264.816	82.682
	250	335.2	5.6	626.9977	566.4323	-261.785	61.2293
	280	333.7	5.6	612.8726	546.8975	-270.032	59.9911
	320	333.9	6.3	598.0179	533.7547	-261.578	65.6369
	370	335.2	5.5	580.0891	524.2835	-241.916	55.7392
	400	334.2	6.2	553.8366	495.7195	-239.652	59.7016
	430	334.5	5.1	505.1955	454.2052	-216.651	44.5249
	480	335.8	5.6	412.6938	374.6847	-168.301	40.0311
	530	335.8	6.8	283.4984	256.6972	-115.496	33.7412
	560	336.6	6.9	270.2573	246.1587	-106.753	32.3856
gs3a	550	23.2	24.9	86.2425	71.8825	30.8075	36.3536
	570	25.5	26.5	59.0532	47.7105	22.7394	26.342
	650	38.3	41.4	9.4892	5.5849	4.4065	6.2798
gs3b	550	25.3	26.4	78.1959	63.3645	29.9077	34.714
	570	31.3	29.2	51.6697	38.5158	23.4507	25.2262
	650	48.6	42.3	8.3603	4.0892	4.6432	5.6227
gs3c	550	27.4	22.9	91.8375	75.1017	38.9505	35.7313
	570	36.6	25.9	52.1619	37.7014	27.9501	22.7652
	650	45.7	45.1	8.4362	4.1647	4.2604	5.9727
gs3d	20	19.4	19.7	895.6339	795.3317	280.8158	301.2475
	100	19.9	16.7	919.2914	828.0841	299.9414	263.455
	150	19.5	20	909.362	805.368	284.9454	311.6534
	180	18.1	19	931.0765	836.8477	273.1638	303.2669
	220	18.5	17.9	928.677	837.8923	281.0403	285.2959
	250	19.4	18.5	926.4581	828.7116	291.3693	2943.904

Çizelge Ek-4c (Devam)

	280	19.5	20	892.7766	791.0319	279.8823	304.9335
	320	19.3	21.7	871.3485	764.0168	267.4968	322.4468
	370	18.8	20	862.3104	767.2112	260.7623	294.9055
	400	19.2	17.7	840.6178	756.5583	262.8554	255.2741
	430	20	19.2	796.6652	707.1236	257.5041	261.4256
	480	19	18.3	771.5243	692.8238	238.3464	241.7352
	530	18.5	21.7	681.6499	600.3055	201.3791	252.4408
	560	19.8	20.1	45.0803	39.8319	14.3246	15.5068
	600	25	22.5	168.7905	141.3067	65.9849	64.5651
	650	347.4	55.3	23.1334	12.8567	-2.8749	19.0157
gs3e	550	23.7	25.3	286.1921	236.8572	104.0796	122.3602
	570	24.8	19.7	242.1497	206.9791	95.5395	81.6598
	650	53.2	50.6	9.0473	3.4396	4.5928	6.995
gs4c	20	352.8	-28.7	676.8582	588.8967	-73.9025	-325.386
	100	352	-27.1	693.3418	611.3116	-86.4448	-315.513
	150	351.3	-32.8	670.0527	556.5902	-85.6606	-363.098
	180	352	-28.1	689.7179	602.4303	-85.1212	-324.874
	220	349.5	-29.7	686.3579	585.9755	-108.409	-340.54
	250	351.8	-28.4	685.4477	596.7254	-85.7677	-3253.44
	280	348.5	-28.3	674.6756	582.0441	-118.218	-320.0569
	320	351.9	-28	676.2462	590.9259	-83.6667	-317.987
	370	350.9	-28.4	662.9188	575.7895	-91.7118	-315.463
	400	349.5	-30	648.279	552.214	-102.836	-323.651
	430	350.8	-30.9	630.2479	533.7332	-86.3437	-323.861
	480	349.5	-28.4	614.1458	530.9042	-98.8632	-292.476
	530	348.6	-29.7	537.7194	457.6793	-92.476	-266.683
gs5a	550	50	10.6	5.0795	3.2092	3.8241	0.9373
	570	49.6	7.7	15.5629	10.0039	11.7356	2.0977
	650	61.3	36.9	12.6628	4.8547	8.8834	7.6068
gs5b	550	51	-27.8	15.3067	8.5279	10.5224	-7.1308
	570	56.3	-5.8	21.5917	11.916	17.874	-2.175
	650	52	44.1	14.3045	6.3302	8.0978	9.9485
gs5c	20	27	-43.8	433.0108	278.4242	142.0308	-299.676
	100	33.9	-44.8	441.3852	260.0858	174.5987	-310.953
	150	32.3	-45.5	439.7497	260.527	164.7381	-313.635
	180	38.7	-46.9	432.0491	230.6231	184.4476	-315.37
	220	44	-45.6	436.1925	219.7235	212.148	-311.414
	250	41	-42.7	442.9793	245.3657	213.4755	-300.195
	280	45	-42.3	426.1444	222.9444	222.5688	-286.981
	320	47.5	-45.5	419.9761	198.9415	217.1859	-299.387
	370	48.5	-47.1	392.964	176.9943	200.3652	-288.006
	400	45.5	-42.7	373.7045	192.5262	196.1656	-253.195
	430	47.9	-47.2	321.428	146.4127	161.8711	-235.96
	480	51.2	-46.5	257.0485	110.9016	137.997	-186.364
	560	49.5	-46.6	14.6034	6.5107	7.6233	-10.6186
	600	50.1	-37	84.7898	43.4914	51.9239	-51.0069
	650	9.4	73.1	15.1954	4.36	0.7189	14.5386

gs3d

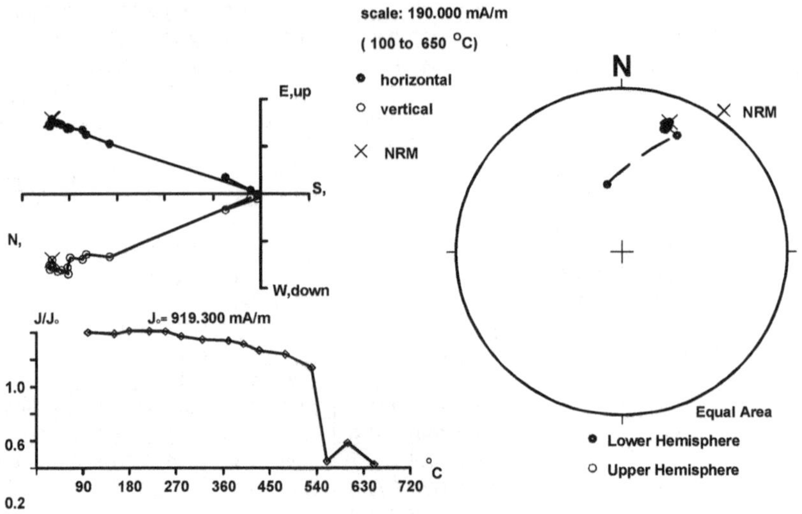

gs4c

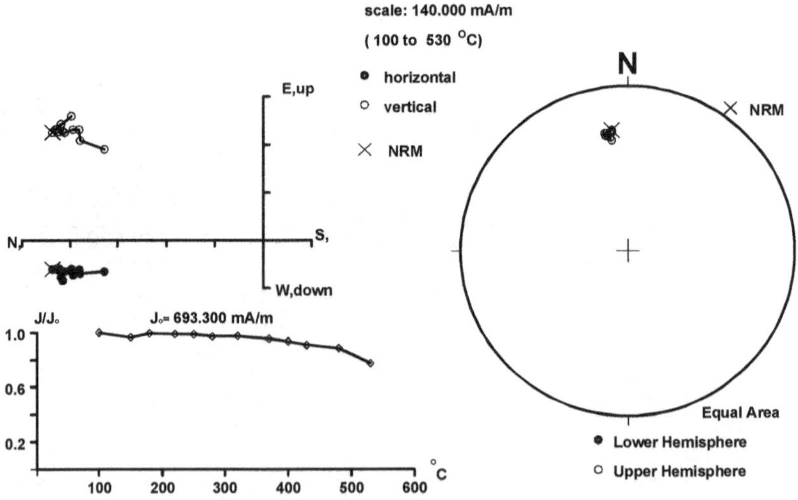

Şekil Ek-4.4. (a) gs3d ve **(b)** gs4c numunelerine ait DKM özellikleri: Zijdervelt ve normalleştirilmiş manyetik şiddet çizimi ve eşit alan projeksiyonu

(d) Kızılkaya (KZ) Bölgesi ısıl manyetik temizleme deneyi sonuçları

Numune adı	TH adımı (°C)	D (Der.)	I (Der.)	Ortalama Manyetik Şiddet	Manyetik şiddet bileşenleri		
					Jx	Jy	Jz
kz3a	20	290.7	-46.2	415.4381	101.5392	-268.968	-299.892
	100	301.1	-45.2	391.359	142.3189	-236.062	-277.817
	150	304.2	-37.3	368.7845	165.1737	-242.6	-223.304
	180	297.8	-37.4	348.5207	129.4045	-244.97	-211.45
	220	304.2	-34.2	290.7854	135.0645	-198.846	-163.627
	250	303.4	-33.5	282.2188	129.6223	-196.551	-155.607
	280	305.9	-30.4	277.8863	140.5777	-194.112	-140.639
	320	304.4	-27.3	261.6181	131.419	-191.702	-120.097
	370	310.5	-21.8	225.9396	136.0879	-159.609	-83.986
	400	307.5	-20.9	217.1849	123.6395	-160.936	-77.344
	430	266.9	-19.7	174.5567	-8.7496	-164.137	-58.7576
	480	313.6	-3.9	197.8571	136.2285	-142.867	-13.3517
kz6d	20	82.1	-39.9	1276.253	133.8331	970.5299	-817.913
	100	77	-43.1	1212.915	198.7822	863.0824	-828.696
	150	78.2	-42.8	1166.439	174.8067	837.175	-793.196
	180	78.3	-40.6	1116.632	172.4812	830.0817	-726.692
	220	79.7	-42.1	1064.2	140.7009	776.6795	-713.788
	250	78.8	-41.6	1036.975	151.2585	760.645	-688.424
	280	77	-41.5	988.692	166.7426	721.4144	-655.187
	320	72	-40.6	929.0233	218.0775	670.8148	-604.594
	370	73.8	-39.1	861.7343	186.2743	642.4426	-543.282
	400	69.6	-42	820.3163	212.4518	571.6364	-548.648
	430	69.2	-43.4	773.4985	199.7713	525.516	-531.248
	480	70.9	-41.4	733.8664	179.733	519.884	-485.774
	530	63.1	-37.5	700.3203	251.248	495.3196	-426.593
	560	61.7	-38.2	62.0806	23.1275	42.9276	-38.4231
	600	61.8	-40.1	383.3479	138.5885	258.296	-247.047
	650	47.1	59.6	16.879	5.803	6.253	14.5645

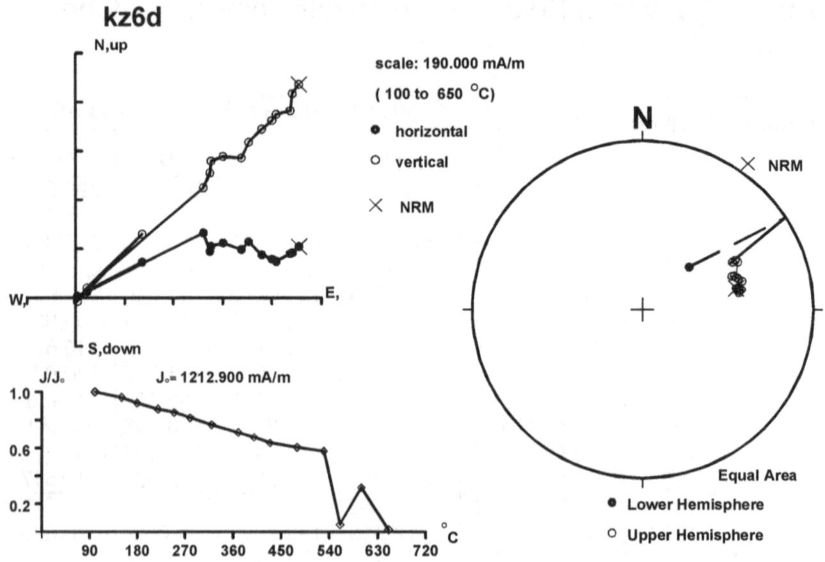

Şekil Ek-4.5. kz6d numunesine ait DKM özellikleri: Zijdervelt ve normalleştirilmiş manyetik şiddet çizimi ve eşit alan projeksiyonu.

(e) Keçikalesi (KK) Bölgesi ısıl manyetik temizleme deneyi sonuçları

Numune adı	TH adımı (°C)	D (Der.)	I (Der.)	Ortalama Manyetik Şiddet	Manyetik şiddet bileşenleri		
					Jx	Jy	Jz
kk2a	20	213.9	-18	4028.085	-3179.95	-2136.54	-1244.48
	100	225	-62	6352.725	-2106.69	-2106.69	-5610.78
	150	211.9	-20.5	3295.455	-2620.34	-1630.59	-1155.42
	180	212	-22.4	3005.914	-2357.71	-1470.69	-1146.22
	220	210.9	-22.4	2701.103	-2143.37	-1281.51	-1029.39
	250	209.6	-22.3	2269.694	-1826.31	-1037.35	-860.227
	280	209.5	-24.1	2026.376	-1609.27	-912.302	-827.14
	320	209.4	-25	1556.726	-1229.02	-693.148	-657.614
	370	205.1	-21.8	1055.845	-887.276	-416.569	-392.456
	400	203.3	-27.7	886.5088	-721.262	-310.273	-411.593
	430	201.7	-22.4	688.0332	-590.826	-235.274	-262.602
	480	176.4	-40.2	348.5989	-265.717	16.9094	-225.011
	530	164	-33.3	88.1195	-70.8321	0.2543	-48.3489
	560	127.5	-25.9	62.0501	-33.9669	4.2718	-27.138
	600	47.4	26.7	119.8277	72.3873	78.8097	53.924
	650	359.6	62.2	40.7339	19.0101	-0.1188	36.0257
kk3b	20	105.2	-22.5	442.1816	-107.328	394.2917	-168.936
	100	99.2	-30.1	447.437	-62.2076	382.0042	-224.506
	150	100.5	-32.8	498.3506	-76.5967	411.71	-270.15
	180	106.5	-42.9	503.36	-104.76	353.35	-342.893
	220	99.7	-29.6	485.1555	-71.3501	415.5715	-239.97
	250	99.5	-39.9	467.2024	-59.2915	353.4971	-299.671
	280	109.5	-47.4	433.9583	-98.0249	277.019	-319.33
	320	108	-48.6	380.9128	-77.7262	239.3802	-285.92
	370	94.4	-27.7	354.4073	-24.2731	312.7798	-164.876
	400	89	-37.5	339.372	94.5888	269.3054	-206.464
	430	111.5	-28.3	244.5924	-78.8472	200.4402	-115.898
	480	77.9	-19	295.7324	58.5666	273.475	-96.1197
	530	62.8	9.3	140.9176	63.5635	123.6666	22.8912
	560	55.9	13.5	131.485	71.6127	105.9104	30.7066
	600	47.3	32	113.7905	65.4508	70.9623	60.2396
	650	22.8	73.5	38.99	10.2156	4.2939	37.3821
kk6b	20	210.2	-57.9	2160.217	-993.187	-577.819	-1829.27
	100	207	-58.5	2310.901	-1075.41	-547.895	-1970.68
	150	209.4	-59.2	2392.455	-1067.44	-602.013	-2054.75
	180	207.8	-57.7	2460.316	-1162.13	-613.453	-2079.97
	220	208.6	-58.7	2417.963	-1103.19	-600.281	-2066.2
	250	211.1	-57	2372.382	-1107.72	-668.093	-1988.67
	280	212.2	-59	2373.944	-1032.75	-651.512	-2035.82
	320	215.8	-58.9	2360.122	-987.72	-713.344	-2021.32
	370	218.6	-58.7	2277.823	-923.943	-736.828	-1947.28
	400	216.8	-61.1	2241.498	-866.638	-648.069	-1962.97

Çizelge Ek-4e (Devam)

	430	215.5	-57.7	2252.141	-981.197	-698.77	-1902.92
	480	217.7	-59.6	2077.079	-830.819	-642.486	-1791.98
	530	220.2	-61.1	648.6449	-239.223	-202.211	-567.999
	560	221.7	-62.1	493.123	-172.386	-153.575	-435.739
	600	66.4	-76.1	37.2395	3.5776	8.1934	-36.1504
	650	322.3	38.3	15.129	9.394	-7.2651	9.3733
kk7b	20	147.1	60.6	1664.4	-687.092	444.2267	1449.411
	100	132.7	65.8	1678.41	-466.743	506.4194	1530.605
	150	128.9	70	1606.274	-344.857	426.8877	1509.621
	180	123.5	71.4	1509.639	-265.171	400.5282	1431.178
	220	111.9	72.7	1550.319	-172.388	428.0593	1480.046
	250	64.1	75.7	1288.917	138.7885	285.9909	1249.101
	280	50.6	77.9	1083.11	144.0307	175.3728	1059.069
	320	20.1	69.4	989.9326	327.4924	119.9546	926.4589
	370	12.3	63.5	989.9604	430.9967	94.0805	886.2349
	400	9.8	57.9	926.4103	485.847	83.5221	784.3551
	430	356.7	56.8	838.3271	457.6945	-26.6412	701.8535
	480	16.7	54.5	504.7335	280.9171	84.2146	410.7912
	530	9.2	29.6	211.7827	181.6943	29.5629	104.7144
	560	8.9	28.7	183.0974	158.6226	24.7046	88.0524
	600	32.1	36.8	89.4508	60.6773	38.0206	53.6111
	650	84.7	86.8	36.1358	0.186	1.9997	36.08

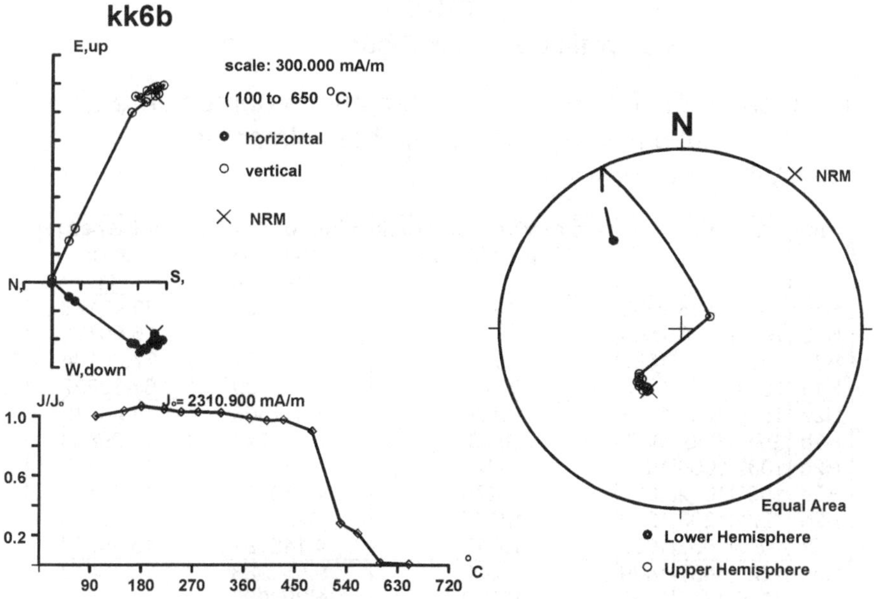

Şekil Ek-4.6. kk6b numunesine ait DKM özellikleri: Zijdervelt ve normalleştirilmiş manyetik şiddet çizimi ve eşit alan projeksiyonu

EK-5
Manyetik duyarlılık ölçüm sonuçları

(a) Hasandağı volkanik sahasından alınan numunelere ait hacim ve kütle manyetik duyarlılık hesaplamaları ve Königsberger oranı

Num.	K_1	K_2	K_3	Hacim Man. Duyarlılık K_{ORT} ($*10^{-6}$ SI)	Kütle Manyetik Duyarlılık ($*10^{-6}$ SI)	Königsberger Oranı Q
H1a	1608	1586	1593	7978	2.927706	66.43143
H1b	1509	1496	1506	7592	2.786055	75.60121
H1c	1599	1584	1587	7950	2.917431	77.22184
H1d	1584	1570	1573	7878	2.891009	68.39227
H2a	1015	999	1016	10100	3.887606	18.44619
H2b	970	955	967	9640	3.710547	16.09833
H2c	1032	1009	1031	10240	3.941493	17.49457
H2d	1055	1032	1054	10470	4.030023	15.57617
H2e	1221	1203	1220	12147	4.67552	12.77438
H2f	1085	1063	1085	10777	4.148191	15.19367
H3a	1423	1437	1429	14300	5.585938	20.13818
H3b	1356	1350	1359	13550	5.292969	17.70087
H3c	1241	1254	1239	12447	4.862109	21.12495
H3d	1303	1315	1307	13083	5.110547	20.96063
H4a	1313	1330	1286	13097	4.312479	6.146894
H4b	971	958	1934	9543	3.142246	7.924876
H5a	1318	1302	1339	13200	4.500511	19.93625
H5b	1328	1324	1338	13300	4.534606	17.04699
H5c	1293	1292	1305	12967	4.421071	18.76679
H5d	1250	1234	1264	12493	4.259461	19.93053
H5e	1289	1273	1306	12890	4.394818	19.28066
H5f	1274	1260	1288	12740	4.343675	19.07633
H6a	1007	980	997	19893	6.631	8.452365
H6b	1041	1021	1031	20620	6.873333	8.21375
H6c	1162	1134	1146	22947	7.649	7.135886
H6d	1109	1077	1101	21913	7.304333	8.174469
H7a	838	837	825	4167	1.84745	35.37305
H7c	814	810	801	4042	1.792461	32.63702
H7d	814	810	809	4055	1.798226	32.70063

(**b**)Gelveri ignimbirit sahasından alınan numunelere ait hacim ve kütle manyetik duyarlılık hesaplamaları ve Königsberger oranı

Numune	**K_1**	**K_2**	**K_3**	**Hacim Man. Duyarlılık K_{ORT} ($*10^{-6}$ SI)**	**Kütle Manyetik Duyarlılık**	**Königsberger Oranı, Q**
GL1a	720	742	731	3655	2.614449	1.452021
GL1b	594	613	602	3015	2.156652	1.276769
GL1c	531	511	515	2595	1.856223	0.935426
GL1d	1488	1456	1446	2926.67	2.093705	0.728056
GL1e	1731	1686	1707	3416	2.443491	1.179512
GL1f				3497	2.501431	1.201415
GL2a	1180	1179	1191	59166.67	18.68825	3.1135
GL3a	1033	991	1026	5085	2.479278	1.794132
GL3b	1087	1063	1086	5393	2.629449	2.077528
GL3c	1039	1005	1046	5150	2.51097	1.680849
GL3d	1025	992	1043	5100	2.486592	1.805741
GL3e				5212	2.542662	1.589832
GL3f	937	895	935	4611.67	2.248659	1.750854
GL3g	817	792	828	4061.67	1.980497	2.032426
GL4a				11957	5.02184	12.22651
GL4b	1920	1916	1922	9597	4.030659	11.65605
GL5a	1026	1031	1037	5157	2.984375	3.363919
GL5b				5420	3.136574	3.259283
GL5c	930	934	939	4671.67	2.703704	3.443067
GL5d	999	1019	998	5026.67	2.909144	3.81439
GL5e	1082	1081	1091	5423	3.311921	4.056962
GL6a				4167	2.422674	3.708188
GL6b				5465	3.177326	3.652102
GL6c				5497	3.19593	2.587804
GL6d	1233	1225	1236	6156.67	3.579651	2.808329
GL7a	1137	1144	1153	5723	3.445515	4.106399
GL7b	960	969	971	4833.3	2.909693	3.720376
GL7c				5117	3.080674	3.570425
GL8a	-	-	-	-	-	13.01778
GL8b	1933	1908	1885	9543	3.755608	13.16401
GL8c	1010	1002	985	9990	3.931523	12.72168
GL8d	1028	1017	1004	10163.3	3.999606	

(c)Göstük ignimbirit sahasından alınan numunelere ait hacim ve kütle manyetik duyarlılık hesaplamaları ve Königsberger oranı

Numune	K_1	K_2	K_3	Hacim Man. Duyarlılık K_{ORT} ($*10^{-6}$ SI)	Kütle Manyetik Duyarlılık ($*10^{-6}$ SI)	Königsberger Oranı Q
GS1a	775	775	789	3898	2.313353	3.82679
GS1b	809	818	830	4095	2.430267	3.823783
GS1c	787	799	800	3977	2.360237	3.104961
GS1d				4115	2.442136	3.705378
GS1e	829	835	837	4168.3	2.473591	3.218013
GS1f	815	817	820	4086.67	2.425519	3.294292
GS2a				4165	2.321628	3.559996
GS2b				4230	2.35786	3.547405
GS2c	825	823	829	4128.3	2.301003	3.514301
GS3a				3755	2.35786	3.54275
GS3b				3637	2.301003	3.192802
GS3c				3795	2.389798	3.398043
GS3d				5977	3.763854	3.746168
GS3e				4260	2.68262	3.281977
GS3f				4298	2.706549	3.25085
GS3g	669	658	669	3326.67	2.095088	3.273399
GS4a	855	865	867	4312	2.829396	4.422539
GS4b	835	841	843	4198	2.754593	4.271688
GS4c				3790	2.486877	4.464764
GS4d	684	700	693	3462	2.271654	4.377582
GS4e	777	791	790	3930	2.57874	4.081321
GS5a				4232	2.580488	2.453022
GS5b				4432	2.702439	3.261211
GS5c				4467	2.72378	2.423387
GS5d	824	846	852	4203	2.562805	2.33763

(d)Kızılkaya ignimbirit sahasından alınan numunelere ait hacim ve kütle manyetik duyarlılık hesaplamaları ve Königsberger oranı

Numune	K_1	K_2	K_3	Hacim Man. Duyarlık K_{ORT} ($*10^{-6}$ SI)	Kütle Manyetik Duyarlık ($*10^{-6}$ SI)	Königsberger Oranı Q
KZ1a	1121	1136	1133	5650	2.601289	1.421963
KZ1b	1015	1043	1030	5147	2.369705	1.359948
KZ1c	1049	1080	1069	5330	2.453959	1.320374
KZ1d	995	1015	1000	5016.67	2.309853	1.604707
KZ1e	1025	1046	1039	5183.3	2.38628	1.439642
KZ2a	810	815	820	4075	2.201513	1.801381

Çizelge Ek 5 (d) (Devam)

KZ2b	795	798	795	3963	2.141005	1.598777
KZ2c	727	736	737	3667	1.981091	1.553056
KZ2d	1014	1037	1054	5175	2.795786	1.637159
KZ2e	866	869	871	4343.3	2.346299	1.787706
KZ2f	761	773	784	3863.3	2.08698	1.541543
KZ3a				4872	2.523045	2.131764
KZ3b	1048	1020	1052	5200	2.692905	1.964331
KZ3c	1113	1133	1129	5625	2.912998	1.781857
KZ4a	946	936	930	4687	2.669134	5.011166
KZ4b	1095	1053	1058	5343.3	3.042711	4.398821
KZ4c	963	946	951	4766.67	2.714692	4.91535
KZ4d	1028	1016	1008	5086.67	2.896925	4.487426
KZ5a	1198	1188	1226	6020	3.408834	4.315959
KZ5b	957	953	978	4813	2.725368	5.344266
KZ5c	920	934	942	4660	2.638732	5.266038
KZ5d	1031	1040	1043	5190	2.938845	4.550979
KZ5e	1127	1130	1143	5666.67	3.208947	4.573112
KZ5f	1043	1042	1055	5233.3	2.963194	4.873347
KZ6a	1053	1068	1075	5327	2.800736	6.658869
KZ6b	1035	1035	1042	5187	2.727129	5.866337
KZ6c	1003	1022	1019	5073.3	2.667192	5.73231
KZ6d				5240	2.754995	6.088992

(e) Melendiz sahasından alınan numunelere ait hacim ve kütle manyetik duyarlılık hesaplamaları ve Königsberger oranı

Numune	**K_1**	**K_2**	**K_3**	**Hacim Man. Duyarlılık K_{ORT} ($*10^{-6}$ SI)**	**Kütle Manyetik Duyarlılık ($*10^{-6}$ SI)**	**Königsberger Oranı Q**
MZ1a	959	979	993	9770	3.442565	0.985703
MZ1b	979	1005	1017	10003.3	3.524665	0.939014
MZ1c	1151	1175	1185	11703.3	4.123679	0.932452
MZ2a	727	722	729	7260	2.466033	0.973129
MZ2b	909	895	914	9060	3.077446	0.818216
MZ2c	893	883	896	8906.67	3.025476	0.805868
MZ3a	915	956	944	9383	3.634005	0.597274
MZ3b	899	922	926	9156.67	3.546476	0.613685
MZ3c	801	833	829	8210	3.179706	0.613554
MZ4a	1021	993	1047	10203	3.491786	0.780983
MZ4b	940	895	929	9213	3.152977	0.784873
MZ4c	988	937	979	11040	3.778234	0.756897
MZ4d	975	935	970	9600	3.285421	0.833949
MZ4e	1021	966	1012	9997	3.421287	0.870716
MZ4f	845	814	848	8356.67	2.860027	0.753835
MZ5a	813	794	820	8090	2.722073	0.541437
MZ5b	764	743	772	7596.67	2.556191	0.636166
MZ5c	719	701	729	7163	2.410162	0.609152
MZ6a	969	946	936	9503	3.287098	0.800639
MZ6b	1069	1084	1077	10767	3.724317	0.62396
MZ6c	946	949	965	9533	3.297475	0.791025
MZ6d	1055	1045	1037	10456.67	3.617088	0.742286
MZ7a	804	798	796	7963	3.026606	0.6084
MZ7b	770	747	759	7586.67	2.883694	0.541848
MZ7c	738	723	729	7300	2.77461	0.463494
MZ8a	749	716	751	3693	1.285416	2.807464
MZ8b	1263	1209	1264	4490.67	0.867038	4.107024
MZ8c	1879	1787	1863	3486	1.213366	2.79738

(f) Acıgöl Riyolitik ignimbirit sahasından alınan numunelere ait hacim ve kütle manyetik duyarlılık hesaplamaları ve Königsberger oranı

Numune	K_1	K_2	K_3	Hacim Man. Duyarlılık K_{ORT} ($*10^{-6}$ SI)	Kütle Manyetik Duyarlılık ($*10^{-6}$ SI)	Königsberger Oranı Q
AG1a	1029	970	877	96	0.04539	7.908854
AG1b	1109	1029	947	103	0.0487	11.28672
AG1c				47	0.022222	8.480692
AG2a	1926	1785	1534	175	0.091384	19.08143
AG2b	1752	1644	1421	161	0.084073	17.85048
AG2c	990	1207	1301	116.6	0.061097	23.80686
AG2d	644	611	516	118	0.061619	21.22756
AG3a	1742	1575	1274	153	0.076006	23.91503
AG3b	1597	1548	1243	146	0.072529	20.64837
AG3c				145	0.072032	24.17043
AG3d	1028	925	770	182	0.090412	21.14361
AG4a	1885	1775	1571	174	0.08983	38.23747
AG4b	950	847	754	170	0.087765	29.95309
AG4c				183	0.094476	33.18989
AG4d	773	741	653	145	0.074858	41.0529
AG5a	1571	1232	1067	258	0.12766	24.01019
AG5b	1265	1021	879	211	0.104404	27.75072
AG5c				209	0.103414	29.10325
AG5d	1419	1118	980	234.5	0.116279	24.51761
AG6a	897	780	807	414	0.21778	10.97287
AG6b	802	716	726	374	0.198317	11.39279
AG6c	854	773	797	404	0.21252	11.69917
AG6d	1012	872	885	461.5	0.24303	10.8368
AG7a	760	622	695	346	0.203769	8.281402
AG7b	638	519	559	286	0.168433	7.102011
AG7c	866	712	777	393	0.231449	8.46035
AG7d				410	0.241461	7.751409
AG7e	800	659	730	365	0.214959	7.952329
AG8a	1267	1230	1214	618	0.322211	8.749988
AG8b	1004	976	963	491	0.255996	10.32191
AG8c	1086	1053	1039	530	0.27633	10.05216
AG8d				534	0.278415	10.22984
AG8e	1185	1159	1138	580	0.302398	9.251772

(g) Erdaş andezit sahasından alınan numunelere ait hacim ve kütle manyetik duyarlılık hesaplamaları ve Königsberger oranı

Numune	K_1	K_2	K_3	Hacim Man. Duyarlılık K_{ORT} ($*10^{-6}$ SI)	Kütle Manyetik Duyarlılık ($*10^{-6}$ SI)	Königsberger Oranı Q
ER1a	1063	1073	1075	21407	7.2639973	1.504876
ER1b	1253	1263	1261	25180	8.5442823	1.646684
ER1c	1333	1349	1349	26873	9.1187648	1.448493
ER1d	1225	1238	1239	24680	8.3746183	1.614727
ER2a	984	990	992	19773	6.591	1.107053
ER2b	1128	1136	1141	22700	7.5666667	0.967373
ER2c	1276	1274	1273	24487	8.1623333	0.958518
ER2d	1324	1324	1321	26260	8.82	1.007716
ER3a	984	993	991	9893	3.5069124	8.597125
ER3b	784	791	791	7887	2.7958171	12.09231
ER4a	1154	1138	1144	22907	7.7231962	1.850257
ER4b	1121	1110	1119	22333	7.5296696	0.741061
ER4c	1014	1002	1008	20160	6.797033	1.298132
ER5a	962	961	966	19260	6.4739496	0.464534
ER5b	886	888	888	17747	5.9653782	0.419232
ER5c	980	982	983	19633	6.5993277	0.319249
ER5d	1042	1044	1046	20880	7.0184874	0.274849
ER5e	1062	1062	1065	21260	7.1462185	0.378342
ER6a	816	815	810	16270	5.7962237	1.438821
ER6b	792	791	791	15827	5.638404	1.281899
ER6c	870	873	869	17413	6.20342	1.237855
ER6d	834	836	832	16680	5.9422871	1.208176
ER7a	900	905	911	18107	5.8846279	0.401266
ER7b	939	944	952	18900	6.1423464	0.210298
ER7c	988	993	1002	19887	6.4631134	0.252488
ER7d	1081	1093	1097	21807	7.0870978	0.424144
ER8a	955	960	968	19220	6.6321601	0.586829
ER8b	998	1003	1016	20113	6.9403037	0.568199
ER8c	1034	1038	1050	20813	7.1818496	0.557118

(h) Kızıltepe sahasından alınan numunelere ait hacim ve kütle manyetik duyarlılık hesaplamaları ve Königsberger oranı

Numune	K_1	K_2	K_3	Hacim Man. Duyarlılık K_{ORT} ($*10^{-6}$ SI)	Kütle Manyetik Duyarlılık ($*10^{-6}$ SI)	Königsberger Oranı Q
KT1a	1220	1212	1206	24253	8.1222371	82.39128
KT1b	1218	1205	1202	24167	8.093436	92.39024
KT1c	1447	1427	1427	28673	9.6024782	91.30901
KT1d	1175	1168	1161	23360	7.8231748	81.90081
KT1e	1390	1382	1380	27680	9.2699263	84.61326
KT1f	1314	1300	1304	26120	8.7474883	99.19204
KT2a	1379	1376	1381	27573	9.3531208	88.21753
KT2b	1584	1591	1600	31833	10.798168	80.46713
KT2c	1528	1524	1525	30513	10.350407	83.54877
KT2d	1407	1407	1406	28133	9.5430801	89.09712
KT2e	1639	1637	1643	32927	11.169267	75.13034
KT2f	1345	1349	1344	26920	9.1316147	84.66201
KT3a	1494	1462	1479	29567	10.882223	50.71061
KT3b	1276	1259	1263	25320	9.319102	54.94433
KT3c	1309	1299	1306	26093	9.6036069	50.42396
KT4a	993	1015	1022	20200	7.3668855	126.5792
KT4b	974	1004	995	19820	7.2283005	211.3331
KT4c	949	975	967	19273	7.0288111	202.0711
KT5a	666	671	675	13413	4.2553934	1.290825
KT5b	673	679	684	13573	4.3061548	1.257815
KT5c	682	698	693	13760	4.3654822	1.184874
KT5d	698	706	710	14933	4.7376269	0.995167
KT6a	1191	1212	1213	24107	8.0977494	2.867573
KT6b	1028	1044	1043	20767	6.9758146	2.867681
KT6c	1071	1088	1086	21633	7.2667115	2.871319
KT7a	997	984	985	19773	6.9623239	73.82549
KT7b	880	875	877	17547	6.1785211	86.10567
KT7c	830	826	826	16547	5.8264085	86.00001
KT8a	1206	1193	1196	5917	2.0974832	3.546638
KT8b	1037	1029	1030	5160	1.8291386	3.457078
KT8c	1016	1007	1008	5052	1.7908543	3.728475
KT8d	1056	1050	1050	5260	1.864587	3.472532
KT8e	1210	1201	1201	6020	2.133995	3.339054
KT8f	1109	1103	1104	5527	1.9592343	3.409871

(i) Keçikalesi sahası numunelerine ait hacim ve kütle manyetik duyarlılık hesaplamaları ve Königsberger oranı

Numune	K_1	K_2	K_3	Hacim Man. Duyarlılık K_{ORT} ($*10^{-6}$ SI)	Kütle Manyetik Duyarlılık ($*10^{-6}$ SI)	Königsberger Oranı Q
KK1a	1719	1724	1800	17477	6.215149	3.74
KK1b	1497	1528	1588	15377	5.46835	3.03
KK1c	1661	1687	1738	16953	6.028805	3.66
KK1d	1379	1410	1464	14177	5.041607	3.27
KK2a				14947	4.78304	6.74
KK2b	1545	1552	1541	15460	4.9472	6.1
KK2c	1381	1389	1382	13840	4.4288	7.09
KK3a	1288	1295	1283	12887	4.265806	0.82
KK3b				14663	4.853691	0.75
KK3c	1365	1373	1371	13697	4.533929	0.78
KK4a	1382	1376	1390	13827	4.727179	0.96
KK4b	1395	1381	1392	13893	4.749744	0.93
KK5a	918	926	928	9240	3.480226	2.78
KK5b	905	917	918	9133	3.439925	2.82
KK6a	1015	1037	1041	10310	4.006996	4.17
KK6b				9903	3.848815	5.45
KK6c	990	1013	1017	10070	3.913719	5.64
KK6d	1001	1022	1027	10167	3.951419	5.22
KK6e	999	1019	1025	10143	3.942091	6.67
KK7a	1741	1693	1718	17173	6.407836	15.7
KK7b				14787	5.517537	2.81
KK7c	1731	1692	1712	17117	6.38694	5.33
KK7d	1932	1892	1916	19133	7.139179	10.96
KK7e	1661	1628	1645	16447	6.13694	5.16

(j) Mamasın sahası numunelerine ait hacim ve kütle manyetik duyarlılık hesaplamaları ve Königsberger oranı

Numune	K_1	K_2	K_3	Hacim Man. Duyarlılık K_{ORT} ($*10^{-6}$ SI)	Kütle Manyetik Duyarlılık ($*10^{-6}$ SI)	Königsberger Oranı Q
MM1a	942	924	941	47	0.017987	1.597872
MM1b	802	780	785	39	0.014925	0.953205
MM1c	796	798	785	40	0.015308	1.63125
MM1d	471	464	467	23	0.008802	1.317717
MM1e	660	598	607	31	0.011864	1.936855
MM2a	1154	1124	1125	113	0.045786	0.883009
MM2b	1302	1288	1281	129	0.052269	0.470736
MM2c	1098	1082	1081	109	0.044165	0.647959
MM2d	1332	1360	1352	135	0.0547	0.92963

FSC
www.fsc.org
MIX
Papier | Fördert gute Waldnutzung
FSC® C083411

Kolibri 360 GmbH
Ferdinand-Jühlke-Straße 7
99095 Erfurt, Deutschland
produktsicherheit@kolibri360.de

Druck:
CPI Druckdienstleistungen GmbH
im Auftrag der
Kolibri 360 GmbH
Ferdinand-Jühlke-Str. 7
99095 Erfurt